城市地下空间规划与设计研究

郝春艳　褚智荣　孙惠颖　主编

吉林科学技术出版社

图书在版编目（CIP）数据

城市地下空间规划与设计研究 / 郝春艳，褚智荣，孙惠颖主编．-- 长春：吉林科学技术出版社，2022.8
ISBN 978-7-5578-9408-5

Ⅰ．①城… Ⅱ．①郝… ②褚… ③孙… Ⅲ．①地下建筑物－城市规划－研究 Ⅳ．① TU984.11

中国版本图书馆 CIP 数据核字 (2022) 第 113591 号

城市地下空间规划与设计研究

主　　编	郝春艳　褚智荣　孙惠颖
出 版 人	宛　霞
责任编辑	金方建
封面设计	树人教育
制　　版	树人教育
幅面尺寸	185mm×260mm
开　　本	16
字　　数	320 千字
印　　张	14.5
印　　数	1–1500 册
版　　次	2022年8月第1版
印　　次	2022年8月第1次印刷

出　　版	吉林科学技术出版社
发　　行	吉林科学技术出版社
地　　址	长春市南关区福祉大路5788号出版大厦A座
邮　　编	130118

发行部电话/传真　0431-81629529　81629530　81629531
　　　　　　　　　　81629532　81629533　81629534

储运部电话　0431-86059116
编辑部电话　0431-81629510
印　　刷　廊坊市印艺阁数字科技有限公司

书　　号　ISBN 978-7-5578-9408-5
定　　价　60.00 元

前　言

　　国际隧道与地下空间协会指出 21 世纪是人类走向地下空间的世纪。科学技术的飞速发展，城市居住人口迅猛增长，随之而来的城市中心可利用土地资源有限、能源紧缺、环境污染、交通拥堵等诸多影响城市可持续发展的问题，都使我国城市未来的发展趋向于对城市地下空间的开发利用。地下空间的开发利用是城市发展到一定阶段的产物。国外开发地下空间起步较早，自 1863 年伦敦地铁开通到现在已有 150 年。中国的城市地下空间开发利用源于 20 世纪 50 年代的人防工程，目前已步入快速发展阶段。当前，我国正处在城市化发展时期，城市的加速发展迫使人们对城市地下空间的开发利用步伐加快。无疑 21 世纪是我国城市向纵深方向发展的时代，今后 20 年乃至更长的时间，将是中国城市地下空间开发建设和利用的高峰期。

　　地下空间是城市丰富的空间资源。它包含土地多重化利用的城市各种地下商业、停车库、地下仓储物流及人防工程；包含能大力缓解城市交通拥挤和减少环境污染的城市地下轨道交通和城市地下快速路隧道；包含作为城市生命线的各类管线和市政隧道，如城市防洪的地下水道、供水及电缆隧道等地下建筑空间。可以看到，城市地下空间的开发利用对城市紧缺土地的多重利用、有效改善地面交通、节约能源及改善环境污染起着重要作用。通过对地下空间的开发利用，人类能够享受到更多的蓝天白云、清新的空气和明媚的阳光，逐渐达到人与自然的和谐。

　　尽管地下空间具有恒温性、恒湿性、隐蔽性、隔热性等特点，但相对于地上空间，地下空间的开发和利用一般周期比较长、建设成本比较高、建成后其改造或改建的可能性比较小。因此对地下空间的开发利用在多方论证、谨慎决策的同时，必须有完整的技术理论体系给予支持。

目　录

第一章　城市地下空间规划概论

第一节　绪论

在地表以下，自然形成或人工开凿的空间为地下空间。城市地下空间是指城市规划区内的地下空间，以地下建筑的形式出现较多，城市地下空间的开发在功能上起到补充城市地上空间的作用，通过地上地下空间的协调发展完善城市系统的运行。

地下空间是一种宝贵的自然资源，发达国家在19世纪中叶开始对它的现代化开发利用，我国对它的利用最早可追溯到古代黄河流域黄土高原地区的"窑洞"，现代化的开发利用则从20世纪60年代开始。当今国内外大都市都在对地下空间进行有序、合理、经济、高效的开发利用，其被广泛应用于交通、商业、文化、娱乐、体育、仓储、物流、防空、防灾、环保、能源、居住、信息、生物、科教实验等功能领域，并已取得一定的成就，积累了丰富的经验。实践证明，地下空间资源的开发与利用，是人类摆脱发展进程中新的生存空间危机，解决城市用地不足、交通拥挤、环境污染、防灾抗毁、空间饱和等难题，走可持续发展道路必不可缺的重要途径。

近年来，国内外地下空间专家一致认为，地下空间像土地矿产资源一样，是城市建设的新型国土资源。积极开发利用地下空间，把地下空间作为一种资源，这已成为世界各国大城市的发展趋向，是拓展城市空间的重要途径。

一、地下空间的基本属性

（一）地下空间的自然资源属性

1. 开发的约束性

地下空间首先作为一种位于地球岩石圈空间的自然资源，具有自然资源具备的属性，其开发的同时具有有限性与约束性。对地下空间资源的开发受诸多条件的限制，必须经过深入的地勘调查、科学论证和统筹综合规划分析才能进行合理开发。

2. 开发的不可再生性

地下空间还是一种不可再生的自然资源。地下空间资源一旦开发使用，不易重复循环利用，同时对地层环境的影响不易消除，类似诸多不可再生的自然资源类型，资源恢复及补救保护将付出高额的代价。因此，对地下空间资源的开发必须遵循保护性开发的原则，进行统筹计划使用。

3.开发的稳定性

地下空间资源位于岩石圈空间，具有致密性和构造单元的长期稳定性，受地震等自然灾害的破坏作用比地面建筑轻，具有开发稳定的良好特性，是有利于人类生产、生活使用的自然资源。

（二）地下空间的空间资源属性

地下空间是并行于地表空间、海洋空间、宇宙空间的客观空间存在。其本质作用是发挥空间拓展的功能，即对自然活动及人类活动进行空间承载、供自然生物及人类进行生活、生产的物质空间，可以为人类开发利用，创造经济及社会效益。

（三）地下空间的社会公共性资源属性

1.国土资源属性

地下空间资源对于城市的发展建设是一种宝贵的国土资源，是城市可以使用的另一种土地资源类型，具有与土地资源一样的功用，可以被开发利用、创造社会财富及效益。

2.扩充城市功能空间

地下空间资源被用于城市功能空间的拓展，实现和完善城市功能使人居生活环境得以改善和提升，是对城市发展产生重要作用的社会公共资源。

3.实现社会公共公益性功能

地下空间资源主要用于城市基础设施建设空间的补充和完善，具备基础设施的公共公益性设施属性。如地下交通基础设施、市政公用基础设施等，都是城市良性发展的后备保障，也是实现公众生存、生活利用的保障。

4.重视人居使用需求

地下空间作为可以为人类开发利用的生存空间及社会公共资源，其开发和使用过程中应更多地满足人类的生活、生产等需求，根据人居需求改善其自身特性，成为适宜于人类需要的人工资源。由于地下空间具有封闭性的环境特点，在使用中一般需对其内部环境、安全性及与地面空间的联系进行改进，以使其更易于人类利用。

二、地下空间开发利用的基本动因

（一）拓展城市功能空间

由城市人口、企业等在城市的不断聚集，土地利用的密度不断上升，导致城市发展不快。

因此，在高密度城区不断扩大的同时，地面空间的有限性促使地下空间的利用不断发展，越来越多的城市功能设施地下化，地下空间的利用形式也不断增多。

现代城市只有依靠水、能源、信息供给与处理系统、地铁等地下空间利用设施才能生存和发展。而现代城市发展的同时也推动了地下空间的利用，城市地下空间利用与城市地面活动的规模与质量存在密切关系，必须保持二者平衡发展。

（二）城市和谐发展的需求推动

1. 缓解城市交通矛盾的有效手段

城市交通是城市功能中最活跃的因素，是城市和谐发展的最关键问题。由于我国城市化进程加快，城市人、车激增，而基础设施相对滞后、行车缓慢、交通堵塞的问题在很多城市尤为突出，就连新兴城市深圳也不例外。如北京市自20世纪90年代中叶以来，机动车拥有量年均增长率超过10%，目前已达180多万辆，这使干道平均车速比10年前降低50%以上，而且正以每年递减2 km/h的速度继续下降，市区183个路口中，严重阻塞的达60%，阻塞时间长达半个小时。然而在城区新建道路代价昂贵，高架道路不仅影响城市景观，仅能疏导车流，且产生的噪声和震动让人难以忍受。发达国家的经验表明，只有发展高效率的地下交通，形成四通八达的地下交通网，才能有效解决城市交通拥挤问题。加拿大蒙特利尔地下交通网是由东西两条地铁轴线、南北两条地铁轴线及环形地铁线和伸向城区中心地下的两条郊区火车道组成。城区中心的60多个高层商业、办公及居住建筑综合大厦，通过150个地下出入口及相应地下通道与这个地下交通网络的站台相连接。中心区以外的人流上班、进行公务及商业活动时，通过郊区火车或自备汽车到达中心区边缘的地铁车站，自备汽车可以停放在附近的地下停车场。然后乘地铁达到目的地车站，有效减少了城区中心区的机动车数量，改善了交通环境。

为解决"停车难"的问题，很多发达国家的现代化城市修建了地下停车库。地下停车库的突出优点是容量大、用地少、布局接近服务对象。因此，在地下街、地下综合体的建设中，应当使停车场的面积保持适当的比例，特别是结合地铁车站修建地下停车库，方便换乘，减轻城市中心区的交通压力，既提高了地铁的利用率，又减少了由汽车造成的公害。为解决停车问题，风景秀丽的瑞士在日内瓦湖底修建了五层的地下停车场。用他们的话说：虽工程巨大，但保护了环境，综合效费比高。

2. 改善城市生态环境的必要途径

我国城市的不均衡发展导致城市大气污染严重、绿地面积大量减少、水资源缺乏、噪声污染严重超标。这些恶劣的生存环境对人们的身心健康造成严重伤害，而开发利用城市地下空间，将部分城市功能转入地下，可以有效减少大气、噪声、水等污染，还可节约大量用地。这既减轻地面的拥挤程度，又为城市绿化提供大量用地，而绿化面积的增加又有利于空气质量的改善，补充了城市地下水资源。因而，开发利用城市地下空间提高了城市空气质量，降低了城市水污染，是改善城市环境，以及实现城市、人与环境和谐发展的重要方法。

3. 提高城市综合防灾能力的最佳方法

城市作为一定区域的经济中心区和人口聚集区，一旦遭到自然灾害或人为毁坏，往往造成巨大损失。从自然灾害方面来看，我国是一个地震多发、水旱风灾频繁的国家，在多种自然和人为灾害的威胁下，城市总体抗灾能力还相当脆弱，成为城市和谐发展的制约因素。加强城市总体抗灾能力，就是要在现有条件下采取必要的措施，有效地抗御和减轻灾害的破坏，并为救灾及灾后恢复创造有利的条件。地下空间处于一定的土层或岩层覆盖下具有很强的隐蔽性、隔离性和防护性，具有多种抗御外部灾害的功能，如果形成体系和网络，还具有能长期坚持和机动性好等优势。因此，在多种综合防灾措施中充分调动城市地下空间的防灾潜力，建立以地下空间为主体的城市综合防灾空间体系，为城市居民提供安全的防灾空间。

地下空间在城市综合防灾中，可以发挥以下两个方面的作用。

（1）为在地面空间中难以抗御的灾害做好防灾准备。我国许多城市为防空而建造的地下人防工程，均具备一定防护等级所要求的"三防"（对核武器，常规武器和生物、化学武器的防护）能力，能够防御核袭击、大规模常规空袭、城市大火、爆炸事故、强烈地震等多种严重灾害，可大大减少人员的伤亡，是任何地面空间所不能代替的。

（2）具有在地面上受到严重破坏后保存部分城市功能和灾后恢复的潜力。当重灾后地面上的人员严重伤亡、建筑物多数倒塌、城市功能大部丧失时，如果大规模的地下空间基本保持完好，并能互相连通，则可以使大量人员得以生存，并保存一部分为救灾所需的城市功能，使城市生活在地下空间中得以延续，以便于及时展开地面上的救灾活动和灾后恢复活动。在城市改造和立体化再开发过程中，各类地下空间在数量上迅速扩大，质量有所提高，其本身都具有一定的防护能力，只要在出入口部适当增加防护设施，就可以形成大规模的地下防灾空间，包括面状空间和线状空间。面状地下空间可容纳大量人员避难、救治伤员、储存物资；线状地下空间（地铁、地下步行道、可通行的管线廊道等）则可用于人员疏散、伤员转运、物资运输等，使大量居民即使在灾前来不及疏散时也能大体上置于地下防灾空间的保护之下。

（三）高度城市化进程的推动

城市的过度化发展带来了一系列的城市问题，这些城市问题可以用"城市病"来概括，它主要指城市化后带来的几大城市问题，如人口膨胀、交通运输、新的生活方式引起的问题、能源问题、污染问题等。

当城市的立体化发展（向上部扩展）无法解决城市化发展带来的种种问题时，人们逐渐认识到城市地下空间在扩大城市空间、改善城市景观方面的优势和潜力，形成了城市地面空间、上部空间和地下空间协调发展的城市空间构成的新概念，并且在实践中取得了良好的效果。

在城市中有计划地建造地下建筑，充分利用地下空间，对节省城市用地、节约能源、改善城市交通、减轻城市污染、扩大城市空间容量、提高城市生活质量等方面都具有明显的效果。

三、地下空间开发利用的基本特点

1. 开发不可逆性

地下空间的开发利用往往是不可逆的，这就要求对地下空间资源的开发利用进行长期分析预测，进行分阶段、分地区和分层次开发的全面规划，在此基础上，有步骤、高效益地开发利用。

2. 开发利用满足公益性功能

地下空间作为城市整体的一部分，可以吸收和容纳相当一部分城市功能和城市活动，与地面上的功能活动互相协调配合，使城市发展获得更大的活力与潜力。从近几十年世界上若干地下空间利用较先进的国家和城市来看，城市地下空间的主要功能和主要内容有：居住空间、交通空间、物流空间、业务空间、商业空间、文化活动空间、生产空间、储存空间、防灾空间、埋葬空间，具有重要的公益性功能。

3. 开发高成本性及长期效益性

城市地下空间的开发利用，初期直接投入的经济建设成本一般比地面建筑高。以城市交通设施为例，建设地下轨道交通的工程造价接近高架建设的十倍。但是，当城市地面开发须付出高昂的土地费用时，不需支付或支付少量土地费的地下空间开发则显示出比较大的优势。地下空间的使用价值，一般表现为开发后所产生的综合效益，包括经济效益、社会效益、环境效益和防灾效益。

4. 开发须高度重视防灾安全

地下建筑对外部发生的各种灾害都具有较强的防护能力。但是，对于发生在地下建筑内部的灾害，特别像火灾、爆炸等，要比在地面上危险得多，防护的难度也大得多，这是由地下空间比较封闭的特点决定的。因此，在地下空间的开发利用过程中，应高度重视安全防灾工作。

地下空间防火最重要的有两个方面：一是对灾情的控制，包括控制火源、起火感知和信息发布、阻止火势蔓延及烟流扩散、组织有效的灭火；二是内部人员的疏散和撤离，主要从规划设计上做到对火灾的隔离。保证疏散通道的足够宽度，满足出入口的数量要求并使其位置保持与疏散人员的最小距离。

地下空间在抗震方面比地面建筑有优势，在同样震级情况下，烈度相差较大，因此防震的重点应放在次生灾害上，如火灾、漏水、装修材料脱落等。

5. 开发须高度重视内部环境及外部环境的影响

地下建筑所有界面都包围在岩石或土壤之中，直接与介质接触，这使得其内部空气质量、视觉和听觉质量以及对人的生理和心理影响等方面都有一定的特殊性；加上认识上的局限和物质上的限制，需要改善地下空间环境，使其达到宜于人类生活使用的环境标准，提高地下空间内部环境使用的舒适性。

同时，地下空间开发将对地层环境产生不可消除的环境影响，须高度重视地下空间开发利用的生态环境保护，从生态可持续长远发展的角度合理、保护性地进行地下空间开发建设活动。

第二节　地下空间规划

伴随着我国轨道交通的快速发展和生态文明美丽中国建设的新时代发展需求，中国城市地下空间资源的开发利用正进入全新发展时期。经历近 20 年的发展历程，中国城市地下空间开发利用的综合水平已有较大的跃进与提高，开发功能多样化、公益化，开发模式系统化、综合化，开发分期可衔接化，体现了城市发展对地下空间资源更合理、有序、高效、可持续开发的客观要求，同时也迫切要求作为约束规范及引导地下空间资源开发的重要先导——地下空间规划的不断完善，在规划的理论方法、编制技术与理念上与时俱进，不断进行创新、自我改进与提升。

从 20 世纪 90 年代中叶起，我国有将近 20 个大中城市先后编制了地下空间专项利用规划，近 5 年来又有一批县级中小城市开始对城市地下空间规划进行编制实践的探索。对地下空间资源进行开发利用的迫切需求从一个侧面反映了我国城市生活中越来越被关注的种种矛盾，同时也表明地下空间作为新型城市空间资源，其在集约化利用土地、缓解交通及环境矛盾、实现城市和谐发展中的重要作用在逐渐被认识并加以利用。近年来，我国不少城市在加速的工业化与城市化进程中出现用地结构松散、低密度扩张、人均用地指标普遍超标等现象，目前新一轮城市规划的编制和修编正在全面展开，这为在我国地下空间规划的编制和实践中探索与地面规划接轨、实现城市上下部空间系统和谐整合提供了良好的契机。而对地下空间的利用功能建设规模量及布局形态等方面进行前期需求预测分析，是合理配置和协调上下空间资源的重要途径，是地下空间规划编制、制定规划控制指标的关键基础性研究工作。在我国大规模展开地下空间规划编制实践的迫切需求下，探索科学合理的地下空间需求预测体系与方法，将具有重要的理论指导价值与现实意义。

一、地下空间规划的基本内涵

（一）地下空间规划的本质属性

城市规划，是为了实现一定时期内城市的经济和社会发展目标，确定城市性质、规模和发展方向，合理利用城市土地，协调城市空间布局和各项建设所做的综合部署和具体安排。

城市地下空间规划，既有城市规划概念在地下空间开发利用方面的沿袭，又有对城市地下空间资源开发利用活动的有序管控，是合理布局和统筹安排各项地下空间功能设施建设的综合部署，是一定时期内城市地下空间发展的目标预期，也是地下空间开发利用建设与管理的依据和基本前提。

（二）城市地下空间规划的特点与要求

1. 综合性

城市地下空间规划涉及城市规划、交通、市政、环保、防灾、防空等各个方面的专业性内容，技术综合性很强，同时作为对城市关键性资源的战略部署，地下空间规划又涉及国土资源、规划、城建、市政、环卫、人防等多个城市行政部门，并最终触及生态和民生，这些均增加了规划的复杂性，要求规划编制人员组成具有技术结构合理性，充分考虑各专业的特点和要求，建立规划编制的协调及审核机制，进行专家把关及多部门之间的沟通协作，广泛吸纳来自各方面的意见和建议，保证规划编制的科学性和可行性。

2. 协调性

地下空间规划不是独立存在的，需要考虑在地面条件的制约下，科学预测发展规模，慎重选择转入地下的城市功能与布局，合理安排开发建设时序，最终引导地面空间布局及功能结构的调整，实现整个城市的可持续发展。如何通过地下空间的规划促进地上、地下两大系统的和谐共生，是地下空间规划与地面规划在职能上的根本不同。目前，国内地下空间规划实践在选择转入地下的城市功能研究方面已建立了较为完整的理论体系，具有较好的建设指导意义；但在如何通过合理分配地上和地下空间的开发规模、协调布局形态，以实现城市总量及空间布局合理等方面，尚处于探索阶段，今后应特别加强地下空间规划在实现上下协调发展方面的理论研究。另外，地下空间各专业系统之间的协调整合也是需要强化的理论研究方向。

3. 前瞻性与实用性

前瞻性是城市规划的固有属性，但与地面规划不同，地下空间的开发具有很强的不可逆性，一旦建成很难改造和消除，同时地下工程建设的初期投资大，投资回报周期长，经营性地下空间设施的运营和维护成本较高，而地下空间的环境、防灾及社会等间接效益体现较慢，又很难定量计算，这些都决定了地下空间规划需要更加长远的眼光，立足全局，对地下空间资源进行保护性开发，合理安排开发层次与时序并充分认识其综合效益，避免盲目建设导致一次性开发强度不到位，后续开发无法进行，造成地下空间资源的严重浪费。

在高度强调地下空间规划前瞻性的同时，规划方案的实用性也同样不容忽视，这主要是由我国的经济发展实际、投资建设与管理体制、地下空间产权机制及立法相对不完善等客观条件决定的。例如，虽然我国许多城市的人均 GDP 水平已接近或超过 5000 美元，具备了大规模开发利用地下空间的条件，但没有认真分析国外地下空间建设成功的背景及机制因素，只片面强调全面网络化的地下空间开发模式，在我国现阶段未必可行，而立足适合我国国情的多点分散的地下空间，如何构成体系，形成网络，研究适合我国国情的地下空间开发模式，将是规划解决的重点。又如，全面推行基础设施的地下化管线的共沟化在我国现阶段被认为是具有前瞻性但不具有实用性的，然而通过分阶段地制定发展目标，在规划布局中预留用地，并在近期建设中提出合理的控制要求，可有助于实现前瞻性与实用性的统一。同样，将综合管廊与地铁、地下街等整合建设以节省建设成本，也巧妙地实现了现阶段发展的实用性。再如，没有打开融资渠道、地下空间产权不明等，也使规划与实际建设脱节，"公""私"地下空间连通受阻，影响了规划的顺利实施。因此，地下空间规划必须立足国情，强化规划实施措施方面的研究，同时注重吸纳新工艺、新技术，合理统筹前瞻性与可行性。

4. 政策性与法制性

如上所述，地下空间规划涉及多个城市行政部门，在遇到一些重大问题时必须通过出台相关政策、行政命令、法律法规的方式来保证管理权责的明晰，推动规划的执行。同时，在规划实施的过程中，为协调政府、投资商、使用者等多方利益关系。规划本身必然制定相关的政策与法规以保障规划的顺利执行，提高规划的实用性与可操作性。然而，我国地下空间利用的管理和立法虽然倡导多年，但国家层面的立法只有作为行政法规的《城市地下空间开发利用管理规定》，法律约束力不强且未涉及地下空间权属划分。目前涉及地下空间产权的只以上海、深圳为代表的地方性条例，围绕规划实施环节中的管理混乱、权属不清、缺乏配套政策及法律约束等问题仍层出不穷，规划编制中也往往因无章可依而在规划实施章节中轻描淡写、草草了事。地下空间规划任重道远，但不能知难而退。2006 年，在上海举办了地下空间综合管理学术会议，来自多个省市的城市规划、民防等部门的行政管理人员及高等院校的专家就地下空间综合管理的问题与经验进行了广泛的交流，是一种很好的促进形式，今后的地下空间规划实践应积累点滴经验，充分吸收政府管理部门及投资者等利益群体的意见，在编制中切实提出保障规划实施的政策性及法制性措施，并为后续研究积累经验，最终推进地下空间开发利用的管理及法制建设。

5. 动态性

目前，我国地下空间规划系统、完整、综合的设计方法及编制体例仍在不断探索，实际中，地下空间规划往往以学术研究与规划实践的双重身份出现，这就决定了需要在不断的实践中积累经验来完善现有的规划理论，更加完善规划理论并对新的规划实践进行更加行之有效的指导，使地下空间规划理论在动态平衡中保持发展与前进。因此，今后的地下空间规划应走出追求最终理想静止状态的误区合理制定分期实施步骤，并对原有规划不断审视修正，充分吸纳城市规划理念中的"弹性规划""滚动规划"，建立地下空间规划是一种过程的全新认识。

二、地下空间规划与城市规划及其专项规划的关系

城市规划为地下空间规划的上位规划，编制地下空间规划要以城市规划的规定为依据。

同时，城市规划应该积极吸取地下空间规划的成果并反映在城市规划中，最终达到二者的和谐与协调。

1.《城市规划编制办法》规定，城市地下空间规划，是城市总体规划的一个专项子系统规划。故其规划编制、审批与修改应该按照城市总体规划的规定执行。

2.《上海地下空间规划编制导则》规定，地下空间控制性详细规划可以单独编制，也可以作为所在地区控制性详细规划的组成部分。单独编制的地下空间控制性详细规划，一般以城市规划中的控制性详细规划为依据，属于"被动"型的地下空间补充性控规；作为所在地区控制性详细规划的组成部分与地区控制性详细规划协同编制，相互平衡与制衡，属于"主动"型的地下空间控制性规划，最终达到地上、地下空间一体化的控制性详细规划。

3.地下空间城市设计，属于城市设计的重要组成部分，本应该包括地上、地下的一体化外部空间形态、环境设计。

三、地下空间规划的需求性与必要性

随着城市化进程的加快，城市人口剧增，给城市造成巨大的压力，因城市空间容量不足导致了人满为患、环境污染、交通拥挤等现代"城市病"。为了解决这些问题，人类不断进行探索。目前，人们已经认识到开发利用城市地下空间，走上下部空间协调发展，城市空间立体化、集约化的发展道路是一个明智的选择。

为了更加有效地发挥地下空间资源的价值，提高地下空间的利用效率，必须对城市地下空间进行科学、合理的规划，以指导地下空间的开发利用，避免建设的盲目性、无序性。目前，我国北京、南京、杭州、大连等一批大城市都已着手进行地下空间规划及相关研究和准备工作。

由于城市地下空间规划涉及的学科领域广泛、规划内容庞杂，而且缺少国内外成熟的先例，因此具有一定难度，目前尚处在探索阶段，加强城市地下空间规划方面的理论研究具有重要的理论价值和现实意义。

四、地下空间规划的作用和主要任务

地下空间规划是对地下空间资源开发利用的约束、规范及引导，体现了城市发展对地下空间资源更合理、有序、高效、可持续开发的客观要求。

地下空间规划的主要任务，是对一定时间阶段内的城市地下空间开发利用活动提出发展预测，确定发展方向和利用原则，引导和约束地下空间的开发功能、规模、布局，并对

各类地下空间设施进行综合部署和统筹安排。具体可概括为以下几个方面。

1. 约束、规范及引导地下空间建设活动

地下空间开发建设与城市地面开发不同，地下空间的开发约束于岩土介质，具有极强的不可逆性，建成后改造及拆除困难。同时，地下工程建设的初期投资大，而环境、资源、防灾等社会效益体现较慢，又很难定量计算，决定了地下空间规划需要以更加长远的眼光，立足全局，对地下空间资源进行保护性开发，合理安排开发层次与时序，并充分认识其综合效益。因此，需要对其开发建设活动进行前期统筹、综合规划，并对其发展功能、规模、布局进行约束及规范，避免对城市地下空间资源和环境造成不可逆的负面影响。

2. 协调平衡城市地面、地下空间建设容量

地下空间与地面空间共同构成城市生活与功能空间，进行地下空间规划，即对城市发展模式进行革新，使城市地上、地下统筹利用，建设平衡上下空间发展容量，将基础设施空间及不需要人类长期生活的设施空间，尽可能置于地下，以改善城市地面建设环境更多地把阳光和绿地留用于人居生活，使城市发展功能在地上、地下得以重新分配和优化，使地上、地下建设容量平衡，使城市可持续健康发展。

3. 城市地下空间开发建设管理的技术依据

地下空间规划与城市规划一致，是一种城市管理的公共政策。地下空间规划是城市规划的重要组成部分，是地下空间建设活动的约束手段，也是地下空间开发利用管理、制定管理政策的技术依据。

五、地下空间规划的程序和主要内容

（一）地下空间规划编制推进程序

地下空间规划的编制，一般需要经历"资料调研、分析借鉴、论证预测、专家咨询、总结提炼"等多项基础环节准备工作，明确地下空间开发建设的基础条件与发展趋势，分析总结地下空间规划目标与发展策略，并在此指导下确定地下空间规划方案，保证规划编制的科学性与适用性。即总体采用"基础性调研阶段"和"规划编制阶段"两大工作阶段进行推进。

（二）地下空间规划编制的主要内容

地下空间的编制一般可以分为地下空间开发利用的总体规划、专项规划、详细规划几个层次。其中结合各层次的不同需求，编制不同深度要求的地上、地下结合的城市设计。

1. 地下空间总体规划

地下空间开发利用总体规划，主要研究解决规划区地下空间开发利用的指导思想与依据原则、发展需求与规划目标，并以此为基础分析评价规划区地下空间的资源潜力与管控区划，研究确定地下空间开发利用的总体布局与分项功能设施系统的规划与整合，以及近期重点开发利用片区与项目的规划指引。主要包含以下内容：

（1）规划背景及规划基本目的；

（2）现状分析及相关规划解读；

（3）地下空间资源基础适宜性评价；

（4）地下空间发展需求预测；

（5）地下空间发展条件综合评价；

（6）地下空间规划目标、发展模式与发展策略制定；

（7）地下空间管制区划及分区管制措施；

（8）地下空间总体发展结构及布局；

（9）地下空间竖向分层规划；

（10）地下空间分项功能设施系统规划与整合；

（11）地下空间近期建设规划；

（12）地下空间远景发展规划；

（13）地下空间生态环境保护规划；

（14）地下空间规划实施保障。

2. 地下空间控制性详细规划

地下空间控制性详细规划主要对地下空间总体规划确定的地下空间开发重点片区，研究编制地下空间开发利用控制性详细规划。根据地下空间开发利用总体规划确定的发展策略及规划要求，对公共性质地下空间开发及非公共性质地下空间开发提出规定性及引导性控制要求，并对各项地下空间分项系统设施确定规划布局，划定开发建设控制线，明确开发强度、开发功能与建设规模、出入口布局、连通口布局与预留等控制要求；对重要节点片区各设施建设时序、分期连通措施等提出控制要求。主要包含以下内容：

（1）上位规划及详细规划衔接及要求解读；

（2）重点地区地下空间设施规划；

（3）地下空间规划控制技术体系；

（4）地下空间使用功能控制；

（5）地下空间开发容量控制；

（6）地下空间建筑控制；

（7）地下空间分项设施控制；

（8）绿地、广场的地下空间开发控制；

（9）地下空间规划控制导则；

（10）分期建设时序控制；

（11）法定图则绘制；

（12）重要节点地下空间城市设计深化。

3. 地下空间修建性详细规划

依据地下空间总体及控制性详细规划确定的控制指标和规划管理要求：进一步明确公

共性及非公共性地下空间建设实质范围，确定各项设施的规定性控制指标及竖向设计；深化重要节点设计、交叉口、连接口、出入口设计方案；提出环境设计引导；明确建设时序控制、工程安全控制、投资估算及规划实施保障措施等。

六、地下空间规划的实施和评价

城市地下空间规划同城市规划一致，是具有高度实用性需要的规划。地下空间规划不仅仅是各类地下空间设施进行安排的蓝图，更重要的是具有规划的可行性和可操作性。地下空间规划应进行规划的自我效益评价，以确保规划方案的科学性和说服力。

在地下空间规划确保了发展趋势判断的合理性及资源的近远期管制时，可以初步判定规划方案的编制具备了一定的合理性。但这种合理性如果以效益评价的方式进行定量化分析，则进一步直观地证明了地下空间开发利用的价值，减少对规划方案认可度的误判。

如地下空间开发往往定性地阐述其节地作用，但究竟节地多少，附加产生多少经济效益、社会效益，环境到底有没有提升，交通矛盾改善程度有多少，通过定量的地下空间效益评价对规划方案进行反证，即规划"后评价"，也是今后我国地下空间规划编制中需要完善的重要内容。

第三节　城市地下空间规划编制的发展演进与趋势

一、地下空间规划编制的发展演进与特点

（一）发展历程

我国地下空间资源的开发利用及规划大致经历了以人防工程为主平战结合、与城市建设相结合及综合化、有序发展几大时期。自从对人防工程进行"平战结合"建设的重大理念上的更新，我国的地下空间规划理论在近20年来进行了多方面的探索尝试。

随着国家政治、经济、社会、科技、文化等的发展进程，中国城市地下空间资源的开发利用及其规划工作大致经历了以下四个发展阶段。

1. "深挖洞"时期（1977年前）

中国现代城市以"人为服务对象"的地下空间开发利用源于人民防空工程。20世纪60年代国际环境紧张，在国内掀起"深挖洞、广积粮、备战备荒为人民"的群众防御运动。当时建设了大量的"防空洞"。但是，由于缺乏统一规划和技术标准，已建成的工程质量差、可使用率很低。

2. "平战结合"时期（1978—1986）

面临新的国际环境和改革开放国策，1978年召开的第三次全国人防工作会议上提出

了"平战结合"的人防工程建设方针。该方针指出，对既有人防工程进行改造，在和平时期可以有效利用；新建工程必须按"平战结合"的要求进行规划、设计与建设。同时，作为一项专业规划，正式列入城市规划的编制序列，并进行单列编制。这一时期人防工程的"平战结合"就成为中国城市地下空间资源开发利用的工作主体。

3. "与城市建设相结合"时期（1987—1997）

1986年10月，国家人防办和建设部在厦门联合召开了"全国人防建设与城市建设相结合座谈会"，进一步明确了人防工程平战结合的主要方向是与城市建设相结合。从而城市规划序列中的"人防建设规划"又增加了新的内容和技术要求。与城市相结合必须从提高城市发展综合效益的角度来研究和编制"人防与城市相结合规划"。

4. 有序发展时期（1998年至今）

1997年12月，建设部颁布了中国国家层面的法规——《城市地下空间开发利用管理规定》（以下简称《规定》），明确规定了"城市地下空间规划"是城市规划的重要组成部分，各级人民政府在组织编制城市总体规划时，应根据城市发展的需要，研究编制城市地下空间开发利用规划。《规定》的实施，作为城市规划编制工作的一项全新内容，在全国各地进行了很多有益的尝试，积累了不少经验，有力地推进了中国城市地下空间资源的开发利用。但是，城市地下空间规划的理论研究和技术标准建设滞后，致使城市地下空间开发利用的规划编制工作远远跟不上实际发展的需要。为此，建设部于2005年确立了国家技术标准"城市地下空间规划规范"研究课题，集中了国内主要的研究机构和设计单位进行研究，正在加速推进城市地下空间资源开发利用规划的技术标准建设与编制的试点工作。

（二）编制实践

1993年，杭州市政府决定进行总体规划修编时，确立了14个研究课题，其中"杭州市地下空间规划"被作为一个重要课题展开研究并编制了专项规划。这一规划使杭州被誉为我国最早开展地下空间开发利用综合性规划的城市之一。

1996年，青岛市政府在研究和编制青岛市总体规划中的"陆上青岛、海上青岛"规划时，开展了"地下青岛"规划的研究与编制工作。其规划的理论性、科学性、系统性、完整性等方面都具特色，是建设部规定颁布实施之前，中国城市地下空间规划最具代表性的典型案例。

2000年的深圳市地下空间规划编制工作，是在"地铁规划和沿线主要站点的城市设计""市政中心地下空间规划国际竞赛""罗湖地下综合开发的国际竞赛"等获得成功经验的基础上，开展的又一项城市地下空间开发利用的综合性规划，是该城市总体规划的重要组成部分。它被誉为自建设部《规定》颁布实施后的最具代表意义的规划案例，后被不少城市所学习和借鉴。

2004年开始的北京市地下空间规划研究与编制工作，是近年来中国城市地下空间开发利用史上具有里程碑意义的重要实践。为了编制规划，北京市政府确立了16个研究课题。

联合国内最具代表性的科研院校和规划设计单位，历时两年，进行协同攻关，在取得一大批研究成果的基础上，进行了城市地下空间资源开发利用的"总体规划""详细规划""近期建设规划"等三个层次的规划编制工作，为进一步丰富和充实中国城市地下空间规划的理论研究和应用实践提供了很好的范本。

（三）发展特点

纵观地下空间规划理论的发展历程，主要呈现从专项到综合、从定性到定量、从现象到本质、从原则到与实践紧密结合的发展特点。

1. 从专项到综合

由地铁、地下街、地下公共服务设施、地下市政设施、人防设施等专项的规划设计研究，转向实现上下和谐、各专业系统协调整合的综合性规划研究。

2. 从定性到定量

数学、经济学原理、决策分析等方法的引入，以及数字技术、信息技术在地下空间开发与管理中的不断探索应用，使规划理论更加定量化与科学化。如3S技术、动态可视及数学模型的应用已在地下空间资源的容量评估及需求预测研究方面取得了巨大的进展。

3. 从现象到本质

从"地上不足地下补""地上问题地下解决"的基本规划思路到地下引导地上、上下协调共生的综合规划思想，再到探究规划的实质是实现可持续发展、实现人与社会及自然的和谐发展，理论层次不断提高。

4. 从原则到实用

在我国大规模开展地下空间规划实践的客观条件下，规划理论的完善与发展从规划实践中吸取了大量宝贵的经验，使得规划理论从宏观的原则性指导变得更加贴近实际，对实践有更加切实的指导意义。

二、地下空间规划编制的发展趋势

我国城市地下空间规划应在地上地下协调、地下各专项系统之间协调、前瞻性与实用性的统一、规划实施措施、建立动态规划机制等方面加强理论研究，规划理论本身也正朝着综合化、定量化、实用化及探究本质等方向发展，笔者认为应重点在以下两个方面继续加快规划理念的转变与革新。

1. 从目标规划到过程规划

城市规划领域一直存在一个误区，即无论是城市政府还是社会，甚至包括规划部门和规划师本人都一直把城市规划的"城市未来空间架构"作用放在第一位，在上报审批的城市规划文本里，绝大部分的篇幅是理想蓝图的描述，而对如何使任务和目标得以实现或理想蓝图是否能实现，以及使之实现的行动顺序与实行的过程，城市规划的编制者并不十分关心，规划实施章节的编制草草了事，也不作为规划审查的重点。近些年城市规划新概念的引入强调"规划（planning）作为一项普遍活动是指编制一个有条理的行动顺序，使预定目标得以实现"。

即强调城市规划不仅指需要实现的某些任务，而且指为实现任务而采取的实施顺序及手段。由于城市的发展是一个由多因素影响的动态变化过程，对城市的发展变化的认识也不可能是一次完成的，因此，城市规划也必须是一个连续的过程，而不是一次性的规划方案的设计。

同样，地下空间规划从规划属性上与城市规划一脉相承。传统城市规划观念的误区也应在地下空间规划中引起重视，同时地下空间自有的隐蔽性、建设的不可逆性等特点，决定了地下空间规划的管理与实施较地面规划更加复杂，更需要花费时间与精力去研究分期实施的方法及配套政策，建立弹性与连续性的动态规划机制。要充分认识到地下空间规划"不仅仅是蓝图，而是面向需求的公共政策体系""不仅仅是追求终极理想方案，而且是一种过程"，只有这样才能全面提高地下空间规划的科学性与实用性，推动地下空间管理与立法体制的建立。

2. 充分结合市场经济背景及我国国情

在市场经济条件下，城市发展过程的推动者是市场主体，城市的形成与发展是投资者对城市空间作用的结果。城市地下工程的建设由于初期投资大，回报周期长，我国现行的地下空间规划又缺乏配套的优惠政策，产权归属不明，使得投资者的兴趣很难被调动，无法拓宽投资渠道，影响了地下空间开发利用的推进。因此，结合市场经济背景及我国现阶段经济社会发展实际，充分重视投资者在地下空间建设和发展中的作用和要求，制定既面向投资者需求又保障政府对其合理引导与控制的配套政策。建立相关管理及立法体制是当前在规划理论与实践中都需要迫切解决的问题。

第二章 城市地下空间规划理论与方法

第一节 城市地下空间规划理论的研究进展

一、国内学者及其代表理论成果

1988 年，陈立道和张东山结合上海市康健住宅小区人防及地下空间开发利用的规划编制工作，创造性地研究和提出了一套"城市发展对地下空间需求的发展预测理论和实用方法"。并成功地指导应用于规划编制实践。

1989 年，王伟强在同济大学进行硕士论文研究阶段，在陶松龄和束昱两位教授的指导下，就城市地下空间开发利用的"形态模式"以及"与 GDP 的相关度"进行了开创性研究，并取得了可喜的研究成果，后被广泛引用。

1993 年，吕小泉在同济大学攻读博士学位时，在侯学渊和束昱指导下曾用系统动力学和对应场理论等科学方法研究，并阐释了城市地上与地下和谐协调的对应关系，为城市功能地下化转移比例提供科学依据。

1997 年，王璇在同济大学完成的博士论文中，在侯学渊和束昱指导下，有关城市地下空间开发利用的"功能模式、形式布局、规划设计的原则与方法"等方面进行了系统研究，对推进地下空间规划的理论研究和应用具有显著作用。

2002 年，束昱结合多年研究和国内十余项规划编制实践，归纳总结了国内外的相关研究成果，系统地提出了城市地下空间规划的编制内容与实用技法。

2005 年，陈志龙创造性地提出了用生态学理论来研究分析地下空间的开发利用，并建立了生态地下空间的需求预测理论和方法；束昱基于和谐社会发展与地下空间开发利用相互关系的研究，尝试构建了"地下空间发展和谐需求预测"的理论体系。生态发展观与"和谐"本质理念的引入，是近年我国地下空间规划理念的重大革新与突破。

2006 年，陈志龙、童林旭等在多年地下空间规划实践的基础上，尝试性地建立了地下空间控制性详细规划的理论体系和控制性指标体系，为我国近年来大规模开展城市和地区的地下空间规划实践提供了及时、有效的指导。

2006 年至今，为适应我国地下空间开发利用空前的发展规模与力度，地下空间规划的理论研究更加快了步伐，加大了广度与深度，不同专业领域的规划技术人员与行政部门的管理人员也参与到规划理论的研究中，"和谐"与"可持续发展"理念在实践中得到强化。"博弈论"等经济学原理的引入，数字化、信息化及低碳、集约、智慧、互联网等技术的引进与应用，推动着规划理论在市场经济、信息化时代及建设节约型社会背景下的不断革新。

二、国外研究成果与趋势

过去几十年中，虽然国外许多大城市在地下空间的开发利用方面取得了很大的成效，积累了不少经验，但除加拿大外多数是在没有整个城市地下空间发展规划的情况下进行的。通常的做法是，当城市某一个区域需要进行再开发时，经过较长时间的准备和论证，在此基础上制定详尽的再开发规划。这些规划的特点是同时考虑地面、地上、地下空间的协调发展，即实行立体化的再开发，综合解决交通、市政、商业、服务、居住等问题，整体上实现现代化的改造。

在欧洲最早开始开发利用地下空间的是法国。巴黎拉德芳斯的"双层城市"是代表性建筑。这个现代化的新城把城市的地下空间设计、建设得十分清晰，把轨道交通、街道和停车场全部放在地下，地面只保留绿地、公共活动空间、喷泉广场等一些景观设施。建筑物设有多层地下室，各种设备和设施都放在地下。城市道路的下部空间建成共同沟（综合管廊），将城市生命线铺设其中，真正实现了"双层城市"的构想。

在巴黎的另一个特色地下建筑是市中心的中央商场改建。城市的不断进步使城市中心广场的活力下降，经济萎靡。规划中有两条轨道交通线路将通过此地，利用轨道交通建设机会进行了大规模的再开发，将商业、步行街等都移入地下空间，留出地面用于开发绿地和广场；开发建设四层地下空间和大型下沉式广场，从外观上营造了融合现代、近代和古代城市风貌的和谐统一，这对传统城市历史风貌的保护也非常好。

美国形成了一种具有先导性和创新性的城市建设方式：当城市发展到某一规模时，城市的地上空间将会对城市的发展形成某种程度的约束，这时的处理措施是将其拆除，转而建设地下空间。20 世纪 70 年代，波士顿为缓解城市交通压力在市中心建造了一段高架桥。但随着城市的不断发展高架桥的优势不断缩小，而其缺点却越来越凸显：阻碍了城市的发展，使得房地产开发受到影响，人口越来越少逐渐成为"空洞"。这时市政府果断采取措施：把高架桥转到地下，并与周围建筑连接，形成通道，而地上空间则用来绿化从而恢复了这一中心区的活力。

日本是亚洲东部的一个群岛国家，由于国土狭窄，土地空间资源十分稀缺，因此十分重视城市地下空间的综合利用，并且形成了特色鲜明的地下空间开发利用的日本模式。在地下轨道交通、地下商业街、地下基础设施以及其他利用地下空间的建设等方面，取得了非常显著的成就。除了建设上，日本在编制相关地下空间法规方面发展得也很成熟。从1980 年开始，日本对地下 50m 深度范围内的空间进行研究和探索。2001 年，颁布并实施了《大深度地下空间使用特别措施法》，其中规定把私有土地的地下 50m 以下的空间使用权无偿提供给公共事业使用。这是一个重大的进步，这部法规把私有土地的地下空间使用权公有化。日本曾因为私有土地地下空间使用权的问题，导致几条地铁的修建拖延了十几年。我国可充分研究并合理借鉴这部法规，对地下空间所有权的问题，通过法律法规及时明确。

第二节　我国城市地下空间规划的理论依据

1. 城市发展立体化

城市地下空间是城市空间的一部分，城市地下空间是为城市服务的，因此要使城市地下空间规划科学合理，就必须充分考虑地上和地下的关系，发挥地下空间的优势和特点，使地下空间与地上空间形成一个整体共同为城市服务。

2. 城市发展资源节约化

我国城市化和工业化的快速发展对土地的需求日益增加，使得耕地面积持续减少。对粮食安全构成很大威胁，大部分城市都面临土地资源紧缺而城市发展又急需大量土地的矛盾，作为调控空间资源的城市规划与城市土地利用有着直接的关系。城市要综合利用土地，土地资源节约化要向地下要空间，充分发挥地下空间资源潜力，在不扩大或少扩大城市用地的前提下，改善地面空间，进而改善城市环境。

3. 城市发展环境友好化

环境友好型城市是人与自然和谐发展的城市，通过人与自然的和谐发展促进人与人、人与社会的和谐。随着社会和经济的不断发展，环境的质量必将受到越来越多的重视。从环境质量要求的角度来看，地下空间的利用对改善地面环境起着重要作用。

4. 城市发展集约高效化

城市的本质是聚集而不是扩散，城市的一切功能和设施都是为了加强集约化和提高服务效率。城市的集约化就是不断挖掘自身发展潜力的过程，是城市发展从初始阶段向高级阶段过渡的历史进程。城市的集约化并不是无止境的，城市空间的容量也是有限的。城市地下空间具有很大的容量，可为城市提供充足的后备空间资源，如果得到合理开发，必将产生难以估量的经济和社会效益，并在很大程度上加强城市的集聚效应。

5. 城市发展安全化

城市安全是城市居民生命、财富、进行各种生活与生产活动的基本保障。随着经济社会的发展，城市所聚集的人口、财富迅速增长，城市安全的重要程度日趋突出，人们对城市安全的要求日益强烈。城市安全涉及面广影响因素多，是一个错综复杂的系统工程。城市安全主要体现在城市防灾、治安、防卫等三大方面。危害城市安全的因素众多，主要归类为自然灾害、人为灾害、袭击破坏等三大类。

在未来立体化城市建设过程中，有效开发利用城市空间资源，提高空间质量，增强城市防灾抗毁能力，实现城市人口、资源、环境协调发展。充分合理利用城市地下空间资源建设立体化发展的生态城市。

6. 城市发展低碳化

地下空间的开发利用，有利于土地资源的节约和集约化利用，有利于促进上下部空间建设容量平衡，有利于促进交通、市政、公共、防灾等主要功能系统协调和谐发展。从而提高城市整体运行效率，从而长远推进城市低碳化生态化发展。

7. 城市发展可持续化

地下空间的开发应在合理安排时序建设与开发过程中重视环境效益；高效、集约化利用竖向空间；重视地下空间系统及设施的整合建设；统筹地下空间规划，预留与建设一次到位，实现地下空间开发的可持续发展。

第三节　我国城市地下空间规划的理论体系

一、地下空间规划的"预评价"

1. 地下空间规划"预评价"的概念

深入调研城市的社会经济发展现状，准确预判其发展趋势，制订符合实际的地下空间开发利用目标与策略，是地下空间规划编制最为重要的内容，是指导各项设施规划发展的根本依据。目前在地下空间规划编制体系中，虽然有需求预测的章节，但普遍欠缺对现状的深入调研，欠缺科学可行的需求预测理论方法。

对现状的把握，是判断一个城市是否具备地下空间发展条件的重要依据；对趋势的预判，是挖掘这座城市地下空间发展潜力的前提。这个环节可以称为规划的"前评价"，是合理确定地下空间发展模式的基础。强化"前评价"是规划编制需要重点完善的内容，即分析影响地下空间开发利用的主导因素，建立评价系统及量化评级，使地下空间规划目标与策略的制订更科学、具有说服力。

2. 地下空间规划"预评价"的要素构成

地下空间开发利用主导影响因素的选取，应紧密结合城市规划中对城市综合实力评定的相关指标，同时突出地下空间特性化指标，重点包括：(1)综合经济指标，决定地下空间开发的经济基础；(2)轨道交通建设指标，决定地下空间的发展阶段；(3)基础资源指标，决定地下空间发展的自然与社会基础条件；(4)地下空间现状指标，反映地下空间的建设经验；(5)软件建设指标，影响地下空间开发推进的难易度等。抓住主要影响因素来把握地下空间的发展趋势从而判断主导需求，可以提升规划的合理性，同时确保其前瞻性。

二、地下空间规划的基本原则

1. 综合利用

地下空间开发利用应注重地上、地下协调发展，地下空间在功能上应混合开发、复合利用、提高空间效率。

2. 连通整合

高效的地下空间在于相互连通，形成网络和体系，应对规划和现有地下空间进行系统整合，方便联络，合理分类，地下公共空间、交通集散空间和地铁车站相互连通，提高使用效率，依法统一管理。

3. 以轨道交通为基础、以城市公共中心为重点进行布局

以地铁网络为地下空间开发利用的骨架，以地铁线为地下空间开发利用的发展轴、线、环、点，以地铁站为地下空间开发利用的发展源形成依托地铁线网，以城市公共中心为重点建立地下空间体系。

4. 分层开发与分步实施

将地下空间开发利用的功能置于不同的竖向开发层次，充分利用地层深度。在现阶段，科学利用浅层作为近期建设和主要城市功能布置的重点，积极拓展中层，统筹规划次深层和深层。

三、地下空间规划中的资源综合评价

（一）地下空间资源评估内涵

地下空间资源属于城市的自然资源，对地下空间资源进行评估是城市规划中新出现的自然条件和城市建设适建性评价的延伸和发展，即对地下空间建设的自然条件与土地资源适建性进行评价。同时与地面条件不同的是地下空间开发在某些城市重点发展片区及建设规模高需求区更有其特别的价值，并非城市所有区位都具有开发地下空间的需求，因此地下空间资源评估还包含从社会经济角度对其开发价值进行评定。从上述两方面综合考虑，地下空间资源评估表现为开发条件的可行程度与开发潜力的综合评估，包含数量和质量两方面的内容。

（二）地下空间资源评估层次

地下空间资源开发受两类因素影响：①工程地质和水文地质条件、地面建设现状及空间管制等制约因素，是影响和制约地下空间开发利用的重要因素；②地面区位及土地使用性质等潜在价值因素，地下空间的开发利用有可能影响其价值的提升。

（三）地下空间资源评估要素与方法

1. 地下空间适建性评价要素

（1）岩土工程地质条件；

（2）水文地质条件；

（3）不良地质条件；

（4）生态敏感性要素；

（5）现状建筑空间限制要素。

2. 地下空间社会经济需求性评价要素

（1）区位条件评价；

（2）用地功能需求性评价；

（3）规划建设强度条件评价（人口、土地、交通、市政公用设施）；

（4）地面空间限制条件评价（城市空间限制、用地限制）；

（5）社会经济发展对地下空间需求度的综合评价。

四、地下空间规划中的需求预测

地下空间规划是否科学合理，最本质的衡量要素是能否结合规划区发展实际，科学预测城市发展的需求，准确把握地下空间开发利用的主导方向是地下空间规划编制最基础的前提与出发点。

城市地下空间规划必须从城市自身需求入手，解决城市切实发展问题，但不是以地下空间开发解决所有城市问题，而是必须配合城市地面空间的规划与发展建设、补充、完善、拓展，并引导地面空间开发和建设容量平衡，从而实现上、下部空间协调和谐发展。

把握地下空间近中期及长远开发利用的主导方向和发展策略，是统筹制订地下空间开发利用规划的前提和基础，也是编制实施地下空间规划及指导建设的依据。在规划编制阶段应对基础性问题进行更加准确的把握，才能正确指导地下空间资源的合理开发实践。

五、地下空间规划中的空间管制

地下空间管制是城市规划空间管制在地下空间开发利用中的沿袭，是根据地下空间资源基础评价与需求预测分析、确定地下空间开发重点及一般性管制区、分区确定管制措施与导则的重要依据，使地下空间开发能够因地制宜、符合实际并具有可操作性。

地下空间规划中将针对规划区发展定位、用地特点、建设实际，结合对规划区地下空间的基础资源评价与需求预测，将规划区地下空间资源划分为不同管制分区，并针对不同分区城市发展对地下空间的需求，制定不同分区的地下空间管制导则，以利于地下空间开发重点的突出，同时便于地下空间的开发利用管理。

地下空间管制也对地下空间设施布局具有重要作用。地下空间规划中对地下空间管制的内容也是重要的理论研究内容。

根据对地下空间规划编制的实践与理解，建议在现有编制体系中增加地下空间管制的环节，合理划分地下空间管制分区、建立资源的管控与预留机制，对远期轨道交通走廊及大型市政管廊、交通走廊道路下资源对轨道交通沿线、城市及地下空间的拉动提升带，以及对轨交站域重点辐射提升区的地上和地下空间资源进行严格管控，其开发功能、强度、连通要求、接口预留、与远期设施的竖向衔接及整合关系，都以图则的形式进行落实，确保资源管制的力度及分期衔接的可行性，同时也便于与地面规划的空间管制接轨，便于城市规划管理。

六、地下空间规划中的目标与策略

建立可操作的地下空间规划目标体系，是地下空间规划的一项难点。地下空间规划目标的制定是否合理，关系到地下空间规划方案是否能顺利实施。

地下空间规划目标的合理性，需充分建立在规划区城市建设现状、地下空间现状、资源基础评价、需求预测、空间管制的基础上，需要达到充分结合规划区实际。同时，地下空间规划目标，除定性表述目标以外，还需要一定的量化目标体系，以便更直观、更实际地指导地下空间开发。量化目标体系的制订，是建立在地下空间规划重点环节的量化分析评价基础上，再提炼成为规划目标值。因此具有相当大的难度。另外，地下空间的规划建设发展不是同一时期就能实现的，需根据不同的规划发展阶段制订不同的规划发展目标体系。因此，目标体系的制订还需充分结合规划发展阶段。

地下空间规划中应在以下四方面建立地下空间规划目标体系，并作为规划重点、攻坚难点及理论重点。

1. 地下空间总体发展目标体系建立；

2. 地下交通、市政公用、公共服务、防灾等分项设施发展目标体系建立；

3. 地下空间分区发展目标体系建立；

4. 地下空间分期发展目标体系建立。

七、地下空间规划中的竖向规划

我国城市地下空间的开发在取得长足发展的同时，由于缺乏对城市地下空间竖向分层等相关问题的研究，特别是一些地下空间的开发利用由于缺少相应的长远需求规划，在地下空间中所处的位置没有合理地布局，从而导致地下空间设施相冲突的矛盾屡有发生。一些先建的地下设施随意占用了一部分地下空间资源，使得后建的地下设施一旦与之发生冲突，就只能往更深的方向发展，造成资金浪费以及造成开发的困难。因此在进行地下空间开发利用的同时，有必要对其竖向布局进行分析研究，使地下空间的开发能够按照相应设施的功能以及所处的地域有层次地进行，充分保护地下空间资源。

1. 道路地下空间

在道路地下安排市政管线、地铁、综合管廊、地下道路以及地下过街道和下立交等设施是合理的。但是道路的地下空间资源有限，容纳如此多的地下设施需要一定的规划指引，不能盲目地乱加开发。如果道路地下空间开发的功能合理、深度适当将会使城市道路在城市的发展过程中发挥更大的作用。

结合各类地下设施的特点、开发的时序以及设施的重要性，在竖向层次对其进行如下划分。

（1）0~-15m的浅层空间。这一层次地下设施由浅至深的一般布置为：市政管线、下立交、地下人行过街道、综合管廊以及地铁。其中，市政管线的布置应尽量处于人行道或非机动车道的下方。综合管廊可以布设在车行道下，从施工方便及经济角度出发，在保证覆土深度的前提下，应该布置在较浅的空间。下立交和地下人行过街道上方由于有市政管线通过也应预留一定的覆土深度。地铁区间隧道和地铁车站上方有市政管线、下立交和地下过街道等通过，在规划时应预留一定的覆土深度避免与之产生冲突。

（2）-15~-30m的中层空间。这一层主要用以建造地铁区间隧道和地铁车站，在表层空间被占用的情况下，地铁区间隧道应尽量安排在这一层。地铁车站作为地面、地下联系的出口、从安全及造价角度出发，应尽量布置在0~-10m的浅层空间。

（3）-30~-50m的次深层空间。在浅层空间发展饱和的情况下，这一层用以发展地铁、地下道路、地下物流系统等。

（4）-50 m以下的深层空间。预留为将来发展之用，用以建设地下道路、地下物流等系统。

2. 广场地下空间

广场地下适宜安排下沉式广场、地下步行道、地下商业设施、地铁、地下停车场以及一些大型的地下变电设施、地下水库等。结合各类地下设施的特点对其在广场地下进行一个竖向层次的划分如下。

（1）0~-15m的浅层空间。设置下沉式广场连接上下部空间，形成空间的和谐过渡带，设置地下步行道、地下商业、娱乐设施，形成一个闲适的地下商业步行空间。同时，设置地铁车站和地下停车场，与地下商业空间相连接，形成交通商业设施的整合。一些大型的地下变电设施和地下水库也可以设在这一层面。

（2）-15~-30m的中层空间。建造地铁区间隧道和地铁车站。需要注意的是这一层面的地铁车站与上一层面的地铁车站在竖向空间应该加以整合。

（3）-30~-50m的次深层空间。在浅层空间发展饱和的情况下，用以发展地铁、地下物流系统等。

（4）-50m以下的深层空间。预留为将来发展之用，用以建设地下道路、地下物流等系统。

3. 绿地地下空间

通过开发绿地地下空间，一方面可以在地面上形成环境优美、生态良好的绿化空间，另一方面可以提供交通设施、商业、娱乐设施、仓储设施，防灾设施等设施空间，充分发挥绿地的作用。

绿地地下空间开发重点用于停车、商业、文化娱乐、仓储、变电站、地下水库等公用公益设施。具体的开发层次可以采用如下模式。

（1）0~15m的浅层空间，在保证绿化基层的厚度用以保证植物能正常生长的情况下，可以设置地下商业、文化、娱乐设施、地下停车库。地下变电站及地下水库等也可以设置在这一层面。

（2）-15~-30m的中层空间，可以规划建设地下道路、地下水库、地下储藏库等。

（3）-30m以下的深层空间，可以预留为将来发展之用，用以建设开发地下道路、地下物流系统地下储藏库、特种工程等。

八、地下空间规划中的分项系统规划

（一）地下交通设施系统规划

1. 强化地下空间综合利用的交通改善效益

城市交通是城市功能中最活跃的因素，是城市和谐发展的最关键问题。地下空间作为拓展空间、改善城市功能的有效途径，应充分发挥在改善城市交通民生问题上的积极作用，积极探索构建城市上、下一体的立体交通体系，补充静态交通设施空间，改善地面交通环境。

地下空间规划中将重点对地下空间在提升规划区交通效益中的积极作用进行深入分析，并以此为指导把规划区地下交通设施系统规划作为重点研判内容，将地下空间开发综合治理城市交通、提升城市交通整体效率作为首要重点，并对重点地区内探索地下空间开发促进动态交通立体分流、构建人行及车行网络系统的模式，减少不同性质交通流的彼此干扰，并进行整体交通容量的部分地下化转移，以提升地面交通环境品质及提升整体交通效率。同时加强对静态交通网络化的研究及实践，对轨道交通站域地区及交通枢纽地区的地下交通设施综合开发。

2. 强化轨道交通预留管控及车站地区地下空间综合利用

地下空间规划中应将对轨道交通的预留管控轨道交通沿线及车站地区对地下空间的带动提升统筹管制，以及轨道交通车站周边地下空间的综合开发利用作为重点内容。

城市轨道交通的建设将是最直接、最有效的对地下空间开发的带动因素。因此应在地下空间规划中，高度重视轨道交通的预留管控，同时统筹轨道交通车站地区地上、地下空间的管制，做好车站地区地下空间统筹开发的衔接规划，使近期地下空间开发不对远期轨道交通的建设造成影响，同时也确保与远期轨道交通设施的衔接。

规划中将加强轨道交通站域地区的地下空间综合利用，控制性详细规划及城市设计的编制，在对轨交附属设施的用地预留控制、与周边建筑地下空间的衔接与连通控制、分期开发的实施保障措施，以及轨交站与上盖物业的综合开发模式与配套政策制定等方面，进行深化研究和加速实践，以充分发挥轨道交通建设对城市的更新拉动、改造提升及对城市格局的引导作用。

3. 强化研究地上地下结合的城市立体交通体系

城市立体交通体系是以轨道交通枢纽为核心的地上地下一体化空间体系。地上地下一体化空间体系由城市中心区交通节点区域范围内地上公共空间、地上地下过渡空间和地下公共空间三大部分组成。

结合轨道交通建设进行的土地开挖通过立体化设计进行商业空间的开发，一体化统筹安排施工建设，在节约巨大经济成本的同时，将对市民正常生活的影响降到最低，成为城市地下空间立体化开发的新趋势。通过地下空间的立体化开发，实现城市空间与环境之间的和谐发展。

在城市交通立体化时代到来之际，结合城市的综合发展定位确立地下空间开发的资源地位，以政策化市场化等手段实现城市地下空间的立体化开发，成为城市结构性调整和未来空间的发展方向，具有十分重要的理论和现实意义。

4. 强化研究城市地下静态交通系统的网络化规划

相对在道路上行驶的车辆停车称为静态交通。经济的发展促进了汽车业的飞跃发展，原有的道路已不能满足城市交通增长的需求。人们对出行的要求越来越高，私家车大量涌现，城市用地资源紧张，"停车难"逐渐成为人们关注的焦点和热点问题。

地下静态交通空间的主要形式是地下停车场，由于修建地下停车场可以附设商业等其他公共设施，既能减少停车设施的投资，又能促进公共设施的建立，对缓和地面交通，解决停车问题，提高城市社会、经济、环境效益和方便市民生活等方面起到重要作用，因而开发和利用地下空间来解决城市静态交通问题逐渐成为各国大中城市采用的主要手段之一。

结合地下空间建设，按照"科学、有序、统一、高效"的原则，大力发展地下停车系统，保证地下停车与公共交通、地铁站合理衔接换乘，同时注重地下停车与周边商业、建筑的相互连通，中心城区以地下公共停车为主，外围新城采取地下公共停车与配建停车相结合的方式，从根本上缓解停车供需矛盾，实现城市地下交通效益最大化。

交通枢纽地区以地铁车站的开发建设为基础，以地下步行系统和地下道路系统为纽带，统筹考虑地面交通与地下交通，有序衔接静态交通与动态交通，形成网络化地下交通系统构建立体化交通城市。

（二）地下公共服务设施系统规划

地下公共空间是城市公共空间的重要组成部分和拓展延伸。从权属角度划分，地下公共空间包含公共权属用地地下空间，以及非公权属用地下须向公众开放和使用的地下空间；从使用功能角度划分，地下公共空间包括公共交通空间、公共服务设施空间等。规划对提供公共服务功能的地下空间设施主要包括地下商业设施、地下文娱体育设施、下沉广场及开敞空间、地下空间综合体（商业类）等，提出规划布局方案，结合地区公共活动特点，合理组织规划区的地下公共性活动空间，建立完善的地下公共活动系统。

1. 应对地下公共服务设施（商业）开发适宜性进行论证

地下空间规划应对地下公共服务设施空间的建设适宜性进行论证。作为地下空间开发利用中的经营性（或收益性）功能设施，地下公共服务设施的开发具备先决动因，但同时也需要更加严格的统筹管控以避免无序开发。近年来，部分二线及三线城市由于准入门槛较低，规划编制及监管松动，部分由民间投资的趋利化、无序化、低档次地下商业街等设施，不仅占用了中心区关键性地下公共资源，对后续地下空间发展造成重大影响，同时也造成了相应的安全隐患。

地下街使用权出售后无人管理甚至出现商户全部撤出的惨淡景象，丧失社会效益和经济效益，造成严重的公共资源浪费。因此，对经营性的地下公共服务设施的统筹规划严格论证，是避免认知误区、促进地下空间有序化科学发展的重要保障。

2. 地下公共服务设施（商业）开发需具备的要素

地下公共服务设施不是地下空间开发利用的必需性基础设施，其开发主要依托交通设施带来客流并完善交通设施，承担客流疏散与设施连通等交通功能。非兼顾公益性功能的地下商业开发需谨慎论证。同时，开发建成的地下公共服务设施要有良好的导向性及舒适的内部环境。

地下空间规划应结合规划区发展实际，在充分调研城市地下商业开发及投资市场活跃度的基础上，系统分析规划区发展地下公共服务设施的必备条件，并结合规划区主要商业中心及交通枢纽，论证地下公共服务设施的选址可行性，同时分析开发规模并对运营管理提出保障措施。

（三）地下市政公用设施系统规划

地下市政设施可分为地下综合管廊系统和地下市政场站两大类型。

市政基础设施地下化是一项专项规划，除了要考虑地面市政设施规划外，还应充分考虑结合城市道路交通、绿地以及广场的规划进行建设。城市道路更新与修建为市政管线的地下化敷设创造了条件，尤其是沿道路两侧绿带的开发，更为城市开发利用地下综合管廊等市政设施的地下化发展提供了广阔的空间，也必将成为未来城市建设和发展的趋势和潮流。

1. 合理性原则

合理开发利用城市地下空间资源，促进城市地上空间与地下空间协调发展。利用城市道路绿地、广场地下空间，将部分市政设施进行地下化或半地下化、整合城市土地资源挖掘土地潜力、理顺城市容量关系，以推动城市建设与城市环境的和谐发展。

2. 持续性原则

坚持以市场化、社会化发展为导向，以城市可持续发展为目标，结合市政管线改造或更新、新建道路更新拓宽重大工程建设、新市政或新社区开发进行规划布局，倡导节约紧凑型城市市政基础设施发展模式。

3. 可行性原则

地下市政设施的建设应结合城市经济与社会发展水平，上下统筹、远近结合，注重规划项目的可实施性。市政设施地下化既要符合市政设施技术要求，又要与城市规划总体要求相一致，为城市的长远发展打下良好的基础。

（四）地下综合防灾设施系统规划

城市综合防灾是地上、地下有机联系的整体，大量的地下空间必然是城市综合防灾的一个重要组成部分，城市要想保证灾难到来时有足够的安全避难空间、救护场所和疏散通道，就必须充分有效地开发利用地下空间。

城市地下空间利用的内容和范围十分广泛，主要是以预防战争等自然或人为的极端灾害为对象。因此，我国城市的防灾是按战时用途，将地下空间的利用分为防护工程、地下空间兼顾防护要求的工程和普通地下空间。

地下空间平时的开发利用是为了满足经济的发展和人民生活的需要，通常分为六类：地下交通空间、地下商业文娱空间、地下公共服务设施空间、地下基础设施空间、生产经营空间和仓储物流空间。结合灾害类型对城市的威胁程度，地下空间按其灾时又可分为四类：避难空间、疏散空间、救援空间和仓储空间。

1. 大型地下防灾设施

（1）地下防灾疏散通道。结合新建的轨道交通线路，建设轨道交通疏散平台，作为疏散乘客的专用通道，并在重要车站预留人防通道，设计人员疏散预案、备有专门的水电供应系统，以及其他一些专用设施，为城市人防以及防灾的地面紧急疏散通道形成重要的补充。

（2）地下避难场所。城市地下空间规划应在城区商业、金融、文体中心等人口密集区利用城市绿地广场等地面开敞空间，结合轨道交通防灾疏散通道或人防掩蔽设施，建设地下避难场地。

地下人员避难场所平时可作为地下停车库、地下商业等功能，灾时发挥人员应急避难以及物资储备的功能。避难场所基本设施配置包括：应急管理设施、应急物资储备设施、应急医疗救护与卫生防疫设施、应急供水设施、应急供电设施、应急排污设施、应急厕所、应急消防设施、应急通道、应急标志和功能分布牌等。

2. 布局要求

（1）公共防灾工程。结合新建地下综合体地下公共停车场，部分兼顾人防工程建设成为公共人防工程。兼顾比例不低于地下空间建设总面积的30%。

（2）防灾干道工程。结合城市地下轨道交通、地下道路交通、地下街、综合管廊设施的建设，兼顾人防要求形成防灾干道工程。

（五）地下空间系统整合规划

地下空间的综合化开发要求地下空间分项功能系统内部各设施之间及系统之间进行有机整合，以更加高效集约化地利用地下空间资源。地下空间利用中应加强地下交通系统内部的设施整合规划、地下市政公用设施系统内部的整合规划以及地下交通系统与地下市政管廊系统、地下防空防灾系统之间的整合，表现在竖向协调、功能复合、建设整合、时序衔接等方面，突破以往地下空间分项设施各自规划建设的模式，以使一次开发的地下空间资源能够高效利用，是地下空间开发中的重点及难点。

地下空间规划中，除对地下空间各分项系统设施进行科学规划外，还将重点探索地下空间各系统设施之间的高效、整合开发，以利于资源向更集约的模式去利用，使地下空间系统能发挥更高效率和更大效能。

地下空间系统整合规划也逐步成为地下空间规划的重要理论创新点。

九、地下空间规划的管控体系

地下空间控制性详细规划中，应科学合理地确定公共性地下空间利用与非公共性地下空间利用的规划控制指标体系，包括规定性控制与引导性控制两类。重点强化对公共性地下空间资源的管控，强化地下空间公益性功能的开发并围绕这两项内容强化规划控制指标体系的制订。

目前，国内有部分省市对地下空间控制性规划体系进行了初探。但仍然需结合规划区的实际情况，在地下空间规划控制指标体系方面进行创新，摸索更加符合规划区的规划控制指标，以便于与城区城市建设与管理要求进行有效衔接，实现规划的价值与效益。

地下空间规划将结合地下空间资源基础评价、地下空间需求预测及地下空间管制区划，制订地下空间开发利用的管控导则，对重点地区还将形成地下空间控制性详细规划管制指标体系。如何针对不同管制分区、不同性质与权属的地下空间类型，提出因地制宜，符合实际又具有可操作性的导则和管制指标体系，最终转化为地下空间开发管理的依据也将是地下空间规划的理论难点。

地下空间规划理论应在以下环节建立管制指标体系并作为规划重点攻坚难点：

1. 地下空间建设容量平衡管制指标；

2. 地下交通、市政公用、公共服务、防灾等专项设施的建设管制指标；

3. 地下公共空间的图则管制控制指标；

4. 地下非公共空间的图则管制控制指标；

5. 地下空间衔接与整合的图则管制控制指标。

十、地下空间规划中的分期衔接规划

重点片区地下空间综合开发，宜形成整体统筹、连片成网的地下空间利用模式，但这种规模化的发展建设模式，往往不是同一个时期建设完成的，需要在编制重点地区的地下空间规划时既有远景整体把控，又要制订合理的分期衔接方式，使地下空间开发利用形成"可持续生长的"健康发展模式。

地下空间规划在重点片区规划设计方案的编制中，需对地下空间发展趋势做准确定位与把握，合理制定近、远期建设的衔接方式，做好资源预留与连接预留，做好近期建设设施与远期设施在竖向、平面上的协调，落实片区远期建设整体把控，明确分期管制措施，尤其是对远期资源的预留管控、地下空间开发与轨道交通的分期衔接、重点地区的地下空间大系统的分期实施衔接，都是地下空间规划的理论难点。

十一、地下空间规划的"后评价"

地下空间规划的实施和评价中提到规划的"后评价"，关于地下空间规划"后评价"目前尚未形成完整的理论方法体系，需要进一步挖掘地下空间在节约资源与提升环境中具体发展的功能，与在城市建设的哪些方面产生具体效益，包括经济效益、社会效益、能源节约效益、环境提升效益、交通改善效益、防灾效益等，各类效益评价通过具体的分项指标进行体现，如经济盈亏指标、减碳指标、减废气排放指标、单位节能指标、路网饱和度指标等，便于与城市规划、生态规划、建筑节能减排设计等进行对接，有待于进一步完善与探索。

第四节 我国城市地下空间规划的方法体系

一、地下空间规划条件分析评价方法

基础专项技术工作具体包括基础资料的收集及发展预测。基础性资料包括：对已开发的地下工程和尚未开发利用的地下空间资源进行地质与水文条件、地形条件、气候条件、地上城市建设现状、地下空间利用现状、城市总体规划、城市各专项规划、城市详细规划、城市地下空间开发利用的民意调查等。基础性资料的收集、整理、调查研究是一切规划工作的前提和关键，是规划科学与否的保障。在对地上地下的基础性资料进行完整解读的基础上，可以对城市地下空间资源的容量进行统计；同时，通过城市地下空间需求预测模型的建立和分析，对城市地下空间的需求进行预测，为规划奠定基础。

二、地下空间资源综合评估方法体系

地下空间是城市的自然资源，对地下空间资源进行评估是城市规划中新出现的自然条件和城市建设适建性评价的延伸和发展，即对地下空间建设的自然条件与土地资源适建性评价表现为开发条件的可行程度与开发潜力的综合评估。

地下空间资源开发利用的适宜性受两类因素影响：一类是受基础自然条件的影响和制约，另一类是受地面空间利用状况和已利用的地下空间现状的影响和制约。地下空间资源的综合质量是自然条件与社会经济需求条件的总体反映。

1. 基于自然条件的地下空间适宜性评价指标体系

地下空间自然条件评价要素集包含地形地貌、地质构造、岩土体条件、水文地质条件、不良地质及地质灾害几类。对每类要素进行提炼整理，分别形成相应的评价指标，构成基于自然条件的地下空间适宜性评价指标体系。

2. 基于社会经济条件的地下空间适宜性评价指标体系

地下空间社会经济评价要素集包含城市及地下空间利用现状、城市人口密度、交通状况、土地利用状况、市政及防灾设施状况、历史文化保护、城市空间管制等。对每类要素进行提炼整理，分别形成相应的评价指标，构成基于社会经济条件的地下空间适宜性评价指标体系。

3. 地下空间资源综合质量评价体系

地下空间资源综合质量是由基本质量评价结果和潜在价值评估结果根据权重参数进行求和的综合指标，用以度量地下空间资源在自然条件、工程条件和社会经济需求条件下的总体价值或适用性质量等级。

三、地下空间的需求预测方法

地下空间开发利用的规模与城市发展对地下空间的预测量有关。地下空间预测量取决于城市发展规模、社会经济发展水平、城市的空间布局、人们的活动方式、信息等科学技术水平、自然地理条件、法律法规和政策等多种因素。

（一）分功能预测法

1. 核心内容

一般来说，城市地下空间开发包括交通系统、公共设施、居住设施、市政公用设施系统、工业设施、能源及物资储备系统、防灾与防护设施系统等功能空间。其中，地下交通系统又包括地下的轨道交通系统、道路系统、停车系统、人行系统和物流系统等。而地下公共设施则包括地下的商业、公共建筑等。地下公共建筑的功能性质包括行政办公、文化娱乐体育、医疗卫生、教育科研等，如办公、医院、学校、图书馆、科研中心、实验室、档案馆、运动中心、游泳馆、展览馆、博物馆、艺术中心等。地下市政公用设施系统则包括地下的供水系统、供电系统、燃气系统、供热系统、通信系统、排水系统、固体废弃物排除与处理系统等。

根据不同城市或城市不同地区的特点，预测出其地下空间开发的特点和功能类型，再分别预测出地下交通、地下公用设施、地下市政基础设施等的分项需求，加总求和得出总规模。并与预测得出的地下空间开发需求总量相对照，互为校验。

2. 方法评析

该方法考虑的地下空间影响因素还是很充分的，但地下空间的需求总量只是一个简单的求和，未考虑因素与因素之间的相互关系，且这种关系是非线性的，不能用简单的数学公式来表达；同时该方法可操作性较差，难以真正结合城市发展的真实需要。

（二）分系统单项指标标定法

该系统的合理思路是基于单系统划分，对各系统分别进行需求预测，再对各系统需求量求和，即可得到城市地下空间的总体需求量。对单系统的需求预测，使用数学模型最为直接有效，此时可采用单项指标标定法，针对各系统的需求机理，选用合适的需求强度指标作为预测模型的参数。基于这一思路，提出分系统的城市地下空间需求预测框架体系。

在指标与预测模型设计方面，指标直接作为单系统预测模型参数，该方法中各单系统指标如下：居住区地下空间可采用人均地下空间需求量作为指标；公共设施、广场和绿地、工业仓储区均可采用地下空间开发强度（地下空间开发面积与用地面积的比值）作为指标；轨道交通、地下公共停车系统、地下道路及综合隧道系统、防空防灾系统、地下战略储库均有相关规划前提，必须根据相关规划指标估算。

（三）基于"和谐"本质理念的地下空间需求预测方法

束昱在 2006 年提出的基于城市和谐发展对地下空间资源开发利用的需求预测理论，是基于建设"资源节约型、环境友好型和谐社会"的基本国策和发展目标，运用城市社会、经济、规划、建设与管理科学，城市生态与环境科学，城市地下空间资源学，系统动力学和对应场理论，预测学等多种科学的理论与方法，在充分吸纳既有研究成果的基础上通过从"城市社会经济环境生态的和谐协调发展、城市和谐协调发展与地下空间、城市地下空间的和谐协调发展"三个方面和层次对城市和谐发展与地下空间资源开发利用之间关系的系统分析和论述，创造性地提出了城市地下空间资源"和谐需求预测"的系统理论思想和预测方法体系；进而在"和谐需求预测"理论的基本框架内依据全面系统性和谐协调性、可操作性、重点性等原则，从城市总体发展和局部区域发展两个层次分别对地下空间的功能类型和开发规模进行需求预测的系统理论和方法体系，并提出了具体的实用需求预测方法。

"和谐"理论阐明了城市地下空间开发的本质是实现人与社会、人与自然之间的真正和谐，从而从"和谐"本质理念入手分析地下空间需求问题，并提出"需求预测不仅仅要解决城市某个时间节点对地下空间资源开发利用总量的需求预测，还要通过预测来回答城市和谐协调与可持续发展对地下空间功能类型的需求和开发形态的需求"，完善了地下空间需求预测的理论体系，即从功能类型、建设规模量和建设形态三个方面对地下空间开发进行预测控制，回答了"地下空间要开发什么，要开发多少，要怎样开发"的问题，同时提出分功能、分系统预测地下空间的开发规模量，并从城市系统的高度出发，从条件、动因及经验三个方面建立指标，对地下空间需求预测理论问题的研究具有重要的启示作用。

四、地下空间管制及导则制定方法体系

（一）空间管制分区

地下空间管制是城市空间管制在地下空间开发利用管理方面的延伸。针对城市不同区域位置的地下空间开发，制定不同的管制措施以利于因地制宜，使地下空间的开发符合城市发展的实际需要。

按照城市空间管制的基本分区概念，将地下空间开发从总体上划分为四类区域：地下空间禁止建设区、地下空间限制建设区、地下空间适宜建设区和地下空间已建设区。

1. 地下空间禁止建设区

确定自然生态保护区核心区，一级水源保护区，生态湿地保护区，生态农业保护区，局部不良地质区，地下文物埋藏区，国家级、省、市级文物保护单位，部分城市特殊用地作为地下空间禁止建设区。

2. 地下空间限制建设区

确定一般性山体林地、一般性水体、城市近期发展备用地作为地下空间限制建设区。

3. 地下空间适宜建设区

除禁止建设区限制建设区以外的大部分地区，均为地下空间适宜建设区。内部划分为四类管制分区，从一类到四类管制严格程度依次降低。

4. 地下空间已建设区

已经进行地下空间开发利用的区域。

（二）空间管制导则

针对地下空间不同管制分区，提出管制导则，便于对地下空间开发利用的管理。

1. 地下空间禁止建设区

区内原则禁止地下空间的开发利用活动。

2. 地下空间限制建设区

区内原则禁止大规模地下空间开发。单项地下空间设施建设须严格进行环境地质条件评价及制定工程安全措施。

3. 地下空间一类管制区

（1）对静态停车设施的地下化建设进行严格控制，配建停车平均地下化比率不低于80%，公共停车平均地下化比率不低于40%。

（2）对动态交通设施的地下化建设进行引导性控制。

（3）对轨道交通沿线双侧 200m 范围、轨道交通车站周边 500m 范围，划定轨道交通统筹开发控制区。区内地下空间资源进行严格控制并与轨道交通做好接口预留。

（4）对新建市政厂站设施及环卫设施的地下化建设进行严格控制，对已建市政厂站设施改造进行引导性控制。

（5）引导开发兼备交通功能的地下公共服务设施，对非兼顾交通功能的地下公共服务设施开发进行严格控制。

（6）对结建指标进行严格控制，并积极引导开发公共人防工程。

（7）积极引导地下空间互连互通式发展，建设地下人行及车行连通道设施或预留接口。

（8）对远景重大轨道交通、地下道路、综合管廊设施选址、道路下地下空间资源开发进行严格控制，先期开发其他地下设施时需进行与远期设施协调建设的技术论证。对城市公共绿地广场下空间资源开发进行严格控制。

（9）制定地下空间控制性详细规划，并绘制法定图则。

4. 地下空间二类管制区

（1）对静态停车设施的地下化建设进行严格控制，配建停车平均地下化比率不低于 60%，公共停车平均地下化比率不低于 20%。

（2）对轨道交通沿线双侧 200m 范围、轨道交通车站周边 500m 范围，划定轨道交通统筹开发控制区，区内地下空间资源进行严格控制并与轨道交通做好接口预留。

（3）引导开发兼备交通功能的地下公共服务设施，对非兼顾交通功能的地下公共服务设施开发进行严格控制。

（4）对结建指标进行严格控制，并积极引导开发公共人防工程。

（5）对远景重大地下道路、综合管廊设施选址、道路下地下空间资源开发进行严格控制，先期开发其他地下设施时需进行与远期设施协调建设的技术论证。对城市公共绿地广场下空间资源开发进行严格控制。

5. 地下空间三类管制区

（1）对静态停车设施的地下化建设进行严格控制，配建停车平均地下化率不低于 60%。

（2）对结建指标进行严格控制，并积极引导开发公共人防工程。

6. 地下空间四类管制区

对危险品储藏，重大能源、环卫、有放射性或污染性市政设施，其关键性功能进行地下化建设控制。

第五节　我国城市地下空间规划理论方法的新进展

一、规划理论新进展

（一）综合防灾与地下空间规划

地下空间利用与城市综合防灾相结合的意义是：将地下空间的合理防灾与经济建设、城市布局结合起来不仅能够提高地下空间主动防灾功能，而且在城市地面交通发展受限时，地下交通能够缓解城市发展与土地资源紧缺之间的矛盾，提高土地利用率、扩大城市的生存和发展空间，增强和完善城市功能、改善生态环境实现可持续发展。

地下空间对自然灾害及人为灾害的防护效用相比于地面建筑具有最显著的优势。人类对地下空间的开发利用最早源于躲避自然灾害及战争灾害。我国城市由于自身的发展历程，早期对地下空间的开发利用基本上以人防工程的形式体现。改革开放的三十年使我国进入全新的发展期，国际形势瞬息万变，要求国家对人防事业继续保持高度重视的同时，更需要以和平和发展作为时代主旨。在新时期，需要探索人防工程建设与城市发展的高度结合、与地下空间建设的高度结合。

人防工程建设与地下空间发展的相互结合，是近期及未来我国地下空间防灾设施发展的主要方向之一。民生安全问题日渐上升为国家战略问题，遵循以人为本的原则，以提升城市防灾抗毁能力为目标，充分挖掘地下空间在防灾方面的优势，将地下空间防火设施统筹于城市综合防灾体系，也成为地下空间发展与城市建设相结合的重要方向。近年来，部分地下设施在运营过程中也发生过内部灾害，若充分发挥地下空间的城市功用消除地下空间的内部安全隐患，提高地下空间在使用过程中的防灾性能，这些内部灾害是可以避免的。

将综合防灾规划与城市地下空间规划相结合，在综合防灾规划思想的指导下，进行地下空间规划，是国内地下空间规划理论的新方向。

（二）地下空间规划与城市综合防灾规划相结合

在城市综合防灾规划的指导下，探索地下空间防空、防灾设施与城市防灾系统的结合点，系统分析地下空间防灾设施与城市综合防灾设施的结合发展模式规划布局，以及建设的可行性，并总结地下空间规划与城市综合防灾规划的结合编制体系是我国地下空间规划在理念上的进步。

城市综合防灾规划与地下空间规划的结合点主要有以下几个方面。

1.地下空间规划与城市应急避难场所规划相结合

城市应急避难场所规划中分为中长期避难场所规划、临时避难场所规划、紧急避难场所规划，分别结合大型城市绿地、公园规划中长期避难所，结合沿河公共绿带、大型广场、专类公园规划临时避难场所和结合社区公园、居住区公园、居住小区绿地建设紧急避难场所。地下空间规划主要结合城市中长期避难场所进行。

地下空间与应急避难场所结合，可以解决地面应急避难场所防灾配套设施空间不足，以及地面场地条件不适宜建设的情况。可以将一些配套救灾物资及设施配置于地下空间，如地面是大型公共绿地广场等对环境景观有较高要求的区位，在平时无灾害时是供市民生活休闲的重要城市公共空间，因此结合公共绿地广场建设地下空间防灾设施预留防灾物资储备空间，不影响地面城市功能的正常发挥。

同时，地下空间具有比地面空间更好的防灾掩蔽效果，发生严酷自然灾害时，高危人群宜采用地下空间进行掩蔽。大型地下防灾空间为实现平时利用功能，一般结合地下公共空间综合体进行设置，即实现了地下空间平时使用规划与灾时规划，与城市应急避难场所规划相结合。

2. 地下空间规划与城市抗震规划相结合

城市抗震规划主要针对建设用地地震破坏和不利地形、地震次生灾害、其他重大灾害等可能对城市基础设施及重要建（构）筑物等产生严重影响的因素进行评价，用作防灾据点的建筑尚应进行单体抗震性能评价，确定避震疏散场所和避震疏散主通道的选址、建设、维护和管理要求。

城市规划在新增建设区域或对老城区进行较大面积改造时，应对避震疏散场所用地和避震疏散通道提出规划要求。新建城区应根据需要规划建设一定数量的防灾据点和防灾公园。在进行避震疏散规划时，一般充分利用城市的绿地和广场作为避震疏散场所；明确设置防灾据点和防灾公园的规划建设要求，改善避震疏散条件。

城市地下公共防灾工程一般也选址于城市公共绿地、广场等区域，容易结合城市避震规划场所进行规划设置。同时在主要的避震疏散通道上不宜采用过街天桥、上跨立交，高架道路等地上立体交通设施，一旦坍塌堵塞疏散通道对城市救灾极为不利，因此结合主要的避震疏散通道宜主要考虑地下化立体交通设施。

3. 地下空间规划与城市消防规划相结合

地下空间对于外部发生的各种灾害都具有较强的防护能力，但是，对于发生在地下空间内部的灾害，特别像火灾、爆炸等，要比在地面上危险得多，防护的难度也大得多，这是由地下空间比较封闭的特点所决定的。相比地面建筑，地下空间灾情更重，受灾面大、升温快且温度高，消防始终是地下空间发展的羁绊之一。而地下空间一旦开发利用，地层结构不可能恢复原状，已建的地下设施将影响周边地区的使用，一旦陷入混乱将导致巨大的经济损失。1973 年之后，由于火灾，日本一度对地下街建设规定了若干限制措施，新开发的城市地下街数量有所减少。目前地下空间利用已处于快速发展阶段，但是对地下空间火灾的防治处置还缺乏足够的经验，随着地下空间的大规模利用，这将对目前城市消防的理念与方法带来新的挑战。

城市消防规划是城市总体规划中一项重要的专业规划，其任务是对城市总体消防安全布局和消防站、消防给水、消防通信、消防车通道等城市公共消防设施和消防装备进行统筹规划并提出实施意见和措施，为城市消防安全布局和公共消防设施、消防装备的建设提供科学合理的依据。

应加强地下空间规划与城市消防规划的衔接，强化对地下空间建设的指导，完善地下空间的防灾设计，使地下空间的建设得以有序发展，形成科学合理的地下空间网络体系。具体表现在以下几个方面：

（1）强化对地面出入口的预留控制。

（2）强化对地下空间下沉式广场的设置与规划。在避难场地的设置上应结合火焰与烟气具有向上蔓延的方向性设置下沉式空间，也可设置采光的中庭广场或开敞式的下沉广场。

（3）强化对地下空间开发利用功能的规划。

（4）强化适应大规模地下空间的疏散通道与灭火救援通道的设置。

（5）加强对适应地下空间消防救援设备的研发力度及相关问题的深入研究。

4. 地下空间规划与城市防洪规划相结合

我国地下空间开发和地下空间规划编制起步较晚，实际经验和数据较少。加之近几年环境形势严峻，恶劣天气所形成的自然灾害不断增加，所以城市防洪规划对城市地下空间安全具有重要意义。科学编制城市地下空间规划需要综合考虑各方面因素，要充分考虑地下空间的防涝、防洪功能，结合城市防洪规划从防洪规划原则、防洪规划标准及城市防洪体系确定等方面，详细阐述城市防洪规划编制过程中需要考虑的主要因素。城市防洪规划原则中要强调城市防洪规划与流域规划、城市规划、排水规划及地下空间规划的相互协调关系。

对于地下空间的防洪规划，应注意以下几个方面的研究。

（1）应当提高防涝防洪的重视程度，建立预警系统，使处于地下空间的人们及时了解地面情况。一旦地面发生可能造成地下空间危险的强降雨，人们可以按照最有效的逃生线路离开。

（2）完善防洪标准。目前颁布的防洪标准中，交通设施部分未将地下空间的内容列入。

大部分地下空间在设计过程中采用的是地表防洪规范，而地表空间与地下空间结构等方面的差异性，使地表防洪规范不一定适用于地下空间。为使今后在地铁建设时对防洪设计有章可循，应结合当地的水位变化规律和发展趋势，完善现有的防洪标准。

（3）在建设新线路的同时，兼顾修缮原有设施。进入地下空间的洪水主要通过各落水槽排出，而调查显示，几乎所有楼梯下的落水槽都有堵塞、淤积甚至被填埋的情况发生，这已经不是站厅内保洁工人定期清理可以解决的问题了，需要及时彻底地处理，以保证其排水速度和排水量。另外，对于长期未曾使用的防汛墙板，也要在汛期前做好质量检查工作，保证紧急情况时其正常功能的发挥。

（4）尽快完善防洪设施的建设，保证地下空间的防洪安全。

（5）积极开展地下空间的洪水淹没研究。通过建立相应的数学模型和物理模型，研究洪水进入地下空间后的扩散机理，模拟其动态行为。为地下空间的防洪设计和洪水淹没后的人员逃生救援设计提供科学依据。

二、能源环境战略与地下空间规划

随着中国经济持续快速增长，人民生活水平不断提高，能源环境战略的问题成为中国政府和社会各界普遍关注的热点问题。提高能源利用效率、控制污染物排放、改善环境质量是建设资源节约型和环境友好型城市的重要内容。因此，在城市总体规划乃至地下空间布局规划中，能源环境战略应该占有相当重要的位置。

城市是能源消耗的主要载体，低碳能源系统是一种基于可再生能源、未利用能源和分布式能源的系统，目标是实现传统能源体系的低碳化转变，构建低碳乃至无碳的能源系统。

在城市地下空间规划中对于城市的能源供给，应充分考虑减少碳排放、统筹能源消费和节能环保要求、统筹城乡能源供应、统筹常规能源和新能源及可再生能源的发展。在城市地下空间的建设过程中，应尽量避免对城市的水文、大气和土壤产生的影响，在地下轨道交通的建设中，采用错峰用电、蓄冷节能、地源热泵等节能技术。

三、低碳城市与地下空间规划

（一）低碳生态城市建设背景

低碳生态城市是伴随着工业微波能、生物能、风能、太阳能、水能、核能等的推广使用而形成的城市发展新理念。近年来，经过众多学者的潜心研究与提炼，低碳城市有了更清晰的定义。即"低碳生态城市是指城市在经济高速发展的前提下，保持能源消耗和二氧化碳排放处于较低水平，包括低碳生产和低碳消费以在城市内部建立资源节约型、环境友好型、良性可持续的能源生态体系，同时有效运用生态技术手段和文化模式，实现人工—自然生态复合系统良性运转以及人与自然、人与社会可持续和谐发展的城市。"

随着全球人口和经济规模的不断增长，能源使用带来的环境问题及其诱因不断地为人们所认识，在此背景下"碳足迹""低碳经济""低碳技术""低碳发展""低碳生活方式""低碳社会""低碳城市""低碳世界"等一系列新概念、新政策应运而生。而能源与经济以至价值观实行大变革的结果，可能将为逐步迈向生态文明走出一条新路，即摒弃 20 世纪的传统增长模式，直接应用 21 世纪的创新技术与创新机制，通过低碳经济模式与低碳生活方式实现社会可持续发展。

据统计，全球大城市消耗的能源占全球的 75%，温室气体排放量占世界的 80%。目前，中国是世界上前 5 个二氧化碳排放大国之一，其排放量占全球化石燃料燃烧排放总量的一半以上，其中，美国和中国的排放量超过全球总量的 1/3。而当中国的城市人口增加到 2025 年的 9.26 亿及 2030 年的 10 亿时，中国将出现 220 座百万以上人口城市（目前欧洲只有 35 座类似规模的城市），其中包括 23 座五百万以上人口的城市，这对土地和空间发展在未来 20 年里将产生史无前例的需求。

在此背景下，采取"高效城市化"举措，向以效率为基础的城市化方式转变从而鼓励能源、水和土地等基础要素的高效利用，将城市的工作重点转变为将足够数量的高技能人才与高附加值工作结合起来，以及改善公共服务将是必然需要迈出的一步。

（二）地下空间对"低碳城市"建设的促进

1. "拓展空间"对低碳城市建设的促进

"拓展空间"是指通过开发利用地下空间实现城市部分功能的地下化转移，其在实现城市土地空间资源开发利用最大化的同时，有效解决了城市土地紧缺、交通拥挤、环境污染、安全防灾等城市问题。如地铁、道路隧道、地下车库、地下通道、地下商业街、地下人防工程、地下仓储、地下市政综合管廊、地下变配电站、地下科研及文化娱乐场馆等多种多样的功能性地下空间设施，可有效促进城市地上与地下的协调和谐，提高了城市运营的效率、效能、效益和城市防灾抗毁能力，改善了城市地面人居环境。这种开发利用是"低碳城市"建设最有效的途径之一。

2. "渣土利用"对低碳城市建设的促进

"渣土利用"是一种资源的再利用行为。地下空间开发过程中产生的大量渣土也是一种利用价值极高的资源，最直接的利用就是用作建筑材料。根据记载，法国巴黎自 12 世纪开始，通过开挖地表以下的石材用作地面的建筑材料。而其形成的地下空间又成为城市发展进程中的地下交通、市政、防灾、仓储设施空间。现代城市中的市政综合管廊（共同沟）最早起源于 1843 年巴黎政府启用的开挖石材形成的地下废弃矿穴。这种双向开发利用行为，完全符合现代的"低碳经济"理论。

3. "能源利用"对低碳城市建设的促进

根据测量和计算，地表以下的地层由于受来自地面太阳辐射、气候变化及地层深处高温地热的双向影响，地层中蕴藏着巨大的能源。这种能源是一种生态型能源可循环开发利用。如通过开发利用地层中高温地热进行发电和供暖，比燃煤发电成本低得多；通过利用地（水）源热泵技术提取地层中的低温地热，夏天用作供冷、冬天用作供热，实际功效很高、运营成本低、长期效益高，而且可以减少大量碳排放，已经成为绿色建筑节能减排首选低碳技术之一。地下空间开发利用中的"能源利用"必将在"低碳城市"建设中得到更广泛地应用与推广。

（三）"低碳城市"理论指导下的地下空间规划思路

1. 地下交通功能设施规划应是"低碳城市"规划建设的首选

自 1863 年英国伦敦第一条地铁建成使用以来，目前世界上已经有 100 余座大城市建成了地铁，地铁交通的最大特点是大运量、低能耗、安全、准点、便捷、舒适、占用城市地面用地极少、对地面环境影响较少。与此同时，地铁的规划建设带动了沿线土地和房产的开发建设，形成了新的城市带和城市节点，加速了地铁车站周边地区的城市高层化、地下化和立体化。因此，现代地铁及轨道交通的规划建设被誉为城市再生和发展的发动机，城市地下空间开发利用的催化剂，城市立体化、集约化、地下化、紧凑型的最有效技术途径。笔者认为，大力发展城市地铁及轨道交通设施是"低碳城市"绿色交通体系建设中的首选系统。与此同时，应大力开发建设地下停车、有序发展地下道路和地下公共步道以及与地铁车站直接相连的地下公共步道、商业停车、综合管廊等整合为一体的地下综合体等设施。

2. 大力推进生命线系统管线的综合和集约化规划

城市的能源流、水源流、信息流主要依赖市政管线。这些管线都是城市安全高效运营的生命线系统的传统方式，它们各自铺设在道路地下或高空架设，一方面严重浪费道路地下空间资源和严重影响城市景观，另一方面存在严重安全隐患。1843 年，法国巴黎开始利用废旧矿穴建设城市下水道，并在下水道的上部空间铺设上水、电力、通信等管线，不仅可以有效保护管线的安全，而且可以在城市发展进程中进行管线的更新和增减，满足城市的可持续发展。这种实践的成功已经被世界许多城市效仿，尤其是日本，已经发展成体系完整的共同沟（综合管廊）系统，实现了地下市政管线的综合和集约，大大节省了道路地下空间资源，避免了城市道路的反复开挖，延长了道路使用寿命，提高了城市生命线系统的安全度。笔者认为，这种道路地下空间开发利用与生命线管线的集约化模式也是"低碳城市"建设的优选技术之一。与此同步，还应有序发展地下变配电站、地下污水、垃圾处理等再生设施。

3. 推进地下新能源开发及地下能源设施规划

近年来发展起来的地下新能源设施主要包括地热能源的开发利用和能源的地下化存储设施。尤其应大力发展低温地热利用技术和设施，开发利用生态型地能。它一方面可以为地下空间设施自身服务；另一方面，也可以为地面建筑的能源供给和节能减排以及地面建筑地下空间设施的余热回收处理再利用创造有利条件。国外大量实践证明，太阳能、热能、冷能、电能、气能等绿色能源的地下化存储也能更加安全、更加节约用地、更加节约运营成本，更能体现"低碳化"。

4. 推进地下防空防灾设施规划

我国现代城市地下空间开发利用的发展源于人防工程，经历了"防空、战备、平战结合、与城市建设相结合、两防一体化"的发展过程，至 20 世纪 90 年代中期，人防工程的规划建设已经渗透到城市地下空间开发利用的主体领域，尤其是促进了建筑物地下空间利用及防空地下室的大规模开发利用，加速了建筑物地上地下功能的匹配与和谐，加速了城市的立体化、集约化和紧凑化。与此同时，对于城市地铁赋予了防空防灾的功能配置，促进了该系统在突发灾害时发挥更好的疏散和掩蔽功效。这种双重功能设置的地下空间开发利用已经形成了我国特有的城市地下空间发展模式。这种模式在"低碳城市"规划建设进程中依然可以很好地发挥积极作用。因此，笔者认为"低碳城市"规划建设中应继续大力发展地下防空、防灾设施。

5. 有序推进地下仓储和物流设施规划

地下粮食仓库在我国已经有千年以上的发展历史，人们在实践中发现物品存储在地下库房内具有许多优点，如恒温、恒湿、隐蔽、封闭、安全、防灾、直接占用地面土地很少等。由此，经过近现代城市的不断创造发展，已经形成了许多地下仓储的新类型。如地下物资库、食品库、机械库、油库、水库、气库、热能库，冷库、核废料库、武器弹药库等。英国伦敦和荷兰鹿特丹等地还发展了地下物流系统，其成功的实践为城市解决地面拥挤、物品安全、降低能耗、提高效率和效益提供了存储方式的新选择。笔者认为，这种城市仓储功能设施的地下化转移完全符合"低碳经济"。另外，从我国城市人均用地水平来看，与国外发达国家相比属于低水平，城市属"紧凑型"，因此，在"低碳城市"规划建设中，根据我国城市特点适度发展地下仓储和物流设施，让更多的地面空间阳光和绿地还原给市民，这也是"城市，让生活更美好"的优先选择。

四、智慧城市与地下空间规划

1. 智慧城市建设背景

智慧城市是以互联网、物联网、电信网、广电网、无线宽带网等网络组合为基础，以智慧技术高度集成、智慧产业高端发展、智慧服务高效便民为主要特征的城市发展新模式。建设智慧城市，即通过提升城市建设和管理的规范化、精准化和智能化水平，有效促进城市公共资源在全市范围共享，积极推动城市人流、物流、信息流、资金流的协调高效运行，在提升城市运行效率和公共服务水平的同时，推动城市发展转型升级。

智慧城市概念的产生，源于现代社会对效率、公平的追求，而效率与公平用于城市建设管理，即代表着城市各项功能系统的高效、集约安全运转。建设智慧城市，关系城市主要功能不同类型的网络、基础设施和环境等几个核心系统的组成。

（1）公共安全、健康和教育系统，是能否给市民提供一个高质量的生活的重心；

（2）业务、政务系统，关系工商业与市民所面临的政策和管制环境；

（3）交通系统，城市通过该系统提供给组织和业务、政务相互移动的能力；

（4）通信系统，城市通过该系统来共享信息和沟通；

（5）水和能源系统，城市将为经济和社会活动提供两个必要的公用设施——水和能源。

2. 智慧城市建设与地下空间规划

目前，国内一些城市正在探索建设智慧城市与建设城市地下空间之间的内在联系。智慧城市代表着城市整体运行效率的提高，以及人们生活的便捷性与舒适性的提高，可以缓解因过快的城市进程而带来的一些问题。

而城市地下空间在缓解城市发展矛盾、提升城市人均生活质量、促进城市基础功能设施系统方面，同样具有有效的作用。地下空间是一项重要的城市基础设施资源空间，地下基础设施，如城市排水、污水处理等工程设施，都是关乎重大的民生工程，也是建设智慧城市的重要内容。

近年来出现的"地下智慧"的概念即是由地下管线数字化管理中心专门收集地下空间使用的基础信息,用以保护城市地下资源的科学规划、合理利用和本质安全。打造城市"地下智慧",也是我国一些城市正在实施和拟实施的目标规划。如江苏正在全力打造"地下智慧南京",设计方案覆盖了南京主城区,涉及城市电力、信息与通信给水、排水、燃气、热力、工业、综合管廊等各类地下管线(沟),包括驻宁部队管线和过境的西气东输、川气东送等地下管线。届时,通过建立数据标准和普查建库等方式实现地下管线的数据共享,提高城市安全发展能力,实现城市的"地下智慧"。

作为城市"生命线"的地下管线,全国每年因施工或老化而引发的管线事故所造成的直接经济损失达50亿元。进行市政管线的集约化发展与维护,也是建设智慧城市的重要内容。而将管线进行集约化发展的综合管廊设施,近年来也越来越被不少城市所接受。地下市政设施的规划是地下空间规划的重要组成部分,运用建设智慧城市的理念来指导城市地下空间规划的编制,将成为我国今后地下空间规划的理论发展方向。

五、大深度城市地下空间规划

(一)大深度地下空间开发利用的背景

近年来,日本出现了"大深度地下开发热",主要是指开发利用城市地表以下50~100m大深度地下空间资源。

日本东京都地铁12号线的建设,大部分车站的埋深已达到地表以下45 m左右。据1989年5月日本科学技术厅的调查,跨入21世纪,像东京都这种国际性大都市,开发利用地表以下50~100m的地下空间资源已成主流。因此,根据对国内众多科学家的调查分析及研究结果,综合城市地下空间资源的使用功能、开发利用水平与能力、法权制约条件等因素,沿地表的垂直方向向下将地下空间划分成四个空间层次,即

1. 浅层地下空间,-10~0 m;

2. 中层地下空间,-50~-10 m;

3. 深层(又称大深度)地下空间,-100~-50 m;

4. 超大深度地下空间,-100 m以下。

大深度地下空间的开发利用,主要源于工业发达国家人们的实践活动已经在城市的浅、中层地下空间内布满了上下水道、煤气、电力、通信、供热等各类管线设施,以及地铁、地下街、地下车库、地下变电站、共同沟、防灾掩蔽等各类设施。要在这种状态下继续增设新型城市必需的大型骨干设施(快速地铁、大直径干线共同沟等)于浅中层地下空间之内显然是不可能的,因此对城市的深层空间,即对城市内尚未开发利用且对原有地下设施影响极小的大深度地下空间开发利用寄予厚望。

近年来,日本在地下空间开发利用的有关立法研究中,认为以法律条款来限制土地所

有者的权限，将土地所有者在通常状态下不可能开发利用的深层地下空间资源辟为国有、无偿提供给公共事业使用，这是一项现实、可行的国策。

（二）大深度地下空间规划理念雏形

1.大深度地下开发与国土用地结构变革理念

东京围绕着大改造构想，首先由学者、企业家、政府机构等提出了以大深度地下空间实现用地结构变革的构想。可归纳成以下几类。

（1）大深度地下铁道构想，该构想的概念即在大深度的地下空间内建造一套"埋深在-60~-40m范围内的地下车站间距6km"的快速、高效、安全运输系统，并与构筑在浅层、中层的交通设施连成网络以解决城市的客运交通问题。

（2）大深度水道管网构想，该构想的概念即在大城市和深层空间内构筑一套水道网。在网内设置地下配水池并充分利用构成网络的送、配水管系统连接地面净水厂、配水池，构筑成一套城市用水、循环再生及排水系统。

（3）大深度地下通信设施构想，该构想的概念主要包括两大系统：①邮寄物的地下输送系统；②通信设施的地下化系统。

（4）大深度地下空间开发技术构想，该构想的概念即研究开发在大都市的软弱地层中开挖直径超50m、高度大于30m的大型穹顶空间构筑技术，以及地下环境控制与防灾等利用技术。

2.地底综合开发构想

地底综合开发构想由日本国家科学技术厅提出，该构想的主要特点是按不同的深度分为"地下（-100m以内）"和"地底（-100m以上）"的多种开发利用构想。

（1）地表以下50m以内，重点建设地下街、地下停车场、市内交通隧道、城市供给处理设施、污水处理厂、大型植物工厂、大型粉碎机室、炸药材料的制造工厂、超高速列车、超高压装配工厂、生物工厂研究中心、计算机中心等设施。

（2）地表以下100m以内，重点建设大型结构实验室、微型磁悬浮真空列车、下水污泥处理工场、细菌培养基地、超电导能源贮藏设施等。

（3）地表以下1000m以内，可用作综合地震预报系统、无重量实验、原子核研究、中微子通信基地、封闭环境实验、重要物资贮藏设施的建设。

（4）地表以下1000m深，可用作"抛物运动"等地球科学技术研究、资源开发等设施的建设。

3.大直径干线共同沟构想

该构想是在东京都内及港湾地区的地下70m左右，建设一套直径大于14.0m的干线共同沟，将东京圈内外的物流、信息流、能源全部纳入该系统，对东京地区进行大改造以满足21世纪发展的需要。

4. 大深度大空间构想

大深度地下空间的优点首先是受地震影响较小。如果是坚硬的岩石地层地下 40m 的地方地震的影响只是地面的十分之一,而且深层地下遭受火灾和爆炸的可能性也比较小。

为了开发更大的地下空间和提高对地下空间的有效利用,东京地区以 40~80m 以下的地层为利用重点。这一地层岩体坚固,地下水也不多,可以建成较大的地下空间。神户目前就正在计划建造大深度地下仓库和蓄水池,用于防灾救灾,东京也在计划建造用于防灾的地下储藏室。

大深度地下空间可以长年保持 15℃ ~20℃ 的恒温,很适合建造加工精密仪器、仪表的工厂。

日本工程技术振兴协会受日本政府的委托,目前在东京附近已经挖掘了一个直径 20 m、高 12.5m 的圆形地下空间,施工进展十分顺利,这证明预想的施工方法是可行的。工程技术人员计划做进一步的实验对工程的安全性和可行性再做检验,如果这一施工方法成功,将对未来的地下空间利用带来无可限量的好处。

二、规划方法新进展

(一)基于系统工程的分析方法

系统是指由两个或两个以上相互区别、相互联系又相互制约的要素组成的一种具有确定功能的有机综合体,如城市规划系统,一个大的系统常包含几个小的子系统,由于一个系统包含了众多既区别、联系又制约的因素,用传统工程的方法处理问题就无法达到各因素的协调和整体最优方案,得不到预期的效果,因此需要一种更加全面、科学、合理的手段和方法进行规划和决策。系统工程的研究对象是系统地把多种技术和学科有机地结合在一起的一门学科,其目的是运用系统的理论和方法去分析、规划、设计出新的系统或改造已有的系统,使之达到最优化的目标并按此目标进行控制和运行。

系统工程 = 系统观点和方法 + 传统工程 + 数学方法 + 计算机技术。

系统工程学理论的基本点就是要求人们对研究对象做完整的、系统的、全面的考察和分析。利用系统工程的方法能有效地克服片面性把握研究的对象。城市规划和建设中涉及的问题,往往是多因素的复杂系统,系统的优劣是多因素的综合结果。而各因素又常常是互不相容的,如建筑密度高、经济效果好,但同时往往环境质量较差。面对如此复杂的问题就必须逐渐摆脱经验阶段的许多盲目性,自觉地采取科学的解决方法。通过对城市有关大量资料、数据的整理加工,进行系统分析可以揭示城市各要素的内在联系和发展规律,预测城市的发展,为规划提供科学的依据。

地下空间规划是城市规划重要的组成部分,规划的编制也是一个完整的、复杂的系统过程,充分运用基于系统工程的分析方法,尤其是层次分析法,将复杂的问题分解为若干层次的子系统,在比原问题简单得多的层次上进行分析、比较、量化、排序(单排序),然后再逐级地进行综合(总排序),使地下空间规划更具合理性、科学性。

（二）基于实施过程的编制方法

规划编制乃是编制主体针对城市规划过程中已经发生、正在发生和将要发生的问题，收集信息、判断性质、选择方案、制定政策的活动过程，同时，规划编制也是一个不断通过实践来实现规划目标的连续的动态过程，因此，广义的规划编制是一个以实施为导向的规划编制实施统一体。

目前，重控制轻实施的规划编制机制必须向实施与控制并重、互补的机制转变。而实施型规划的深化，重点又体现在近期建设规划制度、年度建设规划制度等的完善上，包括提升近期建设规划地位、完善近期建设规划的内容。在滚动编制近期建设规划的同时，进一步通过编制年度建设规划进行细分、深化以保证实施型规划的完整传递，以及与相关部门年度计划的衔接协调。另外，还应将近期建设规划和每年的年度建设规划予以公布、实现规划自身以及社会公众对规划实施情况的监督、反馈。

（三）基于城市上下和谐的编制方法

"和谐"在人类发展的不同历史时期被赋予了不同的内涵。古希腊、古罗马人认为美即和谐，中国古人则将和谐引申为天人合一的哲学思辨。现代主义以新的方式或形式继承了传统审美与功能理性的和谐原则，后现代主义则将之完全推翻，强调"不和谐之和谐"。其实，无论哪种和谐，都反映着当时人们对事物本身的复杂性与矛盾性的探索与追求。在当前面对城市这一复杂的巨大系统，"和谐"的地下空间利用规划意味着我们应当本着实践理性、务实求真的态度，以系统整合、多元共生为原则，挖掘地下空间的潜在价值，探索地下空间的发展规律，实践地下空间资源的集约利用，寻找解决城市问题的有效方法，推动我们的城市走向美好的未来。

上下和谐的地下空间规划编制需明确城市地下空间的发展方向、协调地面地下设施直接的关系，本着上下空间功能对应原则、拓展城市空间容量改善城市功能和环境，实现城市的可持续发展。

（四）基于控制与引导平衡的编制方法

在编制城市控制性详细规划时，应根据总体规划和地下空间专项规划的要求，具体落实规划范围内各类地下设施的规模、平面布局和竖向分层等控制要求；详细规定规划范围内开发地块地下空间开发利用的各项控制指标，包括地下空间建设界线、出入口位置、地下公共通道位置与宽度、地下空间标高等，明确地下空间连通要求和兼顾人防及防灾要求。

地下空间规划编制应注重控制与引导，平衡控制指标的确定需从强制性指标和引导性指标两个层面中筛选。

1. 强制性指标

强制性指标包括：

（1）公共性地下空间的使用性质及开发容量；

（2）地下空间设施控制，包括地下建（构）筑物退界，地下建（构）筑物间距，出入口的方位、间距、数量，地下广场间距，地下空间设施连接高差，地下空间设施层高及连通道净宽等；

（3）地下空间的连通与预留；

（4）地下空间的竖向设计；

（5）停车设施地下化率；

（6）市政公用设施平面位置及埋深；

（7）人防工程建设容量、使用性质、平战功能转换；

（8）植被覆土深度。

2.引导性指标

引导性指标包括：

（1）非公共地下空间开发容量及使用性质；

（2）非公共通道及出入口数量、位置；

（3）地下空间设施出入口形式；

（4）地下空间环境设计指引。

三、技术手段新进展

（一）地理信息系统（GIS）在地下空间中的应用

地理信息系统（GIS）自诞生至今，其应用领域已由自动制图、资源管理、土地利用发展到与地理位置相关的水利电力、环境保护、金融保险、地质矿产、交通运输等多个领域。在地下空间领域采用 GIS 技术和方法解决规划设计、工程管理、地下交通及其相关的问题，与其他传统的方法相比，其具有无可比拟的优点，如快速灵活性、客观定量性、强大的分析模拟能力等。

1.辅助城市地下空间的规划设计与工程评估

在地下空间的规划与设计当中，首先建立一个地理数据库，然后可用 GIS 进行各构筑物的规划、选址等。GIS 具有计算机辅助设计的功能，能为设计人员提供车道、交叉路口等的设计工具，为地下空间的优化设计提供方便，大大提高规划的工作效率，使规划研究人员从繁重的设计工作中解脱出来，将主要精力投入方案的综合比选分析中。同时，GIS 可结合虚拟现实技术使方案的筛选、优化显得非常形象、直观，直接用计算机就可对模型图进行各种修改（如各构筑物间位置的布置、规模的大小、埋深的深浅、与既有地下构筑物的连接方式等）且非常简单明了，可提高规划设计的速度和质量。GIS 在规划设计中主要解决了信息管理、提供分析工具并满足决策的要求。另外，GIS 还能很好地解决项目涉及的地下管线、环境分析等问题。

在城市地下空间的开发中，建设单位要在工程尚未进行施工设计之前，评估该工程是否具有修建的社会价值、经济价值及技术价值并且要评估该工程完成后的城市景观、工程与环境的协调情况。利用 GIS 可以直观地表达地下空间建（构）筑物形状、规模及其与地上建（构）筑物的位置关系。更清楚地表示新建地下建（构）筑物与既有地下建（构）筑物（如既有地铁、地下商业街，地下停车场等）的位置及通道连接关系。因此，GIS 在地下空间规划设计中的应用有助于进行工程评价，可以使工程设计人员和管理人员对所规划的设计方案建成后的情况在规划设计阶段就有一个形象、直观的了解，为领导决策和设计人员的设计工作创造有利条件。

2. 地下空间资源评估

通过对区域的实地调查和资料收集，结合规划区的实际情况，制定分析指标体系。利用 Arcgis 和 Auto CAD 软件，建立多指标数据库并确定各指标的分值建立评价模型，分析地下空间资源评价结果，最终划定地下空间资源"四区"，以指导地下空间资源可持续开发。

3. 在地下空间设施管理中的应用

在地下空间中，基础设施起着重要的作用，它是地下空间建设的基本需要和先决条件。为了随时掌握基础设施的状况，就需要对基础设施信息有全面的了解，以便为地下空间的预测、规划找到可靠的依据。GIS 基于空间型数据库管理系统，采用地图、数字数据、照片、文本、录像、声音等数据记录手段来记录信息的空间位置、时间分布和属性特征，因此它可以方便、快速、准确、全面地对地下基础设施信息进行查询和管理。

同时，以三维 GIS 技术为支撑，结合海量的业务数据，充分考虑系统的可用性、易用性，实现了地下管线的三维可视化设计、存储、查询、分析、定位等功能，形成一套完善的三维地下管网信息系统。

（二）VISSIM 行人仿真模块的应用

行人出行存在着多种情况，VISSIM 行人仿真软件的发展就一直致力于让 VISSIM 满足各种情况下的应用。

作为 VISSIM 的一个模块，行人仿真模块在交通工程、城市规划、设计评价及其工程展示中都有着极大的应用。该模块采用在行人仿真领域广泛使用的社会力模型，适时模拟实现了行人和车辆的动态交互行为，同时创新性地允许用户自定义部分人的行为，如不遵守交通规则的红灯过街等这些日常生活中常常出现的行为。因此很大程度提升了仿真的准确性。

在地下交通枢纽（轨道站点）、地下综合体、地下公共空间可应用行人仿真模块进行纯行人交通、行人与车辆的动态交互模拟以及行人的违法行为模拟，验证地下交通规划方案、地下人行疏散系统规划方案等是否可行。

（三）多软件联合数据平台建立

通过 CAD 软件，将 GIS 技术与控规编制方法、步骤和实施管理结合，通过各类数据相互关联和转化，搭建本次工作的数据标准平台，为规划编制与决策提供所需的数据、模型分析、指标研究优化方案，并实现规划图纸快速、智能的输出和转化。

(四)BIM在地下空间的运用

基于BIM平台，结合城市整体的发展方向和发展思路，将城市地下空间规划融合到城市总体规划中。通过BIM与GIS平台相结合建立的BIM模型，不仅能够立体、真实地表现规划人员的规划思想，而且能够详细展示建筑的内部信息。

另外，结合数字城市的规划信息、BIM强大的数据收集能力和协同能力能够准确表现地上和地下设施的现状和变更，从宏观上协调配合城市的整体规划。微观上可以运用BIM技术模拟分析城市地下空间微环境，包括光照分析、噪声分析、建筑群热工分析等方面来保证人员的舒适度。从宏观和微观两方面着手规划，有利于城市地下空间开发与地面建设相协调，与各个基础设施相协调，形成城市地下空间系统。

第三章 城市地下空间规划编制体系与成果要求

第一节 地下空间规划编制程序

地下空间规划的编制，一般需要经历资料调研、分析借鉴、论证预测、专家咨询、总结提炼等多项基础环节准备工作，明确地下空间开发建设的基础条件与发展趋势、分析总结地下空间规划目标与发展策略，并在此指导下确定地下空间规划方案，保证规划编制的科学性与适用性，即总体采用"基础性调研"和"规划编制"两大工作阶段进行推进。

一、地下空间规划的推进方法

1. "调查—分析—规划"的技术路线

现状调查是规划的第一步，需听取多方意见，研究相关规划、分析其他类似项目的经验和教训，把各项资料进行详细的分析和研究为规划提供充分的依据。

2. "需求—供给—开发"的研究思路

地下空间开发利用规划需要综合平衡需求与供给两个方面，均基于全面的调研要进行地下空间资源的评估，以及现状地下空间设施调查分析，研究地下空间资源的适度供给与技术经济社会环境效益，二者的结合点是地下空间的开发需求与有效供给在空间形态和发展时序上科学布局与资源配置。规划需要寻求最佳的结合点，为规划方案的优化奠定科学基础。

3. "比较—借鉴—应用"的案例研究

积极借鉴国内外类似地区的地下空间开发，从使用功能、开发规模、交通组织等方面借鉴成功的经验，应用到本项目中。

4. "宏观—中观—微观"的规划顺序

规划首先在调研的基础上，从宏观角度研究确定规划研究范围内地下空间开发规模预测、近中期地下空间开发利用的总体布局，重要片区选定；在中观层次，主要分析研究和编制地下交通、市政、防灾、公共服务等分项地下空间功能设施的规划与整合；在微观层次，主要结合近期启动建设片区，结合重点项目进行地下空间控制性详细规划编制，并开展地下空间规划实施与管理政府规章的相关内容研究。

二、地下空间规划基础调研

地下空间规划的前期基础调研准备阶段，首先应梳理上位规划及已经审批通过的相关专项规划，分析以上规划对城市建设及地下空间开发利用的发展要求。借鉴国内外类似城市的地下空间开发建设经验，并对城市发展现状及地下空间利用现状进行深入调研，确定地下空间开发利用的潜力、发展条件、限制条件及发展需求，确定地下空间的发展模式及发展重点，明确各类地下空间设施的规划布局及系统整合关系为地下空间的编制提供基础依据。

地下空间规划的基础调研工作主要包括以下相关内容。

1. 规划背景及规划基本目的

明确规划区发展性质、发展目标定位、预测规划区发展的新需求及新动向，分析地下空间开发利用对规划区快速发展的积极作用。

2. 上位规划及相关规划对规划区建设及地下空间利用要求的解读

分析上位规划对规划区建设及地下空间开发利用的发展要求，梳理地下空间发展需求及重点，使地下空间规划与城市规划及相关规划紧密衔接，提高规划可操作性。

3. 借鉴国内外地下空间开发的成功经验

分析、借鉴国内外同类地区地下空间开发利用的成功规划、建设、运营及管理经验，对比规划区建设实际，提出符合城市地下空间发展的合理化模式。

4. 城区建设及地下空间开发利用的基础条件评价

结合规划区建设现状以及分析相关规划对地下空间开发利用的要求，综合评价地下空间后续开发建设的基础发展条件，包括现状建设基础、自然条件基础、经济基础、社会需求基础、重大基础设施建设（轨道交通等）的带动效益等，综合评价规划区建设及地下空间开发的发展潜力。

5. 城市建设及地下空间开发利用的需求预测分析

通过对城市地下空间开发利用的基础条件及发展潜力分析，进一步预测规划区建设对地下空间开发利用的主导需求，预测地下空间发展功能与发展规模需求。

6. 地下空间开发利用的重点片区及设施的规划发展目标与策略分析

通过对上述环节的基础调研与分析评价，综合制定规划近、中、远期地下空间开发利用的规划目标及发展策略，明确各重点片区的地下空间开发利用模式。

三、地下空间规划编制

根据基础性调研阶段形成的基本结论，确定地下空间开发利用的总体规划布局，竖向分层、地下空间分项系统布局，重点片区规划及近期建设规划，同时编制地下空间规划保障措施。

具体开展以下相关内容的规划编制。

1.地下空间开发利用的总体发展布局及空间管制

确定地下空间开发利用的总体布局结构、强度分布、功能布局及总体竖向分层。

确定地下空间开发的四区管制并制定分区管制措施。包括对关键性公共用地下空间资源的管控与预留，对各地下空间专项设施的地下化建设要求，对未来轨交沿线及站域、重大市政管廊走廊下的地下空间资源的管控与预留，形成规划管控导则。对重点区域内，除编制管控导则外还需编制地下空间控制性详细规划及法定图则，法定图则绘制在地下空间控制性详细规划中完成。

2.地下空间开发利用的分项系统规划及系统整合规划

确定地下空间开发利用的分项系统设施布局，包括地下交通系统设施，地下公共服务系统设施、地下市政公用系统设施、地下防灾系统设施、地下能源及仓储设施，以及各设施的系统整合规划。

3.重点片区范围内地下空间开发利用的规划布局

确定各片区内各地下空间专项设施的系统整合规划布局，为地下空间控制性详细规划的编制提供依据。

4.地下空间近期建设规划

结合城市近期建设计划，确定地下空间近期发展重点地区及近期重点建设设施。

5.地下空间远景发展规划

对地下空间远景发展进行展望。

6.地下空间建设发展保障措施

对地下空间开发提出管理体制、机制、法制等方面的保障措施和政策制定建议。

7.地下空间控制性详细规划制定

制定地下空间规划控制技术体系，确定地下空间使用性质及开发容量控制、地下空间分项系统控制、地下空间建筑控制、地下空间竖向及连通控制、地下空间分期时序及衔接控制、公共性及非公共性地下空间开发利用布局并绘制地下空间控制性详细规划图则。

第二节　地下空间规划编制体系

地下空间的编制一般可以分为地下空间开发利用的总体规划、专项规划、详细规划等几个层次。其中结合各层次的不同需求，编制不同深度要求的地上地下相结合的城市设计。

一、地下空间开发利用总体规划

地下空间开发利用总体规划，主要研究解决规划区地下空间开发利用的指导思想与依据原则、发展需求与规划目标，并以此为基础分析评价规划区地下空间的资源潜力与管控区划、研究确定地下空间开发利用的总体布局与分项功能设施系统的规划与整合，以及近期重点开发利用片区与项目的规划指引。

该层次规划编制的内容体系主要包括以下相关内容。

1. 规划背景及规划基本目的

对规划编制的背景及基本目的进行研究分析，明确规划编制的要求和意义。

2. 现状分析及相关规划解读

（1）现状分析

对规划区地下空间使用现状进行调查，包括地下空间现状使用功能、分项功能使用规模、分布区位、建设深度、建设年限、人防工程建设、平战结合比例、年报建与竣工比例等内容。分析总结地下空间建设特点、历年增长规模、增长特点、融资渠道、政策保证等现状特征、评价发展问题，并作为地下空间规划编制的基本出发点，使规划编制更符合规划区发展实际，解决实际问题。

（2）相关规划解读

对规划地区城市总体规划、综合交通规划、城市各专项规划进行分析解读，挖掘上位规划及相关规划对地下空间的要求及总体指导。剖析地下空间在解决城市问题方面对既有地面规划的补充思路，作为地下空间规划的基本出发点。

3. 地下空间资源基础适宜性评价

地下空间资源属于城市自然资源，对地下空间资源进行评估是城市规划中新出现的自然条件和开发建设适建性评价的延伸和发展，即对地下空间开发利用的自然条件与空间资源的适建性进行评价。

此部分规划内容是基于规划区的基础地质条件和地勘调查成果，以及规划区建设现状，对规划区地下空间资源进行自然条件适宜性和社会经济需求度的评价，解明地下空间资源适宜性质量等级，估测可合理开发利用的地下空间资源储量，区划地下空间资源的价值区位，为地下空间开发利用规划编制提供科学依据。

可具体按下述体系进行编制：

（1）规划区基础地质条件综述及既有勘查成果调研；

（2）地下空间资源评估层次及技术方法；

（3）地下空间资源的自然条件适宜性评估；

（4）地下空间资源的社会经济需求性评估；

（5）地下空间资源的综合评估。

4. 地下空间需求预测

对规划区地下空间的开发需求功能进行预测并在确定功能的基础上对分项功能进行规模预测。

可具体按下述体系进行编制：

（1）规划区地下空间开发功能预测；

（2）规划区地下空间开发规模预测；

（3）规划区地下空间时序发展预测。

5. 地下空间发展条件的综合评价

对规划区地下空间发展条件进行综合评价，评价内容包括现状建设基础、自然条件基础、经济基础、社会基础及重大基础设计建设带动效益等多个方面。

6. 地下空间规划目标、发展模式与发展策略制定

在深入调研地下空间建设现状，进行地下空间资源评估、预测地下空间开发规模的基础上，制定符合规划区实际发展的地下空间开发目标及发展策略，建立规划发展目标指标体系。形成可操作的目标价值体系，并制定分期、分区、重点突出的发展战略。

7. 地下空间管制区划及分区管制措施

制定规划区地下空间管制区划，编制相应地下空间开发利用的管控导则，针对不同管制分区、不同性质与权属的地下空间类型，提出因地制宜、符合实际的管制措施。

8. 地下空间总体发展结构及布局

紧密结合上位规划、规划区发展总体布局和城市空间的三位特征，在地下空间发展目标与策略的指导下，确定规划区地下空间的总部发展结构、发展强度区划、空间管制区划、总体布局形态及竖向分层。

可具体按下述体系进行编制：

（1）地下空间总体发展结构；

（2）地下空间发展强度区划；

（3）地下空间发展功能区划；

（4）地下空间管制区划。

9. 地下空间总体竖向分层

通过地下空间总体发展结构及布局的研究，结合规划区近、中、远期的发展需求，提出规划区地下空间总体竖向分层。

10. 地下空间分项功能设施系统规划与整合

（1）地下空间交通设施系统规划

结合城市宏观交通矛盾问题为研究背景及交通组织特征、分析预测规划区现状及未来发展的交通模式及可能遇到的交通问题，分析论证规划区交通设施地下化发展的可行性和必要性，并借鉴发达城市及地区的发展经验，提出符合规划区交通发展需求的地下交通功能设施，提出地下交通组织方案，包括地下轨道交通、地下公共车行通道、地下人行系统、

地下静态交通、地上地下交通衔接规划、竖向交通规划，以及其他地下交通设施和地下交通场站规划，制定地下交通的各项技术指标要求，划定重大地下交通设施建设控制范围。

可具体按下述体系进行编制：

①城市及规划区交通发展现状调研及问题分析；

②规划区交通设施地下化可行性分析；

③规划区交通设施地下化需求性分析；

④规划区地下交通设施系统的发展目标与策略；

⑤规划区地下交通设施系统规划；

⑥规划区地下交通设施指标要求及重大地下交通设施建设控制范围。

（2）地下空间市政公用系统规划

规划应从市政公用设施的适度地下化和集约化角度，在对城市市政基础设施宏观发展现状深入调研的基础上，结合规划区建设发展实际，统筹安排各项市政管线设施在地下的空间布局、研究确定规划区地下空间给排水、通风和空调系统、供电及照明系统等布局方案，展开对部分基础设施地下化的建设需求性、建设可行性、具体功能设施规划、设施可维护性及综合效益评价等方面的探讨。制定各类设施的建设规模和建设要求，对规划区建设现代化、安全、高效的市政基础设施体系提供全新、可行的发展思路。

可具体按下述体系进行编制：

①城市及规划区市政公用设施发展现状调研及问题分析；

②规划区市政公用设施地下化和集约化可行性分析；

③规划区市政公用设施的地下化需求性分析；

④规划区地下市政公用设施系统的发展目标与策略；

⑤规划区地下市政公用设施系统规划；

⑥规划区地下市政公用设施指标要求及重大地下市政设施建设控制范围。

（3）地下公共服务设施系统规划

规划应认清地下公共服务设施不是地下空间开发利用的必需性基础设施，其开发主要依托交通设施带来客流并完善交通设施，承担客流疏散与设施连通等交通功能。非兼顾公益性功能的地下商业开发需谨慎论证。同时，开发建成的地下公共服务设施要有良好的导向性及舒适的内部环境。

规划应结合规划区发展实际，在充分调研城市地下商业开发及投资市场活跃度的基础上系统分析规划区发展地下公共服务设施的必备条件，并结合规划区主要商业中心及交通枢纽，论证地下公共服务设施的选址可行性，同时分析开发规模并对运营管理提出保障措施。

可具体按下述体系进行编制：

①城市及规划区地下公共空间建设现状调研及问题分析；

②规划区地下公共服务设施建设的必备条件分析；

③规划区地下公共服务设施需求预测分析；

④规划区地下公共服务设施的发展目标与策略；

⑤规划区地下公共空间的规划布局。

（4）地下人防及防灾系统规划

规划应以城市及规划区综合防灾系统建设现状为宏观背景。探索规划区地下空间防空防灾设施与城市防灾系统的结合点，根据城市人防工程建设要求，预测规划区地下人防工程需求，合理安排各类人防工程设施规划布局，制定各类设施建设规模和建设要求。系统提出人防工程设施、地下空间防灾设施与城市应急避难及综合防灾设施的结合发展模式规划布局以及建设可行性，并对提高地下空间内部防灾性能提出建议和措施。

可具体按下述体系进行编制：

①规划区人防工程及地下防空防灾设施建设现状调研；

②规划区地下防空防灾设施需求预测分析；

③规划区地下公共服务设施的发展目标与策略；

④规划区人防工程规划布局；

⑤规划区地下综合防灾设施规划布局；

⑥规划区地下防空防灾设施与城市建设相结合的实施模式分析。

11. 地下空间生态环境保护规划

规划应从地下水环境、振动、噪声、大气环境、环境风险、施工弃土、辐射、城市绿化等方面，对地下空间开发利用对区域生态环境的影响方式、影响程度进行定量或定性分析，客观评价地下空间开发利用对城市大气环境质量和绿化系统的积极改善作用，同时对可能引起的各种环境污染提出规划阶段的减缓措施和建议。

可具体按下述体系进行编制：

（1）规划区城市生态环境保护现状；

（2）规划区地下空间开发与生态环境的相互作用机制；

（3）规划区地下空间开发对典型生态环境问题的影响与保护措施；

（4）地下空间开发建设的环境风险评价方法及保护政策建议。

12. 地下空间近期建设规划

结合城市近期建设计划，确定规划区地下空间近期发展重点地区及近期重点建设设施。

13. 地下空间规划实施保障机制

规划应结合目前国内地下空间开发投融资实践中的典型做法与热点问题进行评析，并结合规划区地下空间开发的实际特点从政策保障机制、法律保障机制、规划保障机制、开发机制和管理机制等方面提出规划区地下空间开发实施具体机制和政策建议，确定地下公共空间的建设、运营和管理及产权归属等重大问题。

可具体按下述体系进行编制：

（1）规划区地下空间建设实施保障措施现状；

（2）国内外地下空间建设管理保障措施借鉴；

（3）规划区地下空间管理体制、机制和法制适用性及模式。

二、地下空间开发利用专项规划

地下空间开发利用专项规划期限和规划范围应与城市总体规划期限和规划范围相一致。基础数据一般以规划编制的前一年为准。

地下空间开发利用专项规划包括以下主要内容。

1. 地下空间开发利用现状分析与评价

从地下空间开发利用位置、数量、功能、深度等进行分析评价。

2. 地下空间资源调查与评估

掌握地下空间资源的规模与容量，对其开发规模、开发深度、开发价值、发展目标，以及技术、经济的可行性，地质条件等进行评估，为制定地下空间开发利用规划提供基础数据和科学依据。

3. 地下空间需求分析与预测

从社会经济发展要求、人均 GDP 水平、城市空间发展形态、城市功能布局优化等角度分析对地下空间的需求并对地下空间需求量进行预测，科学合理地确定地下空间需求量。

4. 规划目标

近期、远期和远景规划目标应根据各城市社会经济发展状况及城市建设情况确定。近期规划重点以地下交通设施、地下人防工程为主，适当兼顾平战结合的地下公共服务设施等；远期规划以建设地下综合体、提高土地利用效率、扩大城市空间容量、缓解城市各种矛盾、建立城市安全保障体系为主要目标；远景规划以全面实现城市基础设施地下化、提高城市生活质量、改善城市环境质量、建立地下城为目标。

5. 地下空间总体布局规划

主要包括地下空间管制、平面布局、竖向利用和功能布局等内容。

地下空间管制：划定地下空间禁建区、限建区、适建区和已建区的范围，界定开发内容、开发深度及具体利用条件。

地下空间平面布局：提出地下空间布局要求，根据地下空间管制要求，明确地下空间布局结构与形态。

地下空间竖向利用：根据地质调查资料，通过分析对比不同工程地质结构区、不同工程地质层、不良地质作用分布区，确定不同工程地质层对地下空间开发利用的影响及规划期内地下空间开发的竖向深度。

地下空间功能布局：充分考虑与地面建筑功能相协调，根据不同地面建筑功能确定适宜开发利用的地下空间功能。

6. 各类地下设施规划

主要包括地下公共服务设施、地下交通设施、地下市政设施、地下工业设施、地下仓储设施及地下综合体等。

（1）地下公共服务设施

主要包括地下商业设施、地下娱乐设施、地下文化设施、地下体育设施、地下医疗设施和地下办公设施等。

明确各类地下公共设施的建设要求，针对不同地区提出不同的适建内容和具体建设项目。如地下商业街应明确其起点、终点、开发深度、开发规模、与周边地下空间连通和地面出入口等。

（2）地下交通设施

地下交通设施主要包括地下动态交通、地下静态交通和地下连通。根据城市发展水平和地下空间资源条件，提出符合交通需求的地下交通发展战略。

地下动态交通包括地下铁路、地下轨道交通、地下机动车通道、地下人行通道等。地下铁路和地下轨道交通的规划设置应根据不同城市的实际情况确定；地下机动车通道包括地下交通隧道、地下车行立交、地下快速路等，其建设应以"高效实用"为原则；地下人行通道的设置应以缓解地面人流交通压力、实现人车分流、缩短步行距离为目的、明确地下人行通道的设置位置和数量。

地下静态交通包括地下机动车停车场和非机动车停车场。应以解决停车难和弥补地面停车设施不足为目标，重点建设地下机动车社会停车场，鼓励充分、合理利用广场、绿地、山体等公共空间建设地下社会停车场。明确地下社会停车场开发深度、建设规模和停车规模。

地下连通包括地下空间（含人防工程）与地下空间之间的连通和地下空间与地面空间的连通。

（3）地下市政设施

地下市政设施主要包括各种地下管道（如给水、污水、供热、煤气，运输和电缆、供电、通信）以及综合管道（共同沟）。各城市应根据自身实际发展需求，开展地下综合管廊、地下变电站、地下污水处理设施、地下垃圾收集转运设施等项目建设的可行性研究，提出各类地下市政设施建设要求及规划设想。

（4）地下工业设施

结合地下空间自身优越的自然条件，综合权衡经济、社会、环境和防灾各方面的效益，确定适宜安置于地下的工业设施项目。

（5）地下仓储设施

结合地下空间自身优越的自然条件，综合权衡经济、社会、环境和防灾各方面的效益，确定鼓励安置于地下的战略物资、平战物资、防灾物资等仓储设施项目。

7.地下人防工程规划

主要包括人防自建工程、结建工程和兼顾工程。提出各类人防工程的配建标准及建设要求，明确地下空间兼顾人防要求及地下人防工程平战结合的重点项目。

8. 地下空间防灾及灾时利用规划

地下人防工程规划地下空间防灾规划主要包括防火、防水、防震和防高温，提出各类防灾规划要求及规划措施，明确地下空间灾（战）时利用规模、用途及容量等。

9. 地下空间近期建设与建设时序

地下空间近期建设规划应与城市近期建设规划相结合，针对城市近期存在的各类问题，提出地下空间近期建设目标、重点建设区域和重点建设项目，并进行初步投资估算，明确实施近期地下空间建设项目的政策保障措施。

10. 规划实施保障措施

研究制定规划、开发、建设、管理等地下空间开发利用的法律法规和制度政策，加强统一规划管理，会同有关部门建立相关鼓励机制和地下空间数据库系统，积极引导多元化的地下空间投融资开发模式。

三、地下空间开发利用详细规划

对地下空间总体规划确定的地下空间开发重点片区，研究编制地下空间开发利用控制性详细规划。根据地下空间开发利用总体规划确定的发展策略及规划要求，对公共性质地下空间开发及非公共性质地下空间开发提出规定性及引导性控制要求，并对各项地下空间分项系统设施确定规划布局，划定开发建设控制线、明确开发强度、开发功能与建设规模、出入口布局连通口布局与预留等控制要求，对重要节点片区各设施建设时序、分期连通措施等提出控制要求。

该层次规划编制的内容体系主要包括以下内容。

1. 上位规划（地下空间总体规划、专项规划）要求解读

对规划区上位地下空间总体规划、专项规划进行分析解读，挖掘上位规划中对规划区地下空间的要求及总体指导，梳理地下空间发展需求及重点。

2. 重点地区地下空间设施规划

重点地区地下空间总体布局及分项系统布局规划可具体按下述体系进行编制：

（1）重点地区地下空间总体规划；

（2）重点地区地下交通设施系统规划；

（3）重点地区地下公共服务设施系统规划；

（4）重点地区地下市政公用设施系统规划；

（5）重点地区地下防灾设施系统规划。

3. 地下空间规划控制技术体系

明确公共性地下空间及非公共性地下空间的规定性与引导性要求。可具体按下述体系进行编制：

（1）公共性地下空间开发规定性与引导性控制要求；

（2）非公共性地下空间开发规定性与引导性控制要求；

（3）公共性与非公共性地下空间开发衔接控制要求；

（4）地下空间分项系统设施规定性与引导性控制要求。

4. 地下空间使用功能及强度控制

确定规划区地下空间开发利用的功能及对各类地下空间的开发进行强度控制。

5. 地下空间建筑控制

地下空间建筑控制包括地下空间平面建筑控制和地下空间竖向建筑控制。

6. 地下空间分项设施控制

地下空间分项设施控制包括各分项设施规模、地下化率、布局、出入口、竖向、连通及整合要求等。重点对地下车行及人行连通系统、地下公共服务设施、综合管廊、公共防灾工程等设施提出控制要求。可具体按下述体系进行编制：

（1）地下交通设施系统控制及交通组织控制；

（2）地下公共服务设施系统控制；

（3）地下市政公用设施系统控制；

（4）地下公共防灾设施系统控制。

7. 绿地、广场地下空间开发控制

对绿地广场的地下空间根据使用功能、开发强度的需求进行开发控制。

8. 地下空间规划控制导则

根据规划控制指标体系制定规划区地下空间开发利用管制导则，包括：地下空间使用功能强度和容量，地下空间的公共交通组织，地下空间出入口，地下空间高程，地下公共空间的管制，地下公共服务设施、公共交通设施和市政公用设施管制等，并对规划区的控规进行校核和调整，制定管理单元层面的地下空间开发控制导则。

9. 分期建设时序控制

结合地下空间功能系统开发建设的特点，提出规划区地下空间开发的分期建设及时序控制。

10. 法定图则绘制

绘制体现规划区内各开发地块地下空间开发利用与建设的各类控制性指标和控制要求的图则。

11. 重要节点深化

对交通枢纽节点、核心公建片区、公共绿地、公园地下综合体等节点进行深化。重点对节点地下空间的城市设计、动态及静态交通组织、防灾（含消防、人防）设计引导，以及分层布局、竖向设计、衔接口、出入口及开敞空间节点进行深化等，并对建设方式、工法、工程安全措施进行说明，测算技术经济指标及投资估算。

四、地下空间开发利用城市设计

目前，城市总体设计在城市总体规划中的运用越来越受青睐，学者归纳有三点原因：

对因城市物质空间破碎化、城市环境恶化、城市问题丛生的发展现状而产生的综合改善城市环境的需求。由于现代化过程中"千城一面"现象日益严重，各城市寻求特色发展的冲动逐渐增强。进行总体城市设计可以规避法定规划的冗余程序和漫长过程，直指城市发展的核心问题，找出城市未来发展的核心动力。

以地下空间高效集约化发展为目标，城市地下空间总体设计的展开能够辅助地下空间总体规划的研究和指导下一阶段地下空间的规划。这也是使我国地下空间的发展能更好发挥其后发优势的途径之一。

1. 核心内容

对于城市地下空间总体设计的核心内容重点抓住以下四个关系展开。

（1）地下空间的空间发展形态与地下空间发展规划、发展规模的关系，辅助规模和近远期开发的确定。

（2）地下空间功能系统与地上空间功能系统的关系，确定地下空间的发展结构，包括城市功能系统和城市自然生态系统。

（3）地下空间设计与地域文化现状的关系，确定地下空间开发的城市特性。

（4）地下空间设计与城市行为的关系，确定地下空间开发利用节点的功能与规模。

梳理好这四大关系，能够在一定程度上完善地下空间在宏观层面的规划设计，对中观微观层面的地下空间开发利用更有实际的指导意义。

2. 核心目的

地下空间总体设计的核心目的是地上、地下开发的统一协调。总体城市设计要处理以下三大关系：（1）城市与自然环境的关系；（2）整合城市内部功能区的关系；（3）把握空间发展近期与远期关系。这一阶段的地下空间总体设计就是在总体城市设计的内容中加入对地下空间关系的思考。

3. 研究对象

地下空间总体设计的研究对象主要是：特大城市的地下空间开发核心区、旧城地下空间开发核心区、新城核心区。

五、地下空间概念规划

地下空间概念性规划是介于发展规划和建设规划之间的一种新的提法，它更不受现实条件的约束，而比较倾向于勾勒在最佳状态下能达到的理想蓝图。它强调思路的创新性、前瞻性和指导性。

根据上海市地下空间概念规划的分析，地下空间概念规划主要内容如下。

地下空间概念规划共包含了序言，规划目标及原则，规划布局，专项系统规划导则，近、中期建设重点，工作推进建议6个章节。

序言是对国内外地下空间开发利用的经验总结和城市地下空间开发利用的现状评估，目的在于希望通过对现状的分析和评估、对成功经验的学习和发展趋势的把握，探求适合城市特点的城市地下空间开发利用的理念、途径和方法。

规划目标和原则是今后相当长一段时期内城市地下空间开发的总体行动纲领和准则，体现了规划"以人为本，和谐、有序发展"的核心理念。

规划布局应明确对于地下空间资源的利用在平面和竖向上的安排，目的是阐明地下空间对城市发展方向和布局结构的呼应，协调各类地下设施的空间关系。

专项系统规划导则关注的对象是在地下空间开发过程中充当主要角色的重大公共设施，要求在对其进行规划、设计、建设时强调系统性和综合性的高度统一。

近、中期工作重点汇集了2010年根据城市近期建设规划制定的综合性、枢纽型地下基础设施建设项目，这些项目将为构建地下空间的基本框架及日后形成理想化的良性开发局面打下坚实的基础。

工作推进建议是针对当时存在的诸如地下空间开发的机制、体制不完善，法规、规范不适应，相关基础研究滞后等情况提出的，旨在提请政府有关部门给予高度的重视。

第三节　地下空间规划成果体系

一、地下空间规划成果文件体系

地下空间规划成果一般由文本、图纸、图则、附件（说明书）模型制作组成。

1. 地下空间专项规划

地下空间专项规划成果包括：

（1）形成《地下空间开发利用专项规划》文本、说明书、图集；

（2）成果文件以纸质打印文本和电子文档方式提供。

2. 地下空间控制性详细规划

地下空间控制性详细规划成果包括：

（1）形成《地下空间开发利用控制性详细规划》文本、说明书、图集及控制图则；

（2）成果文件以纸质打印文本和电子文档方式提供。

二、地下空间总体规划成果体系

1. 规划文本构成

地下空间总体规划文本包括以下内容：

（1）地下空间建设条件评定；

（2）地下空间现状和地面建筑现状及物权关系；

（3）地下空间规划依据、期限、范围；

（4）地下空间需求预测及开发战略；

（5）地下空间开发利用的功能、规模；

（6）地下空间的布局形态；

（7）地下公共活动空间规划；

（8）地下空间的交通系统规划；

（9）地下空间的基础设施规划；

（10）地下空间防空防灾系统规划；

（11）地下空间竖向规划；

（12）地下空间环境保护规划；

（13）地下空间建设技术要求；

（14）地下空间管制规划；

（15）地下空间规划实施的政策措施。

2. 规划图纸构成

地下空间总体规划图纸包括但不限于以下内容：

（1）地下空间建设条件评定图；

（2）地下空间规划结构图；

（3）地下空间用地功能规划图；

（4）地下空间综合管制规划图；

（5）地下空间开发利用重点的开发项目分布图；

（6）地下空间竖向规划图；

（7）地下交通系统规划图；

（8）地下公共设施规划图；

（9）地下基础设施规划图；

（10）地下空间防空防灾系统规划图；

（11）地下空间近期建设规划图；

（12）地下空间远景发展规划图。

三、地下空间专项规划成果体系

1. 文本构成

地下空间专项规划文本包括以下内容。

（1）总则，主要包括规划目的、依据、范围、期限、指导思想和原则、目标和主要内容等。

（2）地下空间总体布局规划，包括地下空间管制规划、平面布局规划、竖向利用规划和功能布局规划。

（3）地下公共服务设施规划。

（4）地下交通设施规划。

（5）地下市政设施规划。

（6）其他地下设施规划。

（7）地下人防工程规划。

（8）地下空间防灾规划。

（9）地下空间近期建设规划。

（10）规划实施保障措施。

2. 主要规划图纸

地下空间专项规划图包括以下内容，同时各城市可根据具体情况增减。

（1）地下空间开发利用现状图

按地下空间的利用形式、开发深度、平时使用功能、战时使用功能分别绘制不同现状分析图。

（2）地下空间管制规划图

主要反映地下空间禁建区、限建区、适建区和已建区界线。

（3）地下空间规划结构图

主要反映规划形成的地下空间结构内容。

（4）地下空间规划图

按时间序列（近期、中期、远期）和空间序列分别绘制地下空间规划图。

（5）地下交通设施规划图

主要反映地下铁路、地下轨道交通、地下机动车通道、地下人行通道、地下机动车社会停车场等规划内容。

（6）地下空间连通规划图

重点反映地块与地块之间、地块与地下交通设施之间、地下交通设施之间的地下连通内容。

（7）各类地下设施规划图

主要包括地下公共服务设施规划图、地下综合管廊和市政设施规划图、地下工业仓储设施规划图等。

（8）地下空间重点开发区域分布局图

主要反映规划范围内地下空间重点开发区域的范围。

（9）地下空间近期建设规划图

重点反映地下空间近期建设重点区域和重点建设项目。

（10）地下空间需求预测各类分析图

根据需求预测的内容绘制各类分析图。

四、地下空间详细规划成果体系

1. 规划文本构成

地下空间详细规划文本包括以下内容。

（1）总则，说明规划的目的、依据、原则、期限、规划区范围。

（2）地下空间开发利用的功能与规模。

（3）地下空间开发利用总体布局结构。确定规划区内地下空间开发利用的总体布局、深度、层数、层高以及地下各层平面的功能、规模与布局。

（4）地下空间设施系统专项规划。对各类地下空间设施系统进行专项规划，明确各类系统的具体控制指标。

（5）对公共地下空间开发建设的规划控制。根据地下空间功能系统和土地使用的要求，明确公共地下空间开发的范围、功能、规模、布局等，明确各类地下空间设施系统之间以及公共地下空间与地上公共空间的连通方式。

（6）对开发地块地下空间开发建设的规划控制。根据地下空间功能系统和规划地块的功能性质，明确各开发地块地下空间开发利用与建设的控制要求，包括地下空间开发利用的范围、强度、深度等，明确必须开放的公共性地下空间范围以及与相邻公共地下空间的连通方式。

（7）地下防空与防灾设施系统规划。提出人防工程系统规划的原则、功能、规模、布局，以及与城市建设相结合、平战结合等设置要求。

（8）近期地下空间开发建设项目规划。对规划区内地下空间的开发利用进行统筹，合理安排时序，对近期开发建设项目提出具体要求，引导项目设计。

（9）规划实施的保障措施。提出地下空间资源综合开发利用与建设模式，以及规划实施管理的具体措施和建议。

（10）附则与附表。

2. 规划图纸构成

地下空间详细规划图纸包括以下内容：

（1）地下空间规划区位分析图；

（2）地下空间功能结构规划图；

（3）地下空间设施系统规划图；

（4）地下空间分层平面规划图；

（5）地下空间重要节点剖面图；

（6）地下空间近期开发建设规划图。

3. 控制图则

将规划对城市公共地下空间以及各开发地块地下空间开发利用与建设的各类控制指标和控制要求反映在分幅规划设计图上。

五、地下空间概念规划成果体系

图集包括规划区区位分析图、市场分析图、现状分析图（包括地上、地下两部分）、地下空间规划功能分区图、地下空间布局示意图、地下空间概念性规划总平面图、地下空间规划分项系统规划图、土地利用规划图及相关文字和图表说明等。图集无须配备文字说明书。

第四章 城市地下空间规划设计

第一节 城市地下空间利用与竖向分层设计

一、地下空间的竖向分层

（一）地下空间的布局与竖向分层的基本原则与要求

地下空间布局的基本原则如下所述。

1. 可持续发展原则：以改善城市生态环境为目标，注重地上地下协调发展，地下空间在功能上应混合开发、复合利用、提高空间效率。

2. 系统综合原则：对规划和现有地下空间进行系统整合、合理分类，重点将地下公共空间、交通集散空间和地铁车站相互连通，提高使用效率，依法统一管理。

3. 以公共交通为骨架原则：以地铁线为开发利用的发展轴，以地铁站为开发利用的发展源，形成依托地铁线网，以城市公共中心为重点建立地下空间体系。

4. 近远期统筹考虑原则：城市地下空间的开发与建设在很大程度上具有不可逆性，从前期决策到项目实施以及具体规划设计都要做出详细论证，减少建设的盲目性。

5. 竖向分层规划原则：竖向分层开发、分步实施，将地下空间开发利用的功能置于不同的竖向开发层、充分利用地层深度。

城市地下竖向分层的划分必须符合各项地下设施的性质和功能要求，分层的一般原则是：

区别功能，人车分离。考虑人类活动的密集性和可能引入的自动化系统，其竖向的分层利用应与土壤的热性能、地质层理、土壤成分，更重要的是与人类活动的适应程度相联系。其基本规律是深度越大，人活动的密度越低，此状况与物质和心理的舒适性相关。城市浅层地下空间适合于人类短时间活动和需要人工环境的内容，如出行、业务、购物、外事活动等。对根本不需要人或仅需要少数人员管理的一些内容，如贮存、物流、废弃物处理等，应在可能的条件下最大限度地安排在较深的地下空间。竖向层次的分层除与地下空间的开发利用性质和功能有关外，还与其在城市中所处的位置（道路、广场、绿地等）、地形和地质条件有关。

（二）总体分层设计

在地下空间的发展历程中，许多国家根据自身的地质环境特点以及城市特点等形成了各自不同的地下空间划分。

国内一些学者在研究地下空间时也相应地提出了一些分层布局措施，比如根据地下工程的使用功能和地质环境条件，将地下空间分为 4 个层次。在 -3~0 m 的表层，主要埋设一般的市政管线；在 -15~-3 m 的浅层，可以考虑大直径的地下管线、地铁、地下综合体、综合管廊、仓库等；在 -30~-15m 的中层，建设物流管道、污水处理设施以及危险品仓库；在 -30m 以下的深层建特种工程。

二、不同城市的地下空间竖向分层

（一）道路下的竖向分层利用

1. 道路下地下空间开发的特点

道路下地下空间的开发是城市地下空间开发的一个最主要部分。在道路下开发地下空间有以下特点。

（1）道路本身是个线形网状结构。如果把城市比作一个人，那么道路就是人身上的血管。道路的这个特点决定了在道路下发展地铁、市政管线综合管廊、地下道路等呈线形的设施是合理的。

（2）道路构成了城市的骨架、道路的这种骨架作用使得城市的人流、物流、信息流等围绕道路进行，因此这些人流、物流、信息流等的载体也应该沿道路进行，所以地铁、市政管线、综合管廊、地下道路等常常在道路下部通过。

（3）道路地下空间的障碍物较少，在开发过程中没有建筑桩点的影响，因此道路往往是地下空间开发的黄金宝地。日本的地下空间开发主要集中在对道路下的空间的开发上。

（4）道路上部是个开敞的空间，这为地下工程的施工创造了便利条件。

（5）为了改善城市交通环境，在道路下兴建地下过街道以及地下立交是解决交通问题的一个好方法，而这类设施本身也成为道路交通的一个附属。

2. 道路下地下空间开发的原则

道路地下空间的竖向布局目的与道路地上空间相同，都是合理安排各种设施，使道路地下空间能够成为一个高效运转的系统并且为未来向更深层次的开发预留空间。但是道路地下空间由于其现状设施相对复杂，并且受两侧建筑物的影响，在竖向布局原则上存在一定的特殊性。

（1）上下对应原则。道路承载着城市的交通，道路地下空间可以开发地下交通、物流设施和地上交通相辅相成，可实现多层次、立体化的交通物流功能。

（2）均衡利用。道路作为城市公共空间有其特殊性。道路两侧的建筑会对地下空间的开发有一定的影响，如果不能均衡利用就可能对以后的地下空间利用产生不利因素。如日本地下空间开发是以道路等公共空间的地下开发为中心，而两侧住宅的地下利用却是低水平状态。因此导致了城市地下空间利用的不平衡。

（3）分层开发。道路地下空间的功能较复杂。对其设计要预留使用领域和可能性，其功能包括综合管廊、多条地铁线路的交叉、地下快速路、地下物流等。这种多种功能的开发不可能一次到位。分层就使得再开发获得可能性，这也是地下空间集约使用的基本保障。

（4）相互避让。道路地下空间的设施较复杂，当多种设施同时存在时，设施会出现重叠现象。因此，道路地下空间的利用除了分层开发外，设施的使用权限和避让原则也是竖向规划的重要方面。如市政管线是城市的生命线，所以当其他设施和市政管线在竖向上发生冲突时，可以考虑市政交通优先的原则。另外，道路的反复开挖大多是用于维修管道，因此，地下空间生命线设施的开发应尽量做到一步到位。

3. 道路地下空间的竖向分层及功能利用

道路地下空间的开发主要是市政和交通功能，其中又以交通功能为主，其开发趋势朝深层化、分层化的方向发展，开发利用价值不断被挖掘。

（1）-15~0 m 的浅层空间。这一层次地下设施由浅至深一般主要布置为市政管线、地下步行道、综合管廊及浅埋地铁线路，此外还可根据实际开发的需要适当布置地下道路、地下停车场、地下商业、人防工程等设施。市政管线布置应尽量处于人行道或非机动车道的下方。综合管廊可以布置在车行道下。地下步行道与市政管线有交叉时，应预留一定的覆土深度。地铁区间隧道和地铁车站上方有市政管线地下步行道、综合管廊等通过时，上方应预留一定的覆土深度。避免与之产生冲突。

（2）-30~-15m 的中层空间。主要用以建造地铁区间隧道和地铁车站，在浅层空间地铁发展空间不足的情况下，地铁区间隧道应尽量安排在这一层。该层内还可根据实际开发利用的需要布置地下道路、地下停车场、综合管廊、地下河川等设施。但仍应以地铁的开发利用作为优选设施，有冲突时其他设施应避让，往更深层次开发。

（3）-50~-30m 的次深层空间。主要为远期的地下空间开发设施做预留，如地下道路、地下综合管廊、地下调节池、地下河川等未来地下空间开发的设施。在上述浅层及中层空间开发饱和的情况下，也可在该层开发地铁轨道交通。

（4）-50m 以下的深层空间。预留为将来发展之用，用以建设地下道路、地下物流等系统。

（二）广场下的竖向分层利用

1. 广场下地下空间开发的特点

广场是一个城市的象征，在地下设施安排上有以下特点。

（1）城市广场是市民聚集休闲、娱乐、交往的场所，其开阔的空间、良好的绿化以及优美的环境吸引着市民驻足、观光，人流众多的特点决定了商业的旺盛需求，地下商业设施的开发也就应运而生。这不仅为市民提供了完善的服务，而且给广场创造了宜人的环境。

（2）城市广场容易成为某个区域极具标示性的场所，也往往成为交通换乘的一个节点，因此便捷的交通必不可少。为了给聚集于此的众多市民提供一个便捷舒适的交通环境，地铁的建设就成为促成多元化交通的一个重要举措。同时，多元化的交通必会产生大量的停车需求，因此，地下停车场也是一个重要方面。

（3）广场一般处于城市的繁华地段，周边的车流量大，因此，广场周边的道路容易隔绝市民与广场的联系，这种情况下修建地下步行道就成了解决问题的重要手段。

（4）广场地下空间具有体量大、地下管线等障碍物少的特点，因此适合开发一些单体规模比较大的地下设施。广场的周边往往是商业、商务发达地区，不仅对水、电有很大的需求，而且对环境也有很高的要求，因此适合将广场周边的变电设施、水库等大型单体建筑转入地下。

（5）广场绿地作为市民休闲娱乐的场所，相应的休闲娱乐设施需要配套，在广场绿地地下开发文化、娱乐、体育设施有利于广场绿地功能的完善和环境的保护，达到二者间的相互促进、相互发展。

2.广场下地下空间的竖向分层及功能利用

（1）-15~0 m 的浅层空间。可以设置下沉式广场连接广场地上与地下的空间，形成上下部空间的和谐过渡带。通过布局地下步行道、地下商业、地下文化娱乐、地下体育等设施，形成一个休闲的地下综合体空间，同时将地铁车站和地下停车场与地下商业设施进行整合。

（2）-30~-15m 的中层空间。一些大型的地下市政公用设施如地下变电站、燃气站、蓄水池等可布置在这一层面，减少因这些设施对城市带来的影响。在这一层中布局的地铁车站需要注意其在竖向空间上与上部空间的联系。

（3）-50~-30m 的次深层空间。在浅层与中层空间发展饱和的情况下，发展地下仓库、冷库等仓储设施，作为城市物资储备的空间。

（4）-50 m 以下的深层空间。预留为将来发展之用，用以建设地下物流等系统。

（三）绿地下的竖向分层利用

1.绿地下地下空间开发的特点

城市绿地作为城市整体形态的有机组成部分，在规划中应该使绿地地下空间与城市绿地的形态以及城市形态相协调，通过绿地地下空间功能的开发，可以为城市提供多项服务设施。

（1）城市绿地由于环境宜人、舒适是市民休闲、度假、旅游的好去处，在其地下提供地下停车设施、地下文化、商业、娱乐和体育等公共设施，不仅可以大大方便市民，而且可以丰富绿地的功能，达到二者间的相互促进与协调发展。

（2）从节省城市用地、美化城市景观考虑，可以将绿地周边的变电设施转入绿地地下。在水资源缺乏的今天，还可以利用绿地下部建设地下水库，储存城市用水。

（3）地面仓储设施单体面积大，影响城市景观。适合在大块绿地的地下进行开发，开发利用中还可以考虑与远期建设的地下道路、地下物流系统组成一个系统。

2.绿地下地下空间的竖向分层及功能利用

（1）-15~0m 的浅层空间。在保证绿化基底的厚度用以保证植物能正常生长的情况下可以在绿化的地下设置地下文化、体育、停车场等设施。地下变电站、地下水库一定情况下也可设置在这一层。

（2）-30~-15m 的中层空间。主要规划建设城市市政公用设施及能源仓储设施，如地下变电站、燃气调压站、地下水库、地下仓库、污水处理厂、垃圾中转站等。

（3）-50~-30m 的次深层空间。在浅层与次浅层开发利用饱和的情况下，可做城市仓储功能的开发利用。

（4）-50m 以下的深层空间。作为远期城市基础功能设施地下化的空间预留。

第二节　城市功能与地下空间竖向设计

一、概述

随着城市化进程的迅速发展，许多城市问题应运而生。一是城市发展用地的土地紧缺问题。在城市快速发展的当下，城市面积的扩张已经不能作为解决城市用地紧张的主要途径。城市面积的扩张，一定程度上无法解决城市中心区的用地紧张问题，而且，目前国家提出了土地集约化发展的要求，尤其是对特大城市与大城市，更严格控制其城市用地的扩大。如此形式下，城市发展用地的紧缺成为城市问题之一。二是城市的交通拥堵问题。随着经济的发展，国民生活水平的提高，国内小汽车的保有量不断上升，在城市道路建设用地无法满足交通需求的情况下，就会产生交通拥堵问题。我国许多大城市不同程度地受到了交通拥挤的困扰，"出行难、乘车难，停车难"成为许多政府和市民普遍头疼的问题。交通拥堵已经成为城市社会和经济发展的瓶颈。三是城市的环境污染问题。在我国不少城市已经出现了较为严重的环境污染问题，如雾霾、噪声等。这些环境问题一定程度上影响着城市居民的生活水平。

面对诸多的城市问题，其发展的出路在何方。从国内外的发展经验及发展趋势来看，适度的城市地下化发展一定程度上能够减缓或解决这些城市问题。向地下要土地、要空间改善城市环境，提高城市抗灾抗毁能力，是全世界城市发展应对严峻挑战的必然趋势，并已成为衡量城市现代化的重要标志。

开发利用地下空间对扩大城市空间容量、节约土地资源的潜力非常可观。据北京中心城中心地区地下空间发展规划中对北京城市中心地区 324km² 范围内的地下空间资源调查，如按开发地下 30m 的浅层和中层地下空间计算，可供合理开发的有效利用的资源为 1.19

亿 m²，为现有建筑总量 2.9 亿 m² 的 41%。扣除北京市已开发的地下空间总量 3000 万 m² 后，意味着在保持现有容积率和建筑密度的情况下，不需要扩展城市用地，就可以扩大城市空间总量的 30%。

随着地下空间资源的开发、城市的一些功能性设施逐步转移到地下，如市政设施、交通设施、防灾设施、商业设施、文化、体育、医疗、科研设施、居住设施、工作设施、仓储设施、生产设施等。目前，主流发展的主要有以下三种城市功能的地下化趋势。

1. 交通功能的地下化

城市面积越大，对机动交通的依赖度就越大，交通能耗就越多。开发利用地下空间，有助于城市"瘦身"，建设成"紧凑型"的城市结构，从而相对增加市民步行和骑自行车出行的比例。

目前，轨道交通的建设，对城市公共交通运输体系的发展起到了很大的作用。国外许多城市提出了城市道路的地下化发展，将城市快速路网置于地下，以减缓城市地面交通的压力，由于把产生汽车尾气的交通以及产生污水、污液和噪声的设施放入地下，城市的环境也会大大改善。

如美国的波士顿，在 21 世纪初，拆除了中央大道的高架路，改为在其下方修建 8~10 车道的地下快速路，原有的地面变成了林荫大道和街心公园，城市增加了很多绿地面积和开放空间，包括增加了 1 578 余亩的公园，城市空气质量大为改善。

2. 公共服务设施的地下化

以商业、文化、娱乐、体育、医疗等为主的公共服务设施的地下化为城市居民提供了更多公共活动的区域。再结合城市轨道交通的发展，形成了大型的地下综合体。

3. 市政公用设施的地卜化

把城市基础设施放到地下，特别是诱发城市脏、乱、差的设施如污水和垃圾的集运和处理等。利用地下空间封闭独立的特性，降低这些设施对城市景观环境的影响，一定程度上，这些设施的地下化，能够减少占用城市用地，发展更多的城市公共环境。

当然，除了上述三种城市功能的地下化以外，还有其他城市的功能正在向地下转移，如城市的防灾减灾、仓储物流、能源环保等功能。城市的地下正在构筑一个庞大的网络体系，支撑和支持着城市的发展。由于地下空间资源开发的不可再生性，如何合理有效地开发各项设施，使这一地下网络系统有序地开发运作是地下空间重要的研究方向。

二、地下交通功能的竖向设计

（一）地下交通功能

地下交通系统是指一系列交通设施在地下进行连续建设所形成的地下交通体系和网络。

地下交通系统主要由四部分组成：地下轨道交通系统、地下道路交通系统、地下人行交通系统及地下静态交通系统。

地下交通功能的开发类型主要分为四类：轨道交通、地下道路、地下人行通道和地下停车场。在近二三十年中，地下轨道交通、城市公路隧道、越江或越海隧道以及地下人行道、地下停车场等，都有了很大的发展。尤其国外许多大城市，已经形成了完整的地下交通系统，在城市交通中发挥着重要作用。

（二）地下交通设施及竖向设计

1. 地下轨道交通

轨道交通即地铁，地铁的建设深度没有一个明确的规定，在地下竖向布局的随意性很大，不同国家的城市地铁的深度不一、情况多样。其中，地铁的构成部分（地铁区间隧道和地铁车站）由于其功能和形态都不太相同，因此建设的深度也不尽相同。

（1）区间隧道

区间隧道是地铁的最主要构成部分，地铁线路的大部分由区间隧道构成。区间隧道的一个主要功能就是提供列车运营的线路空间，因此它一般是一个与地面没有联系的封闭空间，这个特点决定了地铁的区间隧道可以修建在 -15~0 m 的浅层，也可以修建在 -30~-15 m 以及 -50~-30 m 的中层和次深层。当前修建地铁区间隧道的技术手段一般采用盾构法施工，这也使得区间隧道的深度与造价影响的关系变得不大，这也增加了区间隧道布置的可选择性。

以上的情况并不表明区间隧道可以在任意地下深度布置、区间隧道布置最重要的一点要考虑与地铁车站的衔接《地铁设计规范》（GB 50157—2003）中 5.3.1 条规定正线的最大坡度不宜大于 30‰，困难地段可采用 35‰。联络线、出入线的最大坡度不宜大于 40‰（均不考虑各种坡度折减值）。规范第 5.1.7 条规定：车站间的距离应根据现状及规划的城市道路布局和客流实际需要确定，一般在城市中心区和居民稠密地区 1km 左右为宜，在城市外围区应根据具体情况适当加大车站间的距离。依照规范的要求，在市区内区间隧道与地铁车站的深度相差不宜超过 15 m，因此在考虑区间隧道的深度时应结合地铁车站进行综合分析。由于地铁车站要考虑与地面空间的衔接，布置的深度一般以 -15~0 m 的浅层空间为主，因此区间隧道适合建造在 -15~0 m 的浅层空间和 -30~-15 m 的中层空间。当地铁线路有地下路段也有地面路段时，区间隧道的布置还要考虑地铁走出地下与地面空间的和谐过渡，在这种情况下，区间的布置深度就不宜太深，一般以在 -15~0m 的深度为宜。

（2）地铁车站

车站是地铁的精华部分，一个城市地铁的特色往往由车站得以体现，其重要性不言而喻。

车站也是地铁建造费用的一个主要部分，据国内外轨道交通工程的造价分析，一般土建工程造价占总造价的 50%~55%，而地铁车站又占到土建工程造价的 40%~50%。

《地铁设计规范》（GB 50157—2003）第 8.4.1 条规定：车站建筑设计应简洁、明快、大气、易于识别、适度装修，充分利用结构美，体现现代交通建筑的特点。地面、高架车站设计应因地制宜并尽可能减小体量和使其具有良好的空透性。

为了保证乘客方便进入地铁，车站的设置深度不宜太深，否则不仅容易造成建造成本的提高，而且能给人一种乘地铁麻烦的错误认识。为了保证地铁内外部的环境，使地下环境能与地面环境交融互换，引进自然风、自然光，同时在发生紧急事故的情况下能尽快地疏散人流、保障乘客的安全，这也要求车站的设置深度不宜太深。在 -15~0m 的浅层空间能满足车站布置的情况下，应尽量将车站布置在这一层面。在地铁交汇处，不能满足上述要求的车站，可以布置在 -30~-15 m 的中层空间。

2. 地下道路

地下道路的范围很广，理论上城市中的下立交、越江隧道等都属于地下道路的范畴。现从道路的功能角度出发，将地下道路主要分为以下两类：地下过境、到发道路和地下环路。

（1）地下过境、到发道路

地下过境、到发道路作为城市道路的组成部分，根据客流需求、工程技术条件、环境景观等因素统筹考虑规划布局。地下过境、到发道路最终会与地面道路相衔接，从形态布局看，地下过境、到发道路可广泛分布在城市的各个区域。在受地面控制要素、环境景观要求的地段可考虑使用地下道路。其作用主要体现在以下方面：

①完善和补充地面高架道路系统。地面和高架快速路的出入口间距很短，对短途的交通有很强的吸引力，因此容易造成主线交通快速功能的弱化。地下过境道路可以彻底分离长途交通和过境交通，形成真正意义上的快速道路，不仅是对高架和地面道路的补充和完善，也符合现代大城市的交通需求。

②解决潮汐交通和出入城交通。城市出入城交通和城市的潮汐交通最大的特点就是产生交通问题规律性强、产生的时间固定并且交通流量大。地下过境道路可以成为该类交通流的专门通道，不仅有利于提高交通效率，而且可控性强，能够在固定时段内开通和关闭，例如，在高峰时段内对高流量方向交通服务，对低流量交通关闭，形成单一方向交通流，更安全有效地解决了潮汐交通和出入城交通问题。

（2）地下环路

地下机动车环路是地下机动车交通系统的组成形式。由于具有相对的独立性，可以在合适的区域按照道路的使用功能和效果，研究地下环路的布局及对地面交通的影响。地下机动车环路主要有两大功能，即交通功能和连接功能。前者可以分担地面的交通压力，通过修建地下环路将地面空间用于公共交通及步行。后者可以将地下停车库等设施连接起来，将到达交通引入地下，有效解决车辆在地面寻找停车泊位时间过长的问题，并且将周边停车场整合成一个停车系统，最大化地利用已有停车设施。

按照前述的地下道路分类，结合各自特点可以对其深度安排做些分析。地下过境、到发道路的主要功能是起到完善和补充地面、高架快速道路系统的不足，分离过境交通，减轻地面和高架道路压力，弥补路网的缺失。此类地下道路的交通方向性较为明确，一般是全封闭状态，没有过多的分叉，与周边的地面衔接较少，这个特点决定了其可以往较为深层的地下空间发展，上部空间留待地铁、地下停车场等设施的发展。对穿越江河、景区的地下道路由于地下空间开发强度一般不高，可以适当在较为浅层的空间布置。在通行车辆选择上，解决城市过境交通的地下道路，货运车辆占有很大的比重，需要考虑多种类型的车辆通行；解决潮汐交通和出入城交通的地下道路，可以考虑单独的小汽车通行。

地下环路的特点是设计车速较低，多作为承担城市次干道解决某一区域的交通矛盾。其与地面道路或地下停车场的衔接频繁、出入口众多，因此要考虑由于深度的增加而引起的出入口延伸占用大量用地的问题，宜在 -15~0m 的浅层布置。由于这类地下道路往往与地铁线路有重合，可以结合地铁的规划以及综合管廊、地下步行道的建设同时进行。在车辆选择上，考虑选择小断面空间，尽量少占用地下空间，以分流小汽车为主，因此一般只允许小汽车通行。

综合以上分析，地下过境、到发道路的布置深度宜在 -50~-30m 的次深层和 -50m 以下的深层空间进行开发，地下环路则宜在 -15~0 m 的浅层空间进行开发。

3. 地下人行通道

地下人行通道顾名思义就是建在地下的步行通道，其主要功能就是交通连接，必要时也可以作为地下掩体。近年来，城市地区进行了大规模的区域开发，相应地需要有保证行人安全且较为舒适的通道。但是在交通密集的市中心，由于土地紧张，通过拓宽人行道来确保行人安全极为困难，而且当行人通过道路交叉口时也没有安全感，为解决这类矛盾就必须建造地下步行通道。

地下步行通道有两种类型：一种是供行人穿越街道的地下过街横道，功能单一、长度较小；另一种是连接地下空间中各种设施的步行道路，如地铁车站之间、大型公共建筑地下室之间的连接通道，规模较大时，可以在城市的一定范围内（多在市中心区）形成一个完整的地下步行通道系统。

地下步行通道的建设对城市具有以下几点作用。

（1）改善了城市的交通，提高了市区行车速度又降低了事故率，给行人足够的安全保障。

（2）改善了步行条件。在地下步道中行走，由于地下空间特有的温度稳定等特点，在酷暑可以为行人提供清凉，在寒冬又可以提供温暖的步行环境，而在雨天等情况下，还可以为行人遮风挡雨。

（3）地下步道的修建对城市面貌的改善起到了积极的作用。避免城市出现脏、乱、挤的情形。

地下步行道由于主要供行人通过，因此深度不能太深，一般位于地下构筑物一层平面，深度不宜超过 -10m，否则对行人的通行会造成很大的困难。同时由于地下步行道一旦建成就很难改建或拆除，因此最好与街道的改建同时进行，成为永久性的交通设施，如杭州钱江新城，在进行地面道路规划建设的同时，将地下通道全部建成，避免了以后道路的开挖，对我国新城的建设很有借鉴意义。

4. 地下停车场

地下停车场是地下空间利用的一个重要方面。随着经济的发展，人们的购买力水平得到显著的提高，汽车已经成为人们生活的一部分，在一些发达国家汽车已经得到普及。汽车的普及加快了人们的工作和生活节奏，改善了出行的条件，是世界文明的一大进步。然而，与汽车数量的增长形成反差的是城市密度的增加，可用空间变小，停车难已经成为各大城市都必须面对的一个问题。在一些城市的市中心由于几乎没有什么可以利用的地面空间，所以土地价格昂贵，所以向地下要空间也是必然的趋势。

地下停车场的建设具有很强的现实意义。

（1）节省土地资源。停车场的特点是容量大，需要占用大量的土地资源，将其转入地下可以在增加停车容量的基础上基本上不增加城市土地的占用。

（2）停车场地布置灵活。地面停车场的建设需要划出大块的土地并且这些土地往往是靠近商业商务中心的宝贵资源。而地下停车场的位置选择比较灵活，容易满足停车需求量大的位置要求。

（3）提高环境质量。地下停车场的建设可以使城市中心区在有限的土地上获得更高的环境容量，留出更多的开敞空间用于绿化和美化，有利于提高城市的环境质量。

（4）节约能源。在寒冷地区和炎热地区，由于地下空间的保温及温度较为稳定的特点地下停车场还可以节省能源。

地下停车场有自走式、机械式和自走与机械兼用式三种。自走式是汽车自己出入车库并到达停车位，一般适用于大型的空间开阔的停车场；机械式是使用电梯或升降机把汽车送到车位，一般适用于场地狭小的停车场：自走和机械兼用式是自走式车道和机械式停车空间相结合的形式，多用于规模较大的停车场。

地下停车场的特点决定了它适宜建造在 -15~0 m 的浅层：

（1）地下停车场体量大，一般成块状分布。这种结构形式适合采用明挖法进行大面积的开挖，这个特点决定了它不能太深，否则工程量将成倍增加，经济效益也将打折。

（2）从方便与路面衔接的角度出发也应该将其布置在浅层。建得太深不仅造成车辆进出地下停车场的困难，而且给人心理上造成一种无形的压力，认为地下停车是一件很麻烦的事。

（3）地下停车场的深度越深必然要求有相应长距离的出入口车道与其配套，这在寸土寸金的城市是较难实现的，而且一旦车道长度侵入道路，对交通组织将会造成极大的影响。

（4）地下停车场越深，车道越长。由于延长了车辆的上下坡距离就必然造成能源的浪费。

（5）最后深度的增加必然造成建设成本的上升。

三、地下公共服务设施及竖向设计

（一）地下商业

地下商业设施是对城市商业设施的完善和补充。随着城市规模的扩大和集约化程度的提高，商业开发环境的恶劣以及土地资源的紧缺，地下商业设施得到一定的发展，其规模也不断扩大。一般地下商业设施的规划和建设可以结合地铁车站、地下人行过街道等容易吸引人流的设施建设，也可以单独在建筑物底下进行开发。结合地铁车站，地下人行过街道等建设开发地下商业能够保证有足够的人流和服务需求。

除了以上形式，日本还有一种形式，那就是地下街。我国有些专著这样定义地下街："修建在大城市繁华的商业街或客流集散量较大的车站广场下，由许多商店、人行通道和广场等组成的综合性地下建筑称地下街。"上述定义中，表述了地下街应包含这样一些内容:（1）必须有步行道或车行道;（2）要有多种供人们使用的设施;（3）要具有四通八达或改变交通流向的功能。城市地下街按其功能具体可划分为地下商业街、地下娱乐文化街、地下步行街、地下展览街及地下工厂街等。目前，建设较多的有地下商业街和文化娱乐街。

地下街最先起步在日本，其真正成熟阶段在 20 世纪 50 年代前后。1955 年以来，日本各地相继建造了大型地下街，仅东京就有 14 处，总面积达 22.3 万 m^2，名古屋有 20 余处，总面积达 16.9 万 m^2，日本各地大于 1 万 m^2 的地下街总计 26 处。

地下商业设施是城市建设发展到一定阶段的产物，也是在城市发展过程中所产生的一系列固有矛盾状况下解决城市可持续发展的一条有效途径。城市地下商业设施建设的经验告诉我们，城市空间容量饱和后向地下开发获取空间资源，可解决城市用地紧张所带来的一系列矛盾。同时，地下商业设施也承担了城市所赋予的多种功能，成为城市的重要组成部分。

1. 地下商业的功能

（1）交通功能：地下商业街选址在交通必经之地，缓解了地面道路的交通压力，具备通路性质。与交通结合，保证客流，经济效益显著。

（2）购物功能：商业街的最终目的是商业。被交通引导的强制性人流经过琳琅满目的商品时，激发消费者的购物欲望。

（3）景观功能：地下商业街一般内部景观优美，琳琅满目的橱窗和各商家各有千秋的装饰风格美化了地下空间环境。

（4）休闲功能：地下商业街服务配套设施逐渐完善。从公共座椅、背景音乐到冬暖夏凉的空调设计等一应俱全，且内部规划一定的餐饮、水吧等项目是消费者茶余饭后的休闲胜地。

2. 地下商业的竖向布局

地下商业设施的深度布置主要考虑以下几个因素。

（1）人流量的保证。商业设施的目的就是开展商业活动，因此人流的多少对其影响很大。而商业设施附近便捷的交通对人流有着巨大的吸引力，因此商业设施宜结合地铁进行建造并且与地铁车站相连，这就要求商业设施应与地铁车站处于同一层面或者车站的上一层面。

（2）商业环境的创造。一个好的商业购物环境对人流也有着巨大的吸引力，地下商业设施也应该创造出一个舒适宜人的空间，而这样空间的创造可以通过与地面空间的衔接加以实现，通过自然采光、绿化等自然因素的引进，达到吸引人流的目的。这也要求地下商业设施的深度宜布置在 0~15 m 的浅层空间。

（3）安全的保障。商业设施人流量大，而地下空间相对封闭，如何处理在发生紧急情况时人流的安全疏散就成了一个难题。地下商业设施布置得越深，人流就越不容易在短时间内疏散，因此，从安全角度出发也要求商业设施布置在 0~15m 的浅层空间。

综合以上分析，地下商业设施的最佳布置范围是位于 0~15m 的浅层开发空间。并且开发的途径宜结合地铁、商业办公建筑的建设以及城市改造进行，以此降低地下空间的开发成本。

（二）地下文化娱乐体育

由于科学技术的提高和受城市用地紧张的限制，作为公众活动载体的文化娱乐设施越来越多地修建在地下。文化体育建筑的体量都很大，当土地紧缺、地价昂贵或者地面建筑受到限制时，地下文化体育建筑就成为代替者。另外有一些设施客观上就要求建在地下，例如一些地下遗址保护性的博物馆等。当然这种文化、娱乐、体育设施地下化是与地下空间的总体规划以及城市中心地区的综合开发结合起来的。目前，国内外已经建好的地下文化、娱乐、体育设施的种类有很多，数量也较为可观。随着城市人口的增多，相应的文化、娱乐、体育设施的需求也会增加。因此，在地下建造文化、娱乐、体育设施对缓解城市基础设施的压力，改善人们的生活等都具有很重要的意义。

建造在地下的文化设施主要包括图书馆、展览馆、博物馆、美术馆等。它们之中有些在必要时可以作为核防空洞使用。有些则是巧妙地利用废旧的矿山建造的。这些地下建筑不是单纯凿空了基岩的地下空间，而是富有变化与多样性的独特的地下环境。

建在地下的体育设施种类繁多，除了包括排球馆、篮球馆、羽毛球馆、乒乓球馆、体操馆、游泳池等传统的体育设施外，还包括田径跑道、链球和铅球投掷场等各种原室外体育设施和训练设备，另外还有像冰球场那样能容纳大量观众的大型体育设施。将体育设施建在地下，同样可以不受气候和天气的影响，保证比赛环境的质量。但是需要良好的照明、通风、防灾设施。

地下文化体育设施往往是块状地下设施，需要较大的面积承载空间的需求，因此其建造位置一般选在建筑、广场和绿地底下，施工方式一般采用大规模的开挖方法，因此不宜建得太深。

地下文化体育设施是为市民创造的公共空间，是一个有人空间，而且人们在其中所处的时间一般较长，这个特点决定了这类设施的安全性、舒适性要求很高，因此在通风、采光、人流疏散等方面需要下足功夫。这也侧面反映了这类设施不宜开发太深的深度，一般以 0~-15 m 的浅层空间为宜。

（三）地下科教实验

地下科教实验设施，由于其各类设施的目的和规模不同，其选址、空间形状、使用方法也大相径庭。地下空间具有封闭性和隔离性好等特点，许多研究都布置于地下。如无重力实验、地下结构研究、岩石力学研究、地下水动态研究等。

根据地下研究设施的特性，其适宜布置在相对独立的区域，如山体、海底及其他远离城市生活的区域，并且其在地下布局的深度根据各设施的自身特性进行地下开发，其深度可能在地下任意区域。

（四）地下展览展示

地下展览展示建筑的开发在很大程度上结合地面展览展示建筑进行综合开发。如法国巴黎卢浮宫的改造。地下展览展示建筑应考虑人员疏散等问题。其竖向设计不宜过深，以免在发生意外的情况下，人员不能及时疏散。综合来说，地下展览展示建筑适宜布置在 0~-15 m 的浅层空间。部分展示设施应根据设计需要，可在 -15~-30 m 的空间进行布置。

四、地下市政公用设施及其竖向设计

（一）地下市政管线

地下市政管线主要包括给水管线、排水管线、污水管线、燃气管线、热力管线、电信管线和电力管线。

当市政管线竖向位置发生矛盾时，宜采用下列规定：

1. 压力管线让重力自流管线；

2. 可弯曲管线让不易弯曲管线；

3. 分支管线让主干管线；

4. 小管径管线让大管径管线。

市政管线在道路下面的规划位置，应布置在人行道或非机动车道下面。电信电缆、给水输水、燃气输气、污水、雨水排水等工程管线可布置在非机动车道或机动车道的地下空间。

（二）地下综合管廊

1.综合管廊的优点

（1）确保道路交通功能的充分发挥。综合管廊的建设可以避免路面反复开挖，降低路面维护保养费用，增强路面的耐久性，确保道路交通功能的充分发挥。

（2）综合利用道路空间。由于道路的附属设施集中设置于综合管廊内，不仅可以节约使用面积，在一定程度上还可以缓解道路地下空间利用的紧张情况，增强道路空间的有效利用。

（3）确保生命线的稳定安全。由于综合管廊内设有巡视、检修空间，维护管理人员可定期进入综合管廊进行巡视、检查、维修管理，因而可以确保各种生命设施的稳定安全。

（4）保护城市环境。电线、电话线、电线杆、电话线杆等地下化，不仅可以消除步行者的许多障碍，而且可以美化城市环境、创造良好的市民生活环境。

（5）增强城市的防灾抗灾能力。即使受到强烈的台风、地震等灾害，城市各种生命线设施由于设置在综合管廊内，因而可以避免过去由于电线杆折断、倾倒、电线折断而造成的二次灾害。

2.综合管廊的分类

综合管廊按其特性与功能可以分为干线综合管廊和支线综合管廊。

（1）干线综合管廊是介于输送原站（如水厂、发电厂、燃气制造厂等）至支线综合管廊的管道，它不是直接为沿管道地区服务为目的的管道，因此大多设置在道路中央下方。对干线综合管廊的要求有：能稳定且大量地输送；具有高度的安全性；兼顾而且同时可以直接供应到使用量较大的用户；尽量减少干线综合管廊的内空断面；安装、管理和维护力求简化等。

（2）支线综合管廊是介于干线综合管廊和直接用户间的管道。容纳各种管线的支管大多设置于道路人行道下，支管再与接户线衔接，提供用户各项需求。支线综合管廊的特点有：内空断面较小；特殊设备不多；施工费用较少；管理和维护较为复杂等。

3.综合管廊的竖向设计特点

结合上述所列综合管廊的特点，干线综合管廊原则上应设置于道路中心车道地下空间。其中心线的平面线形应与道路中心线一致，但可视具体情况做适当的调整。支线综合管廊原则上宜设置在人行道地下空间。综合管廊为线性构筑物，其布置原则上应沿道路线路进行，布置深度原则上应能浅则浅。考虑由于深度增加而造成建设成本的增加，以此节省造价以及方便接入用户，因此0~-15m的浅层空间是其布置的最佳位置，当这一空间不能满足时也可以往更深处发展。

综合管廊覆土深度一般标准段应保持2.5 m以上，以利于横越其他管线或构造物通过。特殊段的覆土深度不得小于1m，而纵向坡度应维持在0.2%以上，以利管道内排水。规划时应尽量将开挖深度减到最小。当干线综合管廊与其他地下埋设物相交时，其纵断面线形常有很大的变化，为维持所收容各类管线的弯曲限制，必须设缓坡作为缓冲区间，其纵向坡度不得小于1：3（垂直与水平长度比）。当综合管廊在绿化地块下穿过时，其与绿化面的深度至少要保持2.5 m以免影响植物生长。

（三）地下市政场站

1. 地下变电站

城市的发展，给电力建设带来两个问题：（1）电力需求持续增长，需要更多深入市区的变电站，而这些变电站占用大量土地；（2）城市市区土地资源极为宝贵、环境要求严格，在稠密的市区选择变电站站址越来越困难。地下变电站的建设不仅安全性高，能够保证在台风、地震等灾害情况下电力的稳定供给，而且节约城市土地资源，具有显著的综合效益。地下变电站拥有的优点使得其成为城市地下空间开发的一个重要部分。

2. 地下燃气调压站

调压站在城市燃气管网系统中是用来调节和稳定管网压力的设施，通常是由调压器、过滤器、安全装置、旁通管及测量仪表组成的。地下燃气调压站是调压站的一种形式。

3. 地下调节池

随着城市的发展，雨水的渗透区域减少，直接流入河道的雨水量增大，加大了发生城市型洪水的危险。地下调节池是以治水涵洞的形式暂时蓄存河水达到防洪目的。

4. 地下水库

地下水库即指在地下空间中储存淡水资源，相比于在地面上修建水库，可减少占用土地和居民的迁移、蒸发损失要小很多。

第三节　城市地下空间的连通与整合设计

一、概述

城市空间是一个三维立体的空间，随城市地下空间的发展，城市的这一三维空间从原来的水平发展、垂直向上发展两个方向又增添了垂直向下发展的趋势。如何把城市地下空间与地上空间有机统一地整合在一起，使其成为一个完整的系统是地下空间开发利用的重要命题。

系统化的设计理念，就是通过功能布局、交通流线、开放空间、生态系统、文化意象等各要素的综合交叉和联结渗透，使各项功能设施成为一个有机整体，从而实现城市空间的立体化发展。

从系统的角度来看，首先城市地上空间是一个既有的城市系统，而城市地下空间的开发本身也应形成一个完整的系统。地下空间的系统又是依附于城市地上空间的系统，二者之间应形成功能互补。由上几节的分析可知，地下空间开发利用的设施其实是地上空间的部分设施的地下化发展，通过地下空间的开发利用来解决城市发展目前面临的问题。

本节内容主要从地下空间的连通设计及整合设计两部分来分析如何使地下空间的开发利用成为一个有机、统一的整体。

二、地下空间的连通设计

（一）轨道交通车站与周边地下空间设施的连通

轨道交通车站是城市轨道交通网络的重要节点，其形式有地下站厅和地面站厅两种形式，与地下空间连通设计相关的主要指站厅层位于地下的轨道交通车站。周边地下空间指与轨道交通地下车站相邻的具有独立使用功能并形成独立防火分区的其他类型的地下空间。

1.轨道交通车站与周边地下空间设施连通的类型

根据地铁车站周边的各类地下空间与车站连通的适宜性分为"适宜"和"不适宜"两类。其具体如下所述。

（1）适宜的类型

①地铁车站周边的其他公共交通枢纽，包括大、中型公交枢纽站、轮渡站、长途客运站、火车站、机场等，宜与车站直接在地下连通。

②地铁车站周边的大、中型地下机动车和慢行交通停车场，宜与车站直接在地下连通，以鼓励绿色出行方式的发展。

③人流密集的商业区、办公区，或其他城市重点区域，建筑物的地下空间宜与地铁车站连通，以共同形成区域性地下步行系统。且地下步行系统内公共属性最强的部分（步行枢纽区）应最优先与车站连通。地铁车站周边的各个地下商业设施，包括地下商场、地下商业街等，在业主有意愿的前提下，政策支持、鼓励其与地铁车站连通。

④地铁车站周边的地下文化设施，包括地下体育馆、地下展览馆、地下图书馆等，宜与车站直接在地下连通。

⑤地铁车站周边的地下民防设施，宜与车站直接在地下连通。

（2）不适宜的类型

①地铁车站周边的医院，不宜与地铁车站在地下直接连通。如兼具民防功能和有特殊要求，可考虑预留连通条件。

②地铁车站周边的地下机动车道、地下市政管网系统、地下设备用房、地下仓储用房等，不宜与地铁车站连通。

2.轨道交通车站与周边地下空间设施连通的方式

轨道交通车站与周边地下空间的连通方式，按二者在地下的空间关系（分水平方向上和垂直方向上的不同关系），分为以下五种：通道连通、共墙连通、下沉广场连通、垂直连通和一体化连通。

（1）通道连通

通道连通是指地下车站与周边地下空间在水平方向上存在一定距离，二者之间通过一条或几条地下通道相连通。连接通道的功能定位主要分为两种：①纯步行交通功能的通道；②兼有商业服务设施的通道。

（2）共墙连通

共墙连通是指地下车站与周边地下空间在水平方向上贴合在一起，二者共用地下围护墙，通过共用围护墙上开的门洞，实现连通。

（3）下沉广场连通

它是指地下车站与周边地下空间之间设下沉广场通过下沉广场实现二者之间的连通。

（4）垂直连通

垂直连通是地下车站与周边地下空间呈上下垂直关系，二者通过垂直交通（电梯、自动扶梯、楼梯）实现连通。

（5）一体化连通

一体化连通是地下车站被周边地下空间包围或者半包围，二者作为一个整体，同时规划、设计、建设。一体化连通是上述四种连通方式的综合运用，在设计上应遵从以上连通方式的所有技术要求。

3. 轨道交通车站与周边地下空间设施连通的技术要求

（1）规划设计要求

轨道交通车站与周边地下空间设施连通的规划设计主要分为三个层面：专项规划、控制性详细规划和城市设计。

①专项规划层面，主要从总体层面提出地下空间连通的原则和建设方针，研究确定城市地下空间连通的适宜性，统筹安排近、远期地下空间开发建设项目，并制订各阶段地下空间开发利用的发展目标和保障措施。

②控制性详细规划层面，主要是对规划范围内轨道交通车站与周边地下空间是否连通，以及连通的功能要求、平面位置和长、宽、高度等要素提出强烈性和指导性的规划控制要求，为地下空间开发的项目设计以及城市地下空间的规划管理提供科学依据。

③城市设计层面，主要是落实地下空间总体规划的意图，结合地区控制性详细规划，对地下空间的平面布局、竖向标高、公共活动、景观环境、安全影响等进行深入研究，提出地下空间连通的各项控制指标和其他规划管理要求。

（2）建筑设计要求

①根据地下车站与周边地下空间的相对空间关系、建设时序、地下管线和地下构筑物情况、周围城市环境、内部步行流线的组织等因素，确定适宜的连通方式及连通点的位置。

②合理预测连通后产生的客流量，连通设施的建设规模应与客流预测相匹配、保证乘客乘行安全、集散迅速，便于管理，并具有良好的通风、照明、卫生、防灾等设施。

③地下综合体的内部空间不宜过于复杂，宜体系简单，方向感良好。

④连通设施宜实现无障碍通行。

⑤地下车站与周边地下空间相连通的层面，埋深宜浅，以利于疏散。

⑥连通工程应满足防火、人防设计中要求的隔离性、密闭性。

（二）地下综合体（地下街）与周边地下空间设施的连通

我国对地下街的定义为修建在大城市繁华的商业街下或客流集散量较大的车站广场下，由许多商店、人行通道和广场等组成的综合性地下建筑。地下街已从单纯的商业性质演变为包括多种城市功能、交通、商业及其他设施共同组成的，相互依存的地下综合体。

1. 地下综合体（地下街）与周边地下空间设施连通的类型

（1）多条相邻地下街之间宜相互连通，以组成复合型的地下综合体，当若干个地下综合体通过轨道交通连接在一起时，便能形成更大规模的综合体群，发展成为地下城。

（2）地下综合体、地下街与相邻铁路、地铁站等交通枢纽站之间宜相互连通。

（3）周边公共建筑物的地下设施，如地下商业、地下停车场宜与地下综合体、地下街连通。

2. 地下综合体（地下街）与周边地下空间设施连通的方式

地下综合体与周边地下空间的连通方式与轨道交通车站与周边地下空间设施的连通方式相同。其主要为通道连通、共墙连通、下沉广场连通、垂直连通和一体化连通五种方式。

3. 地下综合体（地下街）与周边地下空间设施连通的技术要求

（1）地下综合体与周边建筑、广场、绿地等结合设置时，宜与地下过街道、地下街、其他公共建筑物的地下层相结合或连通。如兼作过街地道时，其通道宽度及其站厅相应部位应计入过街客流量。同时应设置夜间停运时的隔离措施。

（2）地下综合体与公共交通功能或综合交通枢纽单元直接连通。公共人行通道、人行楼梯、自动扶梯的通过能力应按交通单元的远期超高峰客流量确定。超高峰设计客流量为该交通功能单元预测远期高峰小时客流量或客流控制时期的高峰小时客流量乘1.1~1.4超高峰系数。

（3）地下综合体与周边地下空间设施连通时，公共交通、综合交通枢纽、市政等功能单元的防火系统需独立设计。

（4）商业、观演、体育等人流密集的功能单元，在火灾情况下不得利用连通公共交通或综合交通枢纽通道的出入口通道等作为人员疏散的出口。

地下公共步行系统与周边地下空间设施的连通主要是通过地下步行系统来打造一体化的地下公共空间，通过完善的地下网络，更好地实现人车分行的目标。

（三）地下公共步行系统与周边地下空间设施连通的形式

目前，地下公共步行系统与周边地下空间设施连通的形式根据地下公共步行系统的功能的分为两种：

1. 专用的地下公共步行连通通道与周边地下空间设施连通。该形式的公共步行通道功能单一，主要通过步行系统来串联各地下空间设施，如香港的地下公共步行系统。

2. 功能复合的地下公共步行系统与周边地下空间设施的连通。所谓功能复合即指除了通道本身的公共步行功能以外，还有商业服务等功能这种形式的步行通道，如日本的地下街。

（四）地下公共步行系统与周边地下空间设施连通的平面布局原则

1. 以整合地下交通为主的原则

从城市中心区发展的趋势来看，以地铁和地下停车库为代表的地下机动车动静态交通体系是发展的趋势。通过地下公共步行系统来整合地下空间能够更好地实现地上地下多种交通方式之间的换乘，提升城市整体的交通效率。

2. 体现城市功能复合的原则

地下公共步行系统除提供步行交通功能之外，同时也集聚一定的社会活动（如商业、休息、娱乐、艺术等），一个完善的地下公共步行系统是需要有充足的人流来体现其活力的，否则会让人在其中缺乏安全感。因此，在地下公共步行系统的布局中往往把一些其他城市功能与其相结合（如与商业结合形成地下商业步行街）。这样不仅可以将人流吸引到地下，还可以充分发掘这些人流潜在的商业效益，因此在地下公共步行系统平面布局中应遵循体现这种城市功能复合的原则。

3. 力求便捷的原则

地下公共步行设施的首位功能还是通勤，如果其不能为行人创造内外通达进出方便的通行条件就会失去其设计的最初意义。在高楼林立的城市中心区，应把高楼楼层内部设施（如大厅、走廊地下室等）与中心区外部步行设施（如地下过街道、天桥、广场等）衔接，并通过这些步行设施与城市公交车站、地铁站、停车场等交通设施相连，共同组成一个连续的、系统的、完善的城市交通系统。

4. 环境舒适宜人的原则

现代城市地下公共步行系统通过引入自然光线、人工采光及自然通风与机械通风系统结合等技术手段，使地下步行环境得到很大的改善，已经不是人们传统印象中单调、黑暗的地下通道。通过这些手法使地下公共步行系统的平面布局更加灵活多变，因平面布局的丰富化也使地下空间更富有层次和变化，地下空间的品质得到提升，从而吸引更多的人流进入地下空间。

5. 重视近期开发和长远规划相接合的原则

地下公共步行系统的形成不是一蹴而就的，而是个长期积累综合发展的过程，如加拿大蒙特利尔地下步行系统是用了近35年的时间才有如今的规模，才有地下城的美誉。因此，在地下公共步行系统建设时应根据城市发展的实际情况确定近期建设目标，同时考虑远期地下公共步行系统之间的衔接。为此地下公共步行系统平面布局应反映系统形态发展的趋势。

（五）地下公共步行系统与周边地下空间设施连通的平面布局模式

地下公共步行系统从平面构成要素的形态来看，主要是由点状和现状要素构成的。由于所组成的城市要素有其各自性质和特征，在系统中的作用和位置互不相同，相互联系的方法和连接的手段也趋于多样，地下公共步行系统的平面构成形态也有多种。陈志龙学者在《城市地下步行系统平面布局模式探讨》一文中将地下步行系统的布局模式概括为四种：网络串联模式、脊状并联模式、核心发散模式及复合模式。本节中引用这四种模式来阐述地下公共步行系统的平面布局模式。

1. 网络串联模式

网络串联模式指在地下步行系统中，以若干相对完善的独立结点为主体，通过地下步行街、步行道等线形空间连接成网络的平面布局形态。其主要特点是在地下步行网络中的结点比较重要，它既是功能集聚点，同时也是交通转换点。因此每个结点必须开发其边界，通过步行道将属于同一或不同业主的结点空间连接整合，统一规划和设计。任何结点的封闭都会在一定程度上影响整个地下步行系统的效率和完善性。这种模式一般出现在城市中心区中，将各个建筑的地下具有公共性的部分建筑功能整合成为系统。其优点在于通过对结点空间建筑的设计，可以形成丰富多彩的地下空间环境，且识别性、人流导向性较好，但其灵活性不够，应在开发时有统一的规划。

2. 脊状并联模式

这种模式指以地下步行道（街）为"主干"，周围各独自结点要素分别通过"分支"地下连通道与"主干"相连。其主要特点是以一条或多条地下步行道（街）为网络的公共主干道，各结点要素可以有选择地开发其边界与"主干"相连。一般来说，主要地下步行道由政府或共同利益业主团体共同开发，属于城市公共开发项目，以解决城市区域步行交通问题为主，而周围各结点在系统中相对次要。这种模式主要出现在中心区商业综合体的建设中。其优点是人流导出性明确，步行网络形成不必受限于各结点要素。但其识别性有限，空间特色不易体现，因此要通过增加连接点的设计来进行改善。

3. 核心发散模式

核心发散模式指由一个主导的结点为核心要素，通过一些向外辐射扩展的地下步行道（街）与周围相关要素相连形成网络。其主要特点在于核心结点是整个地下步行网络交通的转换中心，同时在很多情况下也是区域商业的聚集地，核心结点周围所有结点要素都与中心结点有联系。

相对而言，非核心结点相互之间联系较弱。这种模式通常在城市繁华区广场、公园、绿地、大型交叉道路口等地方，为了城市提供更多的开放空间，将一些占地面积较大的商业综合体利用地下空间进行开发，同时通过区域地下步行道（街）同周围各要素方便联系。其优点体现在功能聚集，但人流的导向性差、识别性也比较差，必须借助标识系统和交通设施的引导。

4. 复合模式

城市功能的高度积聚使地下步行系统内部组成要素比以前更加丰富。以追求效率最大化为目标，在地下步行系统开发中，表现为相近各主体和相应功能的混合、开发方式趋于复合。

复合模式体现在地下步行系统的平面中就是以上三种平面模式的复合运用。在不同区域，根据实际情况采用不同的平面连接方式，综合三种模式的优点，建立完善的步行系统。目前，相当一部分具有一定规模的步行系统都是采各种方式的复合利用。

（六）重点片区人防工程设施之间的连通

我国早期人防工程，由于受当时战争形态和经济的制约，大部分工程设计和施工水平较低，且大多没有考虑连通的问题，工程之间相互独立。修建人防工程与地下空间之间的连接通道或干道工程，连接城市各类人防工程和地下空间。作为城市全面受灾时人员相互转移的主要通道，将对人员主动防护起重要作用，提高城市的综合防空防灾能力。

1. 重点片区人防工程设施之间连通的类型

根据人防工程设置连通口的必要性和可行性的分析、总结如下。

（1）一般5级、6级全埋式人防地下室。如果顶板覆土不太厚，底板埋深不超过5m宜设置连通口。此类连通口，应安装向连通口一侧开启的防护密闭门、防护及按照人防工程的防化及防护等级设置。

（2）专业队掩蔽所、指挥所、人防救护站宜设连通口。此类场所设置连通口具有重要的战略作用，连通口应按更高的设计规范要求来设计，设计人员应引起足够重视。

（3）位于地下二层及以下层的人防工程，不宜设置连通口。此类人防工程埋深大，加上各种城市管网分布复杂，地下不可知因素太多，而此类人防工程数量相对较少。不论要实现相近深度人防工程的连通，还是要与埋深较浅的人防工程的连通都相当困难。既然实现连通的可能性很小，设置连通口弊大于利，那不如不设。

（4）对于埋深小、半埋式人防地下室和6B级人防地下室不宜普遍设置连通口，应因地制宜综合考虑。此类人防工程一般分布在居住小区，多位于砖混结构房屋之下，分布密集，防护级别偏低。

2. 人防工程设施之间连通的技术要求

（1）在《人民防空地下室设计规范》（GB50038—2005）中规定：根据战时及平时的使用需要，邻近的防空地下室之间以及防空地下室与邻近的城市地下建筑之间应在一定范围内连通。

（2）相邻抗暴单元之间应设置抗暴隔墙。两相邻抗暴单元之间应至少设置1个连通口。在连通口处抗暴隔墙的一侧应设置抗暴挡墙。

（3）两相邻防护单元之间应至少设置1个连通口。在连通口的防护单元隔墙两侧应各设置一道防护密闭门。

（4）当两相邻防护单元之间设有伸缩缝或沉降缝，且需开设连通口时，在其防护单元之间连通口的两道防护密闭隔墙上应分别设置防护密闭门。

（5）在多层防空地下室中，当上下相邻两楼层被划分为两个防护单元时，其相邻防护单元之间的楼板应为防护密闭楼板。其连通口的设置应符合下列规定：

①当防护单元之间的连通口设在上面楼层时，应在防护单元隔墙的两侧各设一道防护密闭门；

②当防护单元之间的连通口设在下面楼层时，应在防护单元隔墙的上层单元一侧设一道防护密闭门。

从近年来人防工程的发展趋势来看，单独建立的地下人防工程已相对较少，更多的是在地下设施的开发中考虑人防兼顾。遵循平战结合的原则提升地下空间的使用效率，如地下车库的人防兼顾、综合管廊的人防兼顾等。该类型的人防工程设施的相互连通，则主要是在地下设施连通本身的原则和技术要求上考虑兼顾人防的功能，提升地下空间的区域化防灾水平。

综合管廊与沿线开发建设地块的连通主要涉及两个方面：综合管廊与地块供给上的连通；综合管廊作为应急疏散通道与周围设施的连通即兼顾人防的综合管廊设计。

（七）综合管廊与沿线开发建设地块连通的技术要求

1. 规划上

（1）综合管廊工程规划应集约利用地下空间，统筹规划综合管廊内部空间，协调综合管廊与其他地上、地下工程的关系。

（2）综合管廊应与地下交通地、下商业开发、地下人防设施及其他相关建设项目协调。

2. 设计上

（1）综合管廊管线分支口应满足预留数量、管线进出、安装敷设作业的要求。相应的分支配套设施应同步设计。

（2）综合管廊设计时，应预留管道排气阀、补偿器、阀门等附件安装、运行、维护作业所需要的空间。

（3）综合管廊与其他方式敷设的管线连接处，应采取密封盆防止差异沉降的措施。

（4）综合管廊的每个舱室应设置人员出入口、逃生口、吊装口、进风口、排风口、管线分支口等。以上管廊的连通口及管廊露出地面的构筑物还都应满足城市防洪要求，并采取防止地面水倒灌及小动物进入的措施。其中人员逃出口宜与逃生口、吊装口、进风口结合设置，且应不少于2个。

3. 兼顾人防的技术要求

在综合管廊能够满足人民防空的一定要求下，可通过适当增加与周边地块地下空间设施的地下连通道，在各预留连通口部辅助装备临时通风设备，来满足战时临近建筑及地下空间设施人员临时应急疏散通道使用。主要在原有综合管廊设计中增加地下连通口的规划设计，对接入解除管线孔口防护、电气及消防设施等进行针对性兼顾人防的防护技术措施研究与补充设计。

三、地下空间的整合设计

齐康先生的《城市建筑》一书中提出：整合是对建筑环境的一种改造。更新和创新，即以创造人们优良生态环境、人居环境为出发点的一种调整，一种创新的设计和创造。宏观上是自然与人造环境的整合，又是人造环境本身的调整，是一种建设活动。整合的目的是改善和提高环境质量，整合是一种手段和方法，是策划、设计，是一种行动，从某种意义上说是从环境出发对人们生理、心理的调整。作为规划师，建筑师在城市设计中，整合的作用是创造一种优良环境，一种物质环境的设计以达到使用功能的效益和效能，达到精神文化、艺术表现和物质的、美学的、生态的三方面的要求。

整合机制的层次主要分为三类：实体要素的整合；空间要素的整合；区域的整合。

地下空间从其不可逆的开发特性来说，整合对地下空间的开发更为重要。

（一）地铁车站区域的整合设计

1. 地铁车站区域整合设计的功能

以地铁车站区域地下地上的城市功能来分析，把地铁车站区域整合的功能分为三大类来阐述：与其他城市交通功能的整合、与其他城市建筑功能的整合及与城市其他功能的整合。

（1）与其他城市交通功能的整合

地铁车站作为城市地下交通系统中重要的立体化开发节点，是多种交通工具之间转换的直接结合点，通过地上与地下空间的整合开发，形成集铁路、公交汽车、自行车库、停车场、步行系统等多种交通设施综合开发的立体交通枢纽。再结合地铁车站本身形成地下过街道、地下建筑之间的连接通道，公共交通之间的换乘通道等，建立高效的地铁与其他交通工具之间的换乘系统。

（2）与其他城市建筑功能的整合

地铁车站作为衔接人群地上地下活动的重要转换空间。适宜在地铁车站区域进行立体化、网络化的综合开发，形成集交通、换乘、停车、商业、文化、娱乐等功能相结合的综合空间，并通过对空间进行有序整合，使其成为城市空间的一个重要节点，发展形成功能多元复合的地下综合体。

（3）与城市其他功能的整合

地铁站地下空间的开发考虑与市政公共设施、综合管廊和平战结合的人防工程等功能有效衔接整合。

2. 地铁车站区域整合开发的模式

（1）适应环境，改造更新

这种模式适用于历史悠久的旧城改造，将区域的旧城改造和地铁建设同步进行，充分利用地铁车站区域的地下空间开发，将部分功能引入地下，既保护减少了对现有环境的影响，又适应旧城改造新的需求。

（2）综合设计，统一建造

该模式适用于城市新区的开发，将新区的地铁站区域和周围的交通及其他功能建筑统一规划设计、一体化建设。

（3）独立建设，紧密结合

此模式适用于分批建设的新城，对地铁车站区域地下空间做完整且预见性的规划，为未来地下空间发展用地预留位置，分批建设。虽然建设时序上有差异，但是由于规划上一次到位，为未来的开发打下基础。

（二）地下公共服务设施的整合设计

1. 地下公共服务设施整合的功能

根据地下设施功能开发的特性分析，公共服务设施整合的功能主要有：

（1）多项地下公共服务设施间的整合

地下公共服务设施的开发大多在城市公共用地下，其开发具有规模大、一体化等特色。开发的地下公共服务设施不应仅是单一功能，适宜将多种地下公共服务设施做一体化整合开发，如文化娱乐设施与商业等的结合开发。

（2）与地下交通设施的整合

地下道路、地下停车、地下轨道交通作为分担城市交通压力的重要地下化措施，将其与地下公共服务设施结合设计，能够提升地下设施服务的一体化，避免人群过多地在地上地下空间之间的转换，更有利于扩大地下公共服务设施的服务范围。

（3）地下商业与地下公共步行系统的整合设计

通过地下公共步行系统，串联多个地下商业设施形成一定规模的地下商业街，充分利用地下的人行流量发挥地下空间的综合效益。

（三）地下综合体的整合设计

地下综合体是指建设在城市地表以下，能为人们提供交通、公共活动、生活和工作的场所并具备配套一体化综合设施的地下空间建筑。童林旭教授在此基础上对地下综合体的定义进行了深化，认为地下综合体是伴随城市的立体化再开发，多种类型和多种功能的地下建筑物和构筑物集中在一起，形成规划上统一、功能上互补、空间上互通的综合地下空间。此外，地下综合体与城市其他功能要素的整合也是至关重要的，其整合主要包括与城市广场、绿地、道路、地面建筑、城市交通以及地下建筑之间的整合，与城市区域整合等多个方面。

1. 地下城市综合体与城市广场、绿地的整合

地下综合体与城市广场、绿地的整合主要是在功能与形态结构方面的整合，通过设置地上地下基面联系要素，实现二者城市活动的延续和连续。本节简要介绍地下综合体与城市广场绿地整合的两种方式。

（1）下沉广场的整合

下沉广场整合是地下综合体与城市广场，绿地，根据所处位置的不同可分为位于广场一端、位于广场中间两种基本布局，主要作用是通过其加强与城市的联系，将地面自然活动和环境引入地下空间，进而提高商业效益、改善地下空间环境品质。

（2）地下中庭的整合

根据地下中庭立体化、开放性、公共性的特点，在整合地下城市综合体与城市广场、绿地中可以发挥重要作用，将自然环境引入地下空间形成地上地下的视觉关联，实现地上地下的融合、渗透。

2. 地下城市综合体与道路的整合

城市道路一般属于公共性用地，其地下空间较少存在权属问题，所以其往往成为地下综合体开发的重要载体之一。与城市广场、绿地的完整块状用地不同，道路的空间形态相对较窄，所以地下综合体与道路的整合方式与广场、绿地的有所不同，主要通过设置下沉广场、楼梯、自动扶梯、坡道或者其他形式的垂直交通设施实现二者城市活动的延续和连续。

3. 地下城市综合体与地面建筑的整合

地下城市综合体整合的地面建筑，通常是城市综合体、商业中心等公共建筑。地下城市综合体与地面建筑的整合，主要通过设置地下中庭、楼梯、自动扶梯、坡道或者其他形式的垂直交通设施等来实现地上地下建筑之间的联系和连续。根据地上地下基面联系要素和空间形态竖向整合的不同，分为仅通过垂直交通设施构建要素的联系、局部通过地下中庭的联系、通过城市中庭的联系。

4. 地下建筑之间的整合

由于城市的快速发展以及特殊地形的原因，城市地下空间必然处于新与旧、高与低、自然与人工等多重矛盾中。由于地下城市综合体规模庞大，在不同地块、不同权属、不同深度的地下空间，在开发时序上往往分阶段实施，针对当前我国地下建筑各自为政、缺乏联系的问题，如何通过城市设计实现地下建筑之间的整合，保持区域内城市地下空间形态的连续性、一致性。这是当下我国城市地下空间开发面临的重要问题，也是促成地上地下一体化发展的根本基础。

根据空间形态整合方式的不同，地下建筑之间的整合可以分为拼接、嵌入、缝合三种方式。

拼接是两个地下建筑在水平方向上直接相邻拼接并整合成一个整体，通过竖向设计，垂直交通的整合使得两个地下空间连接顺畅，地下步行系统保持连续性、舒适性和步行通

道宽度的一致性。嵌入是一个建筑在水平方向或垂直方向植入另一个地下建筑的剩余空间中从而形成一个整体。"嵌入"这种模式是新旧地下建筑组合在一起，使原有的地下空间格局有所改变。缝合是通过新开发的地下空间将两个分离的地下建筑联系、组织成一个整体。

5.地下综合体与城市交通的整合

地下综合体与城市交通的整合不仅仅是为了提高城市交通运转的效率，同时也是为了满足人的要求，给人们的生活提供最大的方便。一方面要以人为中心，处处为人考虑，提供适合步行的人性化环境；另一方面，要考虑随着技术的进步和不断发展变化的机动交通，它们之间的衔接和协调是地下城市综合体与城市交通整合的重要内容。

地下综合体与城市交通的整合主要集中在三个方面：（1）与城市快速轨道交通系统进行衔接；（2）与城市地铁网络规划紧密结合；（3）与城市步行系统有机融合。大型的地下综合体主要通过总体规划阶段的城市设计来进行策略性控制，而相对规模较小的地下综合体则是在上述策略性控制与指导下进行的具体设计活动。

地铁工程主要包括路网规划与线路、建筑工程与设备工程等。地铁路网规划与线路包括路网规划、限界和线路的选线；建筑工程包括车站、区间、停车场与车辆段、控制中心等；设备工程包括供电、通风与空调、给排水、防灾、通信、信号、自动售票与检票工程等。

四、路网规划与线路

（一）路网规划

1.基本原则

路网规划是地铁工程设计、建设的依据，直接影响城市功能、工程建设投资等社会经济效益，而路网规划的主要依据是交通客流量及交通方式的选择。路网规划的基本原则如下：

（1）路网规划要与城市客流预测相适应。

（2）路网规划必须符合城市的总体规划。

（3）规划线路要尽量沿城市主干道布置，线路要贯穿连接城市交通枢纽（如火车站等）、商业中心、文化娱乐中心、大型生活居住区等客流集散数量大的场所，以减少线路的非直线系数和缩短居民出行时间。

（4）路网中线路布置要均匀，线路密度要适量，乘客换乘方便，换乘次数要少。

（5）路网中各条规划线路上的客运负荷量要尽量均匀，要避免个别线路负荷过大或过小的现象。

（6）在考虑线路走向时，应考虑沿线地面建筑的情况，保护重点历史文物古迹和环境，考虑地形、地貌和地质条件，并尽量避免不良地质地段和重要地下管线等构筑物。

2.路网结构形式

　　根据城市现状与规划情况编制的路网中各条线路组成的几何图形称为路网结构，通常沿客流的主方向进行布置。世界各国城市地铁路网的基本结构形式比较复杂，有放射形、放射加环线形、棋盘形、棋盘加环线形、棋盘环线加对角线形、一字形、十字形、L形、T形和混合形，如图4-1所示。

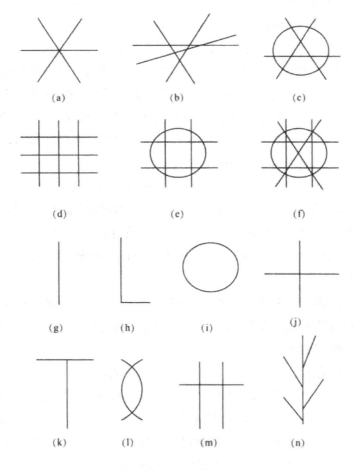

图4-1　地铁路网图

　　各种路网结构具有不同的特点，需根据城市的实际情况进行选择。如捷克布拉格地铁路网为放射形、俄罗斯莫斯科地铁路网为放射加环线形、墨西哥城地铁路网为棋盘形、北京地铁路网为棋盘加环线形、秘鲁利马地铁路网为一字形、日本神户地铁路网为L形、英国格拉斯哥地铁路网为环形、巴西累西腓地铁路网为Y形、哥伦比亚麦德林地铁路网为T形、意大利罗马地铁路网为十字形、法国里尔地铁路网为X形、巴西圣保罗地铁路网为双十字形等。

　　3. 主要术语

　　（1）客运量：指城市一条或多条线路上，各个区段在单位时间内单方面或往返运送的实际或预测的旅客发送量。

（2）客流：也称为客流量，是指在某一区段上，在单位时间内单方面或往返的实际旅客量或预测旅客量。

（3）居民流动度：指一年内城市的客运量除以居民总数，也即一年内每个居民的平均出行次数，表示居民流动的频繁程度。

（4）运程：为每个旅客一次出行的平均距离，取决于城市大小、形状和现有各种运输方式的运输网总长度、结构形态、运输组织方式等因素。

（5）客流密度：指每年经由每千米双线线路的旅客总数。

（6）车辆容量：用 V 来表示，指车辆容纳乘客的数目，取决于车辆的长度、宽度、站位与座位的比例、旅客舒适度标准等。通常，地铁系统车辆的宽度约 3m，长度在 23m 左右。每节地铁车辆的定员标准与舒适度标准有关。我国目前城市交通普遍紧张，虽然每节车辆的定员只有 150~310 人，但在实际运营中，尤其在高峰期拥挤时段，往往会超员运行，每节车辆乘客人数可达 225~410 人。

（7）列车编组数：一般用 n 表示，指一列列车包含的车辆（动车和拖车）数量。编组数越大，运输能力越大。在市区内的地铁，列车编组数通常限制在 6~8 节；轻轨可能更少，限制在 3~4 节，甚至 2 节。我国香港及上海地铁多采用 6~8 节编组。

（8）列车容量：用 Y 来表示，指一列列车能够运送的乘客数量，为车辆容量 V 与列车编组数 n 的乘积。

（9）列车行车间隔：用 I 来表示，指两列列车发车的时间间隔，单位通常用秒表示。允许的最小行车间隔受信号设备限制，目前地铁最短可达到 75~90 秒，通常地铁采用的最小行车间隔是 90~120 秒。

（10）通过能力 N：以一小时单方向通过的列车数来衡量，与列车行车间隔成反比，即 N=3600/I（对 /h）。当行车间隔时间 I 为 90~120 秒时，相应的通过能力为 30~40 对 /h。

（11）运送能力 C：指一小时单方向所能运送的旅客数（有时也称为运输能力或简称为运能），由一列列车的容量 V 与线路通过能力 N 的乘积来确定，即 C=V·N（人 /h）。通过车辆容量、列车编组数及通过能力可以估算线路的输送能力。如果每节车辆载客 150 人，8 节编组，30 对 /h，则输送能力为 36000 人 /h。

（12）分离式线网：指各条线路在交叉处采用分离的立体交叉，线网中各条线路均独立运营，乘客必须通过交叉点处的换乘站中转才能到达位于其他线路上的目的地车站。

（13）联合式线网：各条线路在交叉处用道岔连接，因而各条线路之间可以互通列车，在整个线网上可以像城市间铁路那样实行联运。

从日常的线网运营状况来看，线路之间交叉点的个数、位置决定着线网的形态，影响着线网中各换乘站客流量的大小、乘客的换乘地点、出行时间及方便程度，从而影响整个线网的运营效率并导致整个城市布局结构体系的变化和调整。

（二）限界

地铁列车在运行过程中，根据各种参数和特性计算而确定的空间尺寸，各种建筑物和设备均不得侵入其中的最小空间，称为限界。地铁限界分为车辆限界、设备限界、建筑限界和接触网限界等，一般隧道断面面积是车辆面积的 2~3 倍。制定限界的原则如下：

1. 地铁限界分为车辆限界、设备限界、建筑限界和受电弓或受电流器限界。

2. 地铁限界应根据车辆轮廓线和车辆有关技术参数，结合轨道和接触网的相关条件，并计及设备和安装误差，按规定的计算方法进行设计。

3. 车辆限界是车辆在正常运行状态下形成的最大动态包络线。直线地段车辆限界分为隧道内车辆限界和高架或地面线车辆限界，高架或地面线车辆限界应在隧道内车辆限界的基础上，另加当地最大风荷载引起的横向和竖向偏移量等。

4. 设备限界是用以限制设备安装的控制线。

5. 相邻的双线，当两线间无墙、柱及其他设备时，两设备限界之间的安全间隙不得小于 100 mm。

6. 建筑限界是在设备限界的基础上，考虑了设备和管线安装尺寸后的最小有效断面。在宽度方向上，设备和设备限界之间应留出 50 mm 以上安全间隙。当建筑限界侧面和顶面没有设备或管线时，建筑限界和设备限界的间隙不宜小于 200 mm，困难条件下不得小于 100 mm。

7. 曲线地段建筑限界应在直线地段建筑限界的基础上，按确定的曲线半径、轨道特征、超高值、线间距和隧道断面形式等进行相应的加宽和加高。

8. 道岔区建筑限界应在直线地段建筑限界的基础上，按道岔类型、转辙机布置和轨道参数等进行加宽和加高。

9. 防淹门和人防隔断门建筑限界宽度，其门框内边缘至设备限界应有不小于 100 mm 的安全间隙；建筑限界高度和区间矩形隧道相同。

10. 车站设置屏蔽门 / 安全门时，站台屏蔽门不应侵入车辆限界，直线车站，站台屏蔽门与车体最宽处的间隙不应大于 130mm。

11. 建筑限界中不包括测量误差、施工误差、结构沉降、位移变形等因素。结构等相关专业在设计隧道及高架桥结构断面时，应考虑施工误差、测量误差、结构变形等因素，以确保竣工后的有效净空能满足建筑限界的要求。

（三）选线

线路设计一般分为四个阶段，即可行性研究阶段、总体设计阶段、初步设计阶段和施工设计阶段。地铁线路按其在运输中的作用，可分为正线、辅助线、车场线。在城市中心区，地铁线路宜设在地下；在其他地区，如市郊、市区与卫星城之间，条件允许时可采用高架桥和地面线。线路设计的基本原则为：地铁线路与城市发展规划相适应、双线右侧行车制（最小列车间隔 75~120s）、线路最高运行速度 80~100 km/h。

选线包括设计线路走向、线形、车站分布、辅助线分布、线路交叉形式、路线敷设方式等的选择，选线分为经济选线和技术选线。

经济选线时，线路起始点多选择在换乘量大的处所，如火车站码头、飞机场、城郊接合部长途汽车站等。地铁线路应尽量多地经过一些大的客流集散点，如闹市区、商业区、政治文化经济中心、居民生活集中区、工矿区、地面交通枢纽等。

技术选线是按照行车线路，结合有关设计规范平面和纵剖面的设计要求，确定不同坐标处的线路位置。一般遵循先定点，后连续，点线结合的原则。理想的线路平面上应是由直线和很少数量的曲线组成的，而曲线尽可能采用大的半径，在曲线和直线之间设缓和曲线。最大纵坡为40%~50%，最小坡度为3%。

线路方向选择要考虑的主要因素有线路的作用、客流分布与客流方向城市路网分布、隧道主体结构施工方法、城市经济实力、城市发展与改造计划、城市地理环境条件、线路敷设方式等。对于特大型客流集散点，线路可以采取的方式有：线路经过特大型客流集散点、支路连接、延长地铁车站出口通道与之连接、线路绕向集散点或新建集散点尽量靠近地铁站等。

地下线路平面位置有位于城市道路规划红线范围内外两种。当位于红线内时，地铁线路可以敷设在行车道下人行道或绿化带下、两侧建筑基础下；当位于红线外时，多设在无建筑区域下，如广场公园、绿地等。高架线路多顺着城市主干路平行设置于道路中心线或快慢车道分隔带上，地面线也多平行设置于道路中心线或快车道一侧。

在进行线路方案比选时，应结合线路技术参数、房屋拆迁量、管线拆迁费用、城市道路占用与改道面积、吸引的交通量、经过的主要政治、文化和经济中心以及居民区、施工方法等进行综合评价。

五、地铁工程的建筑物组成

（一）车站

地铁车站是地铁运行系统的重要组成部分，车站与乘客的关系极为密切，乘客必须经过车站方能乘坐地铁交通，同时在车站还集中了部分运营管理设备、系统，有的车站还配套有商业开发，供乘客休闲、购物等，因此车站位置的选择、环境条件的好坏、设计是否合理，都直接影响地铁的社会经济效益以及城市景观。通常，车站位置在纵向有跨路口、偏路口一侧和两路口之间三种，而在横向有道路红线内侧和外侧两种。

车站出入口的位置选择，直接关系到对乘客的吸引和方便使用。通常，出入口设在城市道路两侧、交叉路口及有大量人流的广场附近，出入口宜分散均匀布置，其间距尽可能大一些，以便最大限度地吸引更多的乘客，也方便乘客进出车站。同时，出入口应设在火车站、公交站、长途汽车站等附近，其方向应朝向主客流方向。

车站一般分为设备区、工作区和乘客使用区，而乘客使用区又可分为付费区和非付费区，车站相关用房有车站控制室、站长室／站务室、会议室、男／女更衣室、牵引降压混合变电所、降压变电所、蓄电池室、照明配电室、通信设备室（专用、公众、警用通信）、信号设备室、屏蔽门控制室、监控设备室、环控电控室、AFC 机房、AFC 票务室、环控机房（空调机房、冷冻机房）、备品库／储藏间、盥洗间、气体消防设备室、废水／消防泵房、污水泵房、清扫工具室、茶水间、厕所间等。

车站一般按照其所处位置、埋深、运营性质、断面和站台形式、换乘方式的不同进行分类。

1. 按车站与地面相对位置分类

车站按照其与地面相对位置的不同，车站可以分为地下车站、地面车站和高架车站三类。

2. 按车站埋深分类

车站按照其埋置深度的不同，车站可以分为浅埋车站和深埋车站两类。

（1）浅埋车站

浅埋车站通常采用明挖法、盖挖顺作法、盖挖逆作法、浅埋暗挖法、明挖与盖挖相结合的方法修建，车站顶板覆盖层土体厚度比较小，通常埋深 0.5m<H<1.0 m。

（2）深埋车站

深埋车站通常采用暗挖法施工，包括矿山法、盾构法和矿山法与盾构法相结合的方法，其埋深大于两倍车站结构跨度。

3. 按车站运营性质分类

车站按照其运营性质的不同分为中间站、区域站（及折返站）、换乘站、枢纽站、联运站和终点站六类。

4. 按车站结构横断面形式分类

车站结构横断面形式主要根据车站埋深、工程地质和水文地质条件、施工方法、建筑艺术效果等因素确定。在选定结构横断面形式时，应考虑结构的合理性、经济性、施工技术和设备条件。车站结构横断面形式主要有矩形断面、拱形断面、圆形断面和其他类型断面四种。

各种车站横断面形式均有其各自的特点。

（1）矩形框架结构

明挖法施工的车站大多采用矩形结构，而采用最多的是矩形框架结构，有单柱双跨或双柱三跨，在立面上有两层或三层。侧式车站一般采用多跨结构，岛式车站多采用三跨结构。在道路狭窄、地面建筑密集区间，有时采用上、下行重叠式结构，这种结构在北京地铁、广州地铁、深圳地铁中应用最广泛。

（2）拱形结构

拱形车站一般用于站台宽度较窄的单跨单层或单跨双层车站。如白俄罗斯明斯克地铁，顶盖为变截面的无铰拱；俄罗斯莫斯科地铁，顶板由变截面单跨斜腿刚构和平板组成。我国上海地铁一号线衡山路车站是拱形车站的一种变化方案。

（3）圆形断面

圆形断面地铁车站多采用盾构法施工。

（4）其他类型断面

其他类型断面主要有马蹄形和椭圆形等。

不同断面车站结构，所采用的施工方法也不相同。圆形和拱形断面车站多采用装配式结构施工法施工，而矩形和马蹄形等断面车站多采用整体式现浇法施工。

现浇整体式结构车站，其优点是防水性、防震性较好，刚度大，能适应结构体系的变化，不需要大型起吊设备和运输工具，但存在混凝土浇筑质量不易控制、施工效率低、进度慢等缺点。

装配式结构在前苏联采用较多，由于构件可批量生产，质量较容易控制，可提高工作效率，加快进度。但接头防水是一个薄弱环节，在地下水位较高、水压较大的地区（如我国南方地区）则不宜采用。

5. 按车站站台形式分类

（1）岛式站台：站台位于上、下行行车线路之间，这种站台称为岛式站台。具有岛式站台的车站称为岛式站台车站（简称岛式车站，下同）。岛式车站是使用最多的一种站台形式。有喇叭口（常用作车站设备用房）的岛式车站在改建、扩建时，延长车站是很困难的。

（2）侧式站台：站台位于上、下行行车线路的两侧，这种站台称为侧式站台。具有侧式站台的车站称为侧式站台车站（简称侧式车站，下同）。侧式车站也是常用的一种车站形式，根据环境条件可以布置成平行相对式、平行错开式、上下重叠式及上下错开式等形式。

（3）岛、侧混合式站台：岛、侧混合式站台是将岛式站台及侧式站台同设在一个车站内，具有这种站台形式的车站成为岛、侧混合式站台车站（简称岛、侧混合式车站，下同）。西班牙马德里地铁车站中多采用岛、侧混合式车站。

6. 按车站间换乘形式分类

车站间换乘可按换乘方式及换乘形式分类。不论采用何种分类，均应符合下列换乘的基本要求：

尽量缩短换乘间距，做到线路明确、简捷、方便乘客。尽量减少换乘高差，避免高度损失。换乘客流宜与进、出站客流分开，避免相互交叉干扰。换乘设施的设置，应满足换乘客流量的需要，宜留有扩、改建余地。换乘规划时，应周密考虑选择换乘方式及换乘形式，合理确定换乘通道及预留口位置。换乘通道长度不宜超过 100 m，超过 100 m 的换乘通道宜设置自动步道。节约投资。

（1）按乘客换乘方式分类

①站台直接换乘：站台直接换乘有两种方式：一种方式是指两条不同线路分别设在一个站台的两侧，甲线的乘客可直接在同一个站台的另一侧换乘乙线，如香港地铁的太子站和旺角站；另一种方式是指乘客由一个车站通过楼梯或自动扶梯直接换乘到另一个车站的

站台的换乘方式，这种换乘方式多用于两个车站相交或上下重叠式的车站。当两个车站位于同一个水平面时，可通过天桥或地道进行换乘。

站台直接换乘的换乘线路最短，换乘高度最小，没有高度损失，因此对乘客来说比较方便，并可节省换乘时间，换乘设施工程量小，比较经济。

换乘楼梯和自动扶梯的总宽度应根据换乘客流量的大小通过计算确定。其宽度过小，会造成换乘楼梯口部人流聚集，容易发生安全事故，宜留有余地。

②站厅换乘：站厅换乘是指乘客由某层车站站台经楼梯、自动扶梯到达另一个车站站厅的付费区域内，再经楼梯、自动扶梯到达另一线车站站台的换乘方式，这种换乘方式大多用于相交的两个车站。

站厅换乘的换乘路线较长，提升高度较大，有高度损失，需设自动扶梯。

③通道换乘：两个车站不直接相交时，相互之间可采用单独设置的换乘通道进行换乘，这种换乘方式称为通道换乘。

通道换乘的换乘线路长，换乘的时间也较长，对老弱妇幼乘客来说使用不便。由于增加了通道，造价较高。

换乘通道的位置应尽量设在车站中部，可远离站厅出入口，避免与出入站人流交流干扰，换乘客流不必出站即可直接进入另一车站。

（2）按车站换乘形式分类

按两个车站平面组合的形式分为五类，见表4-1。

表4-1　按两个车站平面组合的形式分类

序号	名称	特征
1	一字形换乘	两个车站上下重叠设置则构成一字形组合；站台上下对应，双层设置，便于布置楼梯、自动扶梯，换乘方便
2	L形换乘	两个车站上下立交，车站端部相互连接，在平面上构成L形组合。相交角度不限；在车站端部连接处一般设站厅或换乘厅；有时也可将两个车站相互拉开一段距离，使其在区间立交，这样可减少两站间的高差，减少下层车站的埋深
3	T形换乘	两个车站上下立交，其中一个车站的端部与另一个车站的中部相连接，在平面上构成T形组合。相交的角度不限；可采用站厅换乘或站台换乘；两个车站也可拉开一段距离，以减少下层车站的埋深
4	十字形换乘	两个车站中部相立交，在平面上构成十字形组合。相交的角度不限；十字形换乘车站采用站台直接换乘的方式
5	工字形换乘	两个车站在同一水平面平行设置时，通过天桥或地道换乘，在平面上构成工字形组合。工字形换，乘车站采用站台直接换乘的方式

（二）区间

区间是连接两个相邻车站的行车通道，直接关系到列车的安全运行。区间设计的合理性、经济性对地铁总投资的影响很大，对乘客乘车的舒适感和列车运行速度的提高也有影响。通常，线路标高在车站站台处是最高的，到区间中部是最低的，这有利于列车在出站时的加速和进站时的减速，从而节约能源。

区间长度在中心商业区多为 400~600m，而在普通市区则长达 800~1000m，在市郊区多为 1000~2000m。通常区间长度超过 600 m 后，需要在区间左右线之间设置联络横通道，以满足防灾的要求。同时，由于区间中间部分位置比较低，因而需要设置泵房汇集区间中的水，一般多将泵房和联络横通道合建。当区间长度超过 1000m 时，考虑到区间通风问题，根据风机配置进行计算，可以设区间风井。

区间通常采用盾构法施工，地质条件较好时可以采用矿山法施工。局部地段岩石强度高，采用盾构法施工效率低时，可以采用竖井加横通道矿山法开挖、初支后进行盾构空推。在盾构法施工区间，泵房和联络横通道一般采用矿山法破管片进行施工。当地质条件比较差时，多采用冻结法施工联络横通道，也可以经地表预加固处理后采用矿山法施工。对于其他地质条件，也可以采用先期地表竖井施工泵房和联络横通道，然后再回填盾构施工。

（三）停车场、车辆段与控制中心

车辆段是车辆停放、检查、整备、运用和修理的管理中心所在地。若运行线路较长，为了有利于运营和分担车辆的检查清洗工作量，可在线路的另一端设停车场，负责部分车辆的停放、运用、检查和整备工作。若技术经济合理，也可以两条或两条以上线路共设一个车辆段。城市轨道交通除车辆保养基地以外，尚有综合维修中心、材料总库和职工技术培训中心等基地，有条件时，应尽量将它们与车辆段规划在一起。

车辆段的主要业务包括：

1. 列车在段内调车、停放、日常检查、一般故障处理和清扫洗刷。

2. 车辆的技术检查、月修、定修、架修和临修试车等作业。

3. 列车回段折返、乘务司机换班。

4. 车辆段内设备和机具的维修及调车机车的日常维修工作。

5. 紧急救援和抢修设备。

随着地铁现代化和自动化技术的发展，对运营安全和管理水平的要求不断提高，运营过程中被监控对象之间的关系越来越复杂，监视、控制操作和管理渐趋集中，安全性、可靠性越来越受到重视，对信息共享提出了更高的要求。为了确保运营和各系统安全可靠地运行，方便操作人员对运营过程实施全面的集中监控和管理，需要建立地铁网络运营控制中心（NOCC）。

控制中心的调度人员通过使用信号、电力监控、防灾自动报警、环境与设备监控、自动售检票、通信等中央级系统设备对地铁全线的所有运行车辆、区间和车站系统设备运行及乘客的情况进行监视、控制、调度和对地铁运行的全过程进行管理。

地铁控制中心的形式主要有单线路控制中心、多线路控制中心、总的控制中心、总的应急指挥中心、后备控制中心及各种形式混合的控制中心等。其组织架构及管理层次也不相同，导致操作权限、职责、接口界面的划分等不同的模式。随着网络技术的发展，各系统中央级核心设备与控制中心分离的系统构成模式已经成为一种发展趋势，多条线路的中央级核心系统设备集中布置在控制中心的方式已经不符合安全性的原则。

（四）地铁辅助线

地铁辅助线路按其使用性质可以分为折返线、存车线、渡线、联络线、车辆段（车场）出入线。辅助线是为保证地铁正常运营、合理调度列车而设置的线路，最高运行速度限制在 35km/h。

折返线：供地铁列车往返运行时掉头转线。

存车线：供地铁列车故障时临时停放及夜间存车。

渡线：用道岔将上下行线及折返线连接起来的线路，有单渡线和交叉渡线两种。

联络线：为连接两条独立运营线而设置的车辆过线通道。

车辆段、停车场出入线：正线区间与车辆段、停车场间的连接通道。

在线路的起点、终点必须设置折返线供车辆折返，在车辆段、停车场可以设置渡线供车辆折返。当一条线运营的列车对数有变化时，需在变化站点设置区段折返线。如上海地铁二号线连接虹桥、浦东两大机场，全程约 60 km，在广兰路站设置了区段折返线，广兰路以西（虹桥机场、市区方向）为 8 节编组，以东（浦东机场方向）为 4 节编组。

为了防止列车因故障而停留在正线上影线运营，每隔 5 个车站应设置存车线一处，供故障列车临时停放和检修。一般要求起点站、终点站和区段折返线应有故障列车停放功能。两个区段折返线之间相距 5 个以上站时，宜在中间设一单渡线。

（五）轨道工程

地铁正线及辅助线钢轨均采用 60kg/m 的 U75V 热轧轨，正线全线铺设区间无缝线路，并采用 DTVI2 型扣件，轨下采用高弹垫板，采用钢筋混凝土短枕式整体道床结构。道床混凝土强度等级采用 C30，短轨枕混凝土强度等级采用 C50。正线整体道床每千米铺设短轨枕 1680 对；辅助线整体道床地段每千米铺设短轨枕 1600 对。隧道内整体道床按每隔 6m 左右设置伸缩缝一处，隧道结构沉降缝处亦应设置道床伸缩缝。伸缩缝应避开短轨枕位置。伸缩缝可用 20mm 厚沥青木板填塞。

地下线矩形隧道含车站轨道结构高度：一般和中等减振地段为 560mm，曲线地段加超高值的一半；高等减振地段为 750 mm；特殊减振地段为 850 mm。马蹄形隧道轨道结构高度：一般和中等减振地段为 650 mm，线路中心线两侧各 1 200 mm 范围不小于 560 mm；高等减振地段为 750mm，线路中心线两侧各 1400mm 范围不小于 700mm；特殊减振地段为 850mm，线路中心线两侧各 1400mm 范围不小于 800mm。圆形隧道轨道结构高度：一般和中等减振地段为 740 mm；高等及特殊减振地段为 840 mm。

正线和辅助线采用 60 kg/m，直线尖轨，9 号单开道岔。道岔直向允许通过速度为

80km/h、侧向允许通过速度为30km/h。铺设道岔的地段采用短轨枕式整体道床，整体道床伸缩缝应尽量避开转辙器、辙叉和护轨部分。道岔整体道床范围（岔心前15m，岔心后19m范围内）内应尽量避开结构沉降缝。若确实无法避开时，应保证道岔转辙器、辙叉部位不应有沉降缝。若短岔枕位于沉降缝时，应调整避开，以避免岔枕与沉降缝发生干扰。

正线、辅助线的末端采用液压缓冲滑动式车挡。在曲线半径R≤400m的地段设置钢轨涂油设备。涂油设备为电力驱动，需设置220V电源。

将沿线减振地段划分为：一般减振地段采用普通短枕式整体道床；中等减振地段采用压缩型减振扣件；高等减振地段采用道床垫整体道床；特殊减振地段采用钢弹簧浮置板道床采用温度应力式无缝线路结构，一次铺设无缝线路工艺。单元轨节长度设置为1000~1200 m。

地下线路设计锁定轨温确定为25℃±5℃。相邻单元轨节间的锁定轨温差不应大于5℃，同一区间内单元轨节的最高与最低锁定轨温差不应大于10℃。整体道床宜采用轨排法施工，钢弹簧浮置板轨道应严格按照正确的施工工艺施工。

将整体道床底层结构钢筋均匀分布兼作收集网。整体道床纵向钢筋搭接时，必须进行搭接焊。整体道床横向钢筋应电气连续，若有搭接，也应进行搭接焊。浮置板道床采用专用的排杂散电流钢筋（非结构钢筋）作为收集网。

轨距为1435mm，区间正线最大坡度为30‰，辅助线为35‰，正线最小平面曲线半径为350m、联络线和出入线为250m、车场线为150m，正线最小竖曲线半径为3000m、辅助线为2000m，曲线外轨最大超高为120mm。

六、地铁工程的设备系统

（一）车辆

地铁车辆有多种形式，通常采用的车辆主要技术参数为：有司机室车长度为24.4m，6辆编组列车长度为140m，车体最大宽度为3.1 m，车顶距轨面高度为3.8 m，车辆底板面距轨面高度为1.13m，客室净高为2.1m，车辆轴距为2.5m，国产整体碾钢车轮直径为840mm，每侧客室侧门为5对，侧门宽×高为1.4m×1.86 m，贯通道尺寸为1.5m×1.9m（宽×高）。

列车供电方式多采用架空接触网受电弓受流，供电电压为DC 1500 v，轴重为16t，车辆自重为38t，最高运行速度为80km/h，在定员情况下，6辆编组列车启动平均加速度与列车平均加速度比小于0.6m/s²；在定员情况下，列车从最高运行速度到停车，如无特殊要求，常用平均制动加速度为1.0m/s²，紧急制动平均加速度为1.3m/s²；列车纵向冲击率不大于1m/s³，常用制动冲击率为0.75 m/s³。

列车故障牵引性能如下：

1. 当一节动车无动力时，在定员载荷下，列车可完成当日运营，最大运行速度为80 km/h

将不受限制。

2. 当两节动车无动力时，在超员载荷下，列车可在 35‰ 的坡道上启动，并确保列车前进到最近车站清客。此时最大运行速度为 60 km/h，故障列车在空载状态下可完成一个往返运行。

3. 当一列载荷超员的列车，因故障停在 35‰ 的坡道上时，另一列空车能够从坡底将故障车顶推到下一站。

4. 列车故障时不应出现引起其他车辆部件及设备的故障和损坏。

（二）供电

一条地铁线一般设不同的主变所和变电所进行供电，变电所从城市电网引入两路独立的 110kV 电源，牵引变电所及降压变电所进线电压为 AC35 kV。牵引网采用 1500 V 架空接触网授电，牵引供电系统按一级负荷设计，牵引降压混合变电所和降压变电所均应由两路互为备用的独立电源供电。牵引变电所整流机组采用等效 24 脉波整流方式，ACO04kV 动力照明负荷无功补偿在降压变电所采用自动无功补偿装置。当正线任何一个牵引变电所故障解列时，其相邻近牵引变电所应采取越区供电方式向该段地铁牵引负荷供电，这时邻近牵引变电所的设备容量应能满足远期高峰小时负荷要求。

地铁主变电所是重要的一级负荷，主变压器容量应能满足负荷 100% 备用的需要，考虑到远期最终规模，按 2×63 MVA 考虑。110kV 电缆截面为 400 mm²，每台主变 35kV 侧最终出线 6 回。主变 110kV 侧中性点通过隔离开关接地，可选择直接接地或不接地两种运行方式，35kV 侧经接地变压器小电阻接地。

接触网正线、联络线、试车线和出入段线采用架空刚性悬挂方式，车辆段及停车场采用简单悬挂方式。接触网系统是供电系统中一个极其重要的组成部分，由于接触网是没有备用的供电装置，因此接触网的安全可靠是保证地铁安全运营的必要条件。

1. 接触网系统的设计原则

（1）接触网系统应满足运营初期、近期与远期的行车要求，具备安全、可靠的机电性能，满足正线列车最高行驶速度 80 km/h 的运营要求。

（2）接触网应持续向列车提供电能，具有良好的授流条件和弓网关系，并能保证在当地气候环境条件下正常运行。

（3）接触网额定电压为 DC1 500 V，允许电压波动范围为 1 000~1800 V。

（4）接触网载流截面应满足远期高峰小时最大持续电流值的需要。

（5）除与列车有相互作用的设备和零件外，接触网的所有设备和零部件的安装，在任何情况下都不得侵入设备限界，以确保行车安全。

（6）接触网设备及零部件应具有耐腐蚀性好、寿命长、少维修的特点，关键零件采用强度高、性能好的模锻有色金属零件。紧固件用螺栓采用高强度不锈钢件，以提高零件寿命，减少维修工作量。

2.杂散电流防护主要设计原则

（1）杂散电流防护设计应按照"以堵为主、以排为辅、堵排结合、加强监测"的原则设计。

①堵：隔离、控制所有可能的杂散电流泄漏途径，减少杂散电流进入地铁的主体结构、设备金属管线及其他的相关设施。

②排：通过杂散电流的收集及排流系统，提供杂散电流返回牵引变电所的金属通路，以限制杂散电流继续向地铁系统以外泄漏，减少杂散电流对金属管线及金属构件的腐蚀。

③测：设计完备的杂散电流监测系统，监视测量杂散电流的大小，为运营维护提供依据。

（2）杂散电流防护系统应符合《地铁杂散电流腐蚀防护技术规程》的要求，接地系统应符合《电力设备接地设计技术规范》的要求。

（3）各车站接地网通过接地扁钢、接触网地线及屏蔽层等途径互相连接，在全线范围内形成统一的高低压兼容、强弱电合一的接地系统。

（4）杂散电流隧道辅助收集网与车站接地网预留互相连接的条件。

（5）当杂散电流防护与安全接地发生矛盾时，优先考虑安全接地。

一般在车站设置供动力照明系统用电的降压变电所，在有牵引所的车站降压所与牵引所合建为牵引降压混合变电所。每座降压变电所均设两台动力变压器分别接在两段35kV母线上，低压侧采用单母线分段中间加母联开关的运行方式。正常时，两台动力变压器分列运行，同时供电，当一台变压器检修或故障时，低压联络开关闭合，由另一台变压器负责全部一、二级负荷用电。车站动力设备配电主要采用放射式配电，动力设备根据具体情况及控制要求采用就地控制、车站控制室控制、全线控制中心远程集中控制、自动控制等四种方式。

（三）环控系统

地铁环境温度设计参数：站厅夏季空调干球温度为30℃，相对湿度为40%~65%；站台夏季空调干球温度为28℃，相对湿度为40%~65%。列车正常运行时，区间隧道夏季最高温度不高于40℃，列车阻塞在区间隧道时，列车顶部最不利点空气温度不高于45℃。公共区空调季新风量每名乘客按12.6m³/h计，新风量不少于总风量的10%，非空调季新风量每名乘客按30 m³/h计，且换气次数每小时不少于5次。设备管理用房新风量每名工作人员按不少于30m³/h计，新风量不少于总风量的10%。环控机房内噪声值不超过90 dB（A），传至站厅、站台公共区的噪声不大于70 dB（A），环控设备传至工作、休息室噪声小于60 dB（A）。

防排烟设计标准：

1.车站站厅和站台排烟量，按60 m³/（m²·h）计算。当排烟系统负担两个或两个以上防烟分区时，排烟设备按同时排除两个最大防烟分区的烟量配置。

2. 当车站站台发生火灾时，应保证从站厅到站台的楼梯和扶梯出口处具有不小于 1.5 m/s 的向下气流速度。

3. 同一防火分区的设备及管理用房总面积超过 200 m²，或面积超过 50m² 且经常有人停留的单个房间，应设机械排烟系统。

4. 变电所等电气设备用房，当设置气体灭火系统时，应设机械排烟系统，所排除的气体直接排出地面。

5. 最远点到地下车站公共区的直线距离超过 20 m 的内走道以及长度超过 60 m 的地下通道，应设置机械排烟系统，排烟口距最不利排烟点的距离不应超过 30m。

6. 区间隧道排烟系统的排烟风机及烟气流经的附属设备（风阀、消声器等）应保证 150℃条件下连续有效运转 1 小时；当隧道通风设备参与车站火灾模式时，应能保证 250℃条件下连续有效运转 1 小时；地下车站站厅、站台和车站设备管理用房的排烟系统，排烟风机及附属设备应该保证 250℃条件下连续有效运转 1 小时。

通风与空调系统主要由地下站及区间通风空调系统、车站空调通风系统和隧道通风系统组成。车站设有公共区空调通风系统、设备管理用房空调通风系统、空调制冷循环水系统和车站备用空调系统。隧道通风系统设有活塞风与机械通风（TVF）系统兼排烟系统、阻塞工况通风系统和早晚换气系统等。

（四）给排水系统

通常地铁采用市政自来水作为车站供水水源，且生产、生活与消防用水分开。生产、生活给水管网系统在车站内呈枝状布置，以供给车站内工作人员生活用水及站厅、站台层冲洗用水及冷却补充水等。

车站及区间消防给水系统多采用水管网压力为 0.28MPa 的直供水方式，车站的消防给水干管在车站内形成立体环状布置，区间消防水管自区间两端车站引入，给水管网与两端车站环状给水管网相连，形成全线闭合环状管网。

地铁排水系统包括污水系统、废水系统和雨水系统，并完全分流。采用污水泵房将污水扬至室外压力窨井内，进入设置的化粪池处理后，就近排入市政污水管道。车站废水泵房设置在车站较低的一端，车站内废水汇集到废水泵房内经泵提升到地面压力窨井后，再接入市政雨水管道。在区间线路实际坡度的最低点设区间排水泵房，废水经轨道两侧排水沟汇集到泵房内的集水池，经泵提升通过相邻的车站，接入市政雨水管道。在地下隧道出洞口处设雨水泵房，雨水经横向截水沟和轨道两侧排水沟汇集到集水池，由泵直接提升至室外窨井后，就近接入市政雨水管道。

（五）屏蔽门

屏蔽门沿站台纵向设置，将站台与行车区隔离。对应每组车门，设置一挡滑动门（ASD），每节车设置一挡应急门（EED）。滑动门与列车一一对应，并与列车门同步开闭，正常情况下作为乘客上下车的通道；应急门在非正常情况下作为乘客疏散通道使用。屏蔽门无故障使用次数不小于 100 万次，实际使用寿命应不短于 30 年。

屏蔽门有滑动门单元，滑动门单元之间设置固定门及应急门。另外，在站台两端，设置两挡端门单元。屏蔽门由框架结构、门体、门机等部分组成，屏蔽门控制系统主要包括中央控制盘（PSC）、就地控制盘（PSL）、门机控制器（DCU）、就地控制盘（PSL）及声光报警装置等控制设备。屏蔽门系统采用两路独立 380V 交流电源，主要为门机驱动装置和控制设备供电。屏蔽门控制可分为系统控制、站台级控制和就地控制三种模式。就地控制优先于站台级控制，站台级控制优先于系统级控制。

1. 系统级控制模式

系统级控制方式是在正常运营情况下使用的控制模式。在屏蔽门系统和信号系统状态正常，其之间通信正常的情况下，列车进站并在允许的停车误差范围内停车，屏蔽门系统接收信号 ATC 发来的"开门"指令，自动打开各挡门；当列车停站时间到后，屏蔽门系统接收信号 ATC 发来的"关门"指令，自动关闭各挡门。当屏蔽门系统确认各挡滑动门关闭锁紧，并且确认无障碍物被夹在中间时，屏蔽门系统向信号系统发出"允许发车"信号，允许列车离站。当屏蔽门系统检测到有障碍物被夹在中间而不能被清除时，系统将自动隔离该挡滑动门并报警，等待车站值班人员进行处理。

2. 站台级控制模式

站台级控制模式是在故障情况下保证车辆正常运行的一种控制模式。当屏蔽门系统与信号系统之间的通信或信号系统出现故障时，列车进站后，由列车司机或车站工作人员人工确认无误后，通过就地控制盒对屏蔽门系统进行开门、闭门操作。当个别滑动门由于故障无法发出"关闭锁紧"信号时，列车司机或车站值班人员可在确认无误后通过就地控制盒对信号系统发出"互锁解除"信号，允许列车离站。

3. 就地控制模式

就地控制模式是在系统维护、维修状态下采用的控制模式。当个别站台屏蔽门发生故障而无法打开时，站台侧可由站台工作人员操作门体上方机顶盒内的就地控制盒，或用钥匙打开滑动门；轨道侧可由列车司机通过车内广播指导乘客使用滑动门上的手动解锁把手，自行开启滑动门。

当车站或区间发生灾害时，车站值班人员在车控室根据灾害情况，按照规定操作流程，通过中央控制盘（PSC）对屏蔽门进行手动开关控制。

（六）通信系统

地铁通信系统包括公务电话系统、专用电话系统、广播系统、时钟系统、无线通信系统、综合布线系统、公众通信系统、警用通信系统、电源系统。

目前地铁通信系统多采用基于 SDH 的 MSTP 技术组建容量为 10Gb/s 传输网络。公务电话系统可以采用软交换设备进行组网，包括软交换设备（soft switch）、网管服务器、应用服务器、数据库服务器、以太网交换机等设备，实现本地公务电话业务的接入和本线各车站电话业务的接入或汇接。在各车站、停车场设置接入网关（AG），作为用户接入局，负责完成本站公务电话用户的接入。专用电话系统在控制中心设置数字专用通信系统主系统设备，在各站、车辆段、停车场设置数字专用通信系统车站分系统设备。车站、车辆段的各种专用电话系统终端接入车站分系统设备，数字专用通信系统主系统设备与数字通信系统车站分系统设备间采用一主一备两个 2Mb/s 通道点对点连接。无线通信系统采用 TETRA 数字集群通信系统，小区制全基站方案组网。

广播系统多采用数模结合的语音广播技术组网。时钟系统在控制中心新设主、备一级母钟及 GPS 设备，车站、车辆段、停车场设二级母钟，接入地铁一级母钟。车站站台层、站厅层均不设子钟，时间显示功能由 PIS 系统完成。

综合布线系统为车站办公自动化系统和自动电话、直通电话、调度电话等设备提供标准化布线，灵活地满足车站运营管理的使用需求。

公众通信系统主要满足有线、无线公网运营商业务在地下车站及地下区间的引入要求，为乘客提供固定电话、移动电话服务，同时也为银行、广播电视等公众服务提供商在地铁内的业务扩展提供条件。公众通信系统主要包括传输系统、移动通信引入系统、有线通信引入等。警用通信系统由有线通信系统、无线通信系统、信息网络系统构成，应能够满足地铁公安的信息联络需求，为地铁治安管理提供安全、可靠、灵活的现代化通信手段。

（七）信号系统

信号系统具有保证行车安全、提高运输能力、促进行车调度指挥和运输管理现代化、提高综合运营能力和服务质量的作用，是城市轨道交通自动化系统中的关键部分。地铁信号系统包括正线 ATC 系统、车辆段及停车场信号系统、试车线信号系统、培训系统、信号维护监测系统、信号微机监测系统。信号系统设备按地域划分可分为控制中心设备、车站与轨旁设备、车载设备和车场及维修中心设备四部分。

列车自动控制系统 ATC 从功能上主要包括四个子系统，即列车自动监控子系统（简称 ATS 系统）、列车自动防护子系统（简称 ATP 系统）、列车自动运行子系统（简称 ATO 系统）和正线计算机联锁子系统。

列车运行采用两级控制机制，即控制中心实行集中控制和车站现地控制。在正常情况下，控制中心 ATS 系统自动控制全线列车运行。在控制中心 ATS 系统发生故障后，系统可降级为控制中心人工集中控制。在控制中心集中控制失灵时，可下放为车站控制，由车站值班员通过车站 ATS 分机控制本联锁区域内的列车运行。

列车在正线上运行有四种驾驶模式，即 ATO 自动驾驶模式、ATP 监控下的人工驾驶模式、限制人工驾驶模式和非限制人工驾驶模式。

（八）自动售检票（AFC）系统

AFC 系统由中央计算机系统、车站计算机系统和车站 AFC 终端设备构成，采用 10Mbps 以太网组网。AFC 系统在车站和控制中心与综合监控系统互联，提供综合监控系统需要的系统运营信息和车站闸机紧急释放控制信号。

中央计算机系统由中央计算机、工作站（系统维护、报表、维修等）、磁盘阵列、打印机、防火墙及网络设备等组成，采用 10M/100M 以太网构成局域网。为确保数据存储和系统运行的安全，中央计算机采用双机热备，数据存储采用磁盘阵列。中央计算机系统与当地轨道交通清分中心互联，接受清分中心统一调度和管理。

车站计算机系统是 AFC 系统运行在各个车站的计算机网络管理系统，主要用于监控、管理车站 AFC 系统的运营情况，同时与中央计算机进行网络通信和数据交换。车站计算机与车站内各种终端设备以 10M/100M 以太网构成车站局域网，车站计算机与中央计算机通信中断时应能独立运行。车站计算机系统由车站主机、管理功能终端、通信接口设备、打印机等设备组成。

AFC 系统终端设备主要包括自动售票机、半自动售票机、自动充值验票机、进站闸机、出站闸机、双向闸机、特殊通道闸机、单程票清分机等设备。

（九）综合监控系统

综合监控系统集成 FAS、BAS、SCADA 系统，互联安防、通信集中告警、屏蔽门、能源管理、AFC、PIS、CLK、PA、UPS 等。综合监控系统采用冗余千兆以太网进行组网，其传输通道由专用通信系统提供，在控制中心设置系统全局实时、历史服务器，在各车站设置站级系统实时服务器。

FAS 系统集成纳入综合监控系统，其控制中心、车站监控层功能由综合监控系统实现，其现场监控网络主要由火灾自动报警及消防联动控制系统网络、气体灭火控制系统、电气火灾探测系统等组成，对于正常、灾害共用的设备，由 BAS 系统进行监控，FAS 与 BAS 之间设置互联接口，火灾时 FAS 向 BAS 发送火灾控制命令，BAS 接收并优先执行。停车场、车辆段的 FAS 系统纳入车场智能化系统。

BAS 系统集成纳入综合监控系统，其控制中心、车站监控层功能由综合监控系统实现，其现场监控网络采用 PLC 进行组网，对于正常、灾害共用的设备，由 BAS 系统进行监控，FAS 与 BAS 之间设置互联接口，发生火灾时 FAS 向 BAS 发送火灾控制命令，BAS 接收并优先执行。停车场、车辆段的 BAS 系统纳入车场智能化系统。

SCADA 系统集成纳入综合监控系统，其控制中心监控功能由综合监控系统实现，其子站（变电所综合自动化系统）系统网络由供电系统设计。

（十）乘客资讯系统（PIS）

PIS 系统中心子系统包括中心服务器、中心操作员工作站、中心网管工作站、媒体控制工作站、数字视频前端机和网络设备等设备，应能够满足全线 PIS 系统的集中控制和管理需求。车站子系统包括车站服务器、车站操作员工作站、控制器、各种显示终端、查询终端、网络设备等设备。

车站 PIS 系统提供乘客资讯信息显示和查询功能，显示内容主要包括动态视频信息和动态文本信息。为满足车站 PIS 系统的显示需求，可供选择的显示终端类型包括液晶显示器（LCD）、LED 显示屏、液晶点阵显示屏、多媒体查询终端等。

车载子系统由无线发射机、LCD 显示屏、摄像机、视频分配器、视频切换设备、控制器、编 / 解码器、收 / 发天线等构成。车载 LCD 显示屏按 8 台 / 车厢设置。

第四节　城市地下空间的综合防灾设计

一、概述

近几年，地下空间的灾害出现了多发性、突发性和多样化等特点。一些常遇的灾害，如火灾、洪涝灾害、施工事故等灾害的发生率也有明显上升趋势。随着地下空间的逐步开发利用，地下空间灾害的科学防治也显得越来越重要。本节将就地下空间常见的比较重要的几种灾害类型的防治做一下简单介绍，以期对地下空间的设计具有指导意义。

（一）地下空间灾害的类型

一般来说，城市面临的灾害可以分两大类，即自然灾害和人为灾害。前者包括地震、台风、洪水、海啸等；后者包括火灾、恐怖袭击、战争灾害等。相比于地上建筑来说，地下空间除了火灾、洪涝灾害外，其对灾害的防御能力都要远高于地上建筑。虽然对于地震灾害来说，地下建筑要比地面建筑好很多，但随着 1995 年日本阪神地震中首次出现的以地铁站为主的地下大空间结构的严重破坏，地震灾害也被列入了地下空间主要防灾的一种。因此，对于地下空间的灾害防治来说，其主要是防治火灾、洪涝灾害和地震灾害。

（二）地下空间灾害的特点

相对于城市面临的灾害来说，地下空间面临的灾害有其自身的特点。一方面，地下空间对灾害的防御能力远高于地面建筑，如地震、台风等；另一方面，地下空间内部某些灾害所造成的危害则远大于地面建筑，如火灾、洪涝灾害、爆炸等。

在地下空间的各种灾害中，火灾发生频率是最大的。洪涝灾害则因为地下空间的天然地势缺陷，在地下空间灾害中也尤为突出。地震灾害，虽然地下比地上好，但因其破坏性大，施救困难，也被作为地下防灾的重要部分。

总地来说，地下空间防灾性能优于地上建筑，但疏散施救难度相对较大。因而地下空间灾害防治工作尤为重要。

二、地下空间防火灾设计

火灾是地下空间发生概率最高，灾害造成损失最严重的一种灾害。据统计，地下空间灾害事故中，仅火灾一项就占了 1/3 左右。相比地面高层建筑来说，地下空间火灾发生次数是地面建筑的 3~4 倍，死亡人数是 5~6 倍，直接经济损失是 1~3 倍。可见地下空间火灾危害性极大，是不容忽视的地下空间灾害。

（一）地下空间火灾的特点

地下空间构筑在地表以下的岩层中，由于其本身结构特性，从消防的角度来看，它有着比地面建筑更多的不利因素：空间相对封闭狭小；人员出入口相对较少；自然通风排烟困难；难以进行天然采光，主要依靠人工照明。一旦发生火灾救援疏散难度大、造成的人员伤亡和财产损失将会非常大。具体来说，地下空间火灾有以下特点。

1. 含氧量急剧下降

当地下空间发生火灾时，由于空间的相对封闭性，新鲜空气难以迅速补充，使得空气中含氧量急剧下降。研究表明，空气中氧气降至 10%~14% 时，人体四肢无力，判断能力降低，容易迷失方向，降至 5% 以下时，人会立即昏迷或死亡。

2. 发烟量大

火灾发生时，由于物体不完全燃烧，会产生大量一氧化碳等有毒有害烟气，不仅会降低隧道中的可见度，还会导致人体窒息死亡。研究表明，火灾现场，只要人的视距降到 3 m 以下，逃离火灾现场的概率微乎其微。火灾中因为烟气而致死的要占火灾总死亡人数的 60%~70%，不少人都是先窒息后被烧死的。

3. 排烟和排热大

地下空间被土石包裹，热交换十分困难，空间又相对密闭。当发生火灾时烟气聚集在建筑物内，无法扩散会迅速充满整个地下空间，使温度迅速升高，从而对人体造成巨大的伤害。

4. 火情探测和扑救困难

当地下空间发生火灾时，无法直接观察到火场情况，需要详细调查研究图纸才能确定着火方位；同时出入口有限，当排烟设备不足时出入口往往是冒烟口，在高温浓烟下消防人员难以进入火场，也很难在火场内辨别方向。另外，地下空间内通信信号差，消防员与指挥总部难以进行联系，组织救援难度大。地下空间内的照明相对于地上来说也要差很多。当火灾爆发时，没有自然照明仅靠有限的应急照明设备，很难保证地下空间照明的要求。相对地上来说，地下空间火灾的探测和扑救难度都相当大。

5. 人员疏散困难

火灾时正常电源被切断，地下空间不能自然采光，人的视觉完全依靠应急照明和疏散指示灯来保证。加上烟气遮挡、地下空间复杂、人群心理恐慌盲目逃窜，使得人员疏散极其困难。

加上人员疏散方向和烟气扩散方向一致，人员疏散更加困难。

（二）地下空间防火灾技术要求

地下空间的特点决定了其防火和安全疏散设计必须采取一些与地面建筑不同的原则和方法，以保证在发生火灾时将生命和财产的损失降低到最小。整体的地下空间防火设计包括建筑结构（材料）通风、监控和疏散等方面。

根据一般的建筑防火要求并结合地下环境的特点，城市地下空间的内部防火灾设计应满足以下要求。

1.防火分区设计

地下、半地下建筑内的防火分区应采用防火墙分隔，每个防火分区的面积不应大于500m² 当设置自动灭火系统时，每个防火分区的最大允许建筑面积可增加到1000m²。局部设置时，增加面积应按该局部面积的一倍计算。

当地下商店设置火灾自动喷水灭火系统且建筑装修符合现行国家标准《建筑内部装修设计防火规范》（GB 50222-95）时，其营业厅每个防火分区的最大允许建筑面积可增加到2000m²。当地下商店总建筑面积大于20000m²时，应采用防火墙进行分隔，且防火墙上不得开设门窗洞口。

电影院、礼堂的观众厅、防火分区允许最大建筑面积不应大于1000m²。当设置有火灾自动报警系统和自动喷水灭火系统时其允许最大建筑面积不得增加。

地铁地下车站站台和站厅乘客疏散区应划为一个防火分区，其他部位的防火分区的最大允许面积不应大于1 500 m²。

人防工程内的商业营业厅、展览厅等，当设置有火灾自动报警系统和自动灭火系统，且采用A级装修材料装修时，防火分区允许最大建筑面积不应大于2000m²。

2.防排烟设置

城市地下空间中地下商场、地铁地下车站的站厅和站台以及地下区间隧道应设防烟、排烟设施。

（1）排烟设施

按位置分类应设置机械排烟设施的部位：①防烟楼梯间及其前室或合用前室；②避难走道的前室。

按规模分类应设置机械排烟设施的部位：①建筑面积大于50 m²，且经常有人停留或可燃物较多的房间；②总长度大于20m的疏散走道；③电影放映间、舞台等；④除利用窗井等开窗进行自然排烟的房间外，各房间总面积超过200m²的地下室；⑤面积超过2000m²的地下汽车库。

（2）防烟设施

需设置排烟设施的部位应划分防烟分区。每个防烟分区的建筑面积不应大于500m²。但当从室内地坪至顶棚或顶板的高度在6m以上时，可不受此限。地铁地下车站站厅、站台的防火分区应划分防烟分区，每个防烟分区的建筑面积不宜超过 2000 m²。

防烟楼梯间送风余压值不应小于 50Pa，前室或合用室送风余压值不应小于 25Pa。防烟楼梯间的机械加压送风量不应小于 25000m/h。当防烟楼梯间与前室或合用前室分别送风时，防烟楼梯间的送风量不应小于 16 000 m/h，前室或合用前室的送风量不应小于 12 000 m/h。

设置机械排烟设施的部位，其排烟风机的风量应符合下列规定：担负一个防烟分区排烟时应按每平方米面积不小于 60m/h 计算（单台风机最小排烟量不应小于 7200/h）；负担 2 个或 2 个以上防烟分区排烟时，应按最大防烟分区面积每平方米不小于 120m/h 计算。中庭体积小于 17000m 时，其排烟量按其体积的 6 次 /h 换气计算；中庭体积大于 7000m 时，其排烟量按其体积的 4 次 /h 换气计算；但最小排烟量不应小于 102 000 m/h，地下汽车库机械排烟系统排烟风机的排烟量应按换气次数不小于 6 次 /h 计算确定。

3. 火灾报警与灭火设置

（1）火灾自动报警系统的设置部位

①建筑面积大于 500m² 的地下商店、公共娱乐场所和小型体育场所；

②设置在地下、半地下的歌舞娱乐放映游艺场所；

③经常有人停留或可燃物较多的地下室，建筑面积大于 1000m² 的丙、丁类生产车间和丙、丁类物品库房；

④重要的通信机房和电子计算机机房，柴油发电机房和变配电室，重要的实验室和图书、资料、档案库房等；

⑤地铁车站、区间隧道、控制中心楼、车辆段、停车场、主变电所；

⑥地下车库。

（2）自动喷水灭火系统的设置部位

①建筑面积大于 500m² 的地下商店；

②大于 800 个座位的电影院和礼堂的观众厅；

③歌舞娱乐放映游艺场所；

④停车数量超过 10 辆的地下停车场。

4. 安全疏散设计要点

（1）疏散出口

地下、半地下建筑每个防火分区的安全出口数目不应少于 2 个。但面积不超过 50 m²，且人数不超过 10 人时可设 1 个。地下、半地下建筑有 2 个或 2 个以上防火分区相邻布置时，每个防火分区可利用防火墙上 1 个通向相邻分区的防火门作为第二安全出口，但每个防火分区必须有 1 个直通室外的安全出口。人数不超过 30 人且面积不超过 500 m² 的地下室、半地下室，其垂直金属梯可作为第二安全出口。

地下室或半地下室与地上层不应共用楼梯间，当必须共用楼梯间时，应在首层与地下层或半地下层的出入口处，设置耐火极限不低于 2.00h 的隔墙和乙级防火门隔开，并应有明显标志。

地下商店和设有歌舞娱乐放映游艺场所的地下建筑，当其地下层数为三层及三层以上，以及地下层数为一层或两层且其室内地面与室外出入口地坪高差大于 10m 时，均应设置防烟楼梯间；其他的地下商店和设有歌舞娱乐放映游艺场所的地下建筑可设置封闭楼梯间，其楼梯间的广门应采用不低于乙级的防火门。

歌舞娱乐放映游艺场所不应布置在袋形走道的两侧或尽端，一个室的疏散出口不应少于两个。当其建筑面积不大于 50m² 时，可设置一个疏散出口。

当人防工程设置直通室外的安全出口的数量和位置受条件限制时，可设置避难走道。避难走道是设置有防烟等设施，用于人员安全通行至室外出口的疏散走道。

（2）楼梯与楼梯间

垂直出口通常是地下建筑中所有疏散程序的最后组成部分。在大多数情况下，垂直出口是一个封闭的、防期的、正压的、有机械通风的楼梯井，它一直通到室外。在地下建筑中人们在疏散时必须上楼梯而不是下楼梯，而大多数人都感到上楼梯比下楼梯疲劳，因此向上疏散的速度要比向下慢得多。通过调整楼梯的尺寸，使踏步的宽度大一些而高度小一些，可以减轻疲劳。同时增加楼梯间占总建筑面积的比例，这样可以缩短疏散时间。

防烟楼梯间既可以作为消防队员进入地下建筑的通道，还可以作为不能到达地面的人们临时避难的场所。防烟楼梯可以采取的一种设计方法，就是在中部设置开敞的楼梯井以增强空间方位感，并使处在地表的消防人员有可能看到下面需要帮助的人。如果一个楼梯间既是避难场所和主要的出口，同时也作为消防人员进入的入口，那么其消防设施应该包括防火门、消火栓、应急灯光、独立的机械通风和双向通信系统等。

（3）电梯与电梯厅

垂直疏散出口的一种方法是利用电梯。在高层地面建筑中，电梯通常不用来作为疏散出口——人们被直接引导到疏散楼梯。由消防人员控制电梯。并可能利用它进入建筑物进行营救。与楼梯和自动扶梯不同电梯不能保证连续不停地把人们送到地面，而且在电梯附近设置足够的安全空间容纳所有等待疏散的人也是非常困难的。由于电梯井很难密闭，因此很容易成为一个传播烟雾的垂直烟囱。另外，电梯里的人在开门前看不到外面的烟雾和火光的存在，也使他们面临潜在的危险。

在地面建筑中不能使用电梯作为疏散出口，但在很深的地下建筑中，它们可能是仅有的不可替代的疏散出口。从建筑设计的角度来看，把电梯作为出入地下的主要垂直交通工具时，封闭的电梯厅和前室往往与地下空间中要求开敞的愿望相违背。有一种二者兼顾的设计方法是利用只在紧急状态下才被激活的滚动下滑钢门或垂直滑动墙板形成安全井。

在深层地下建筑中，当楼梯不能作为理想的紧急出口时，采用两套电梯是比较理想的。一套在正常情况下使用（如中庭里的透明电梯）在紧急状态时停用；另一套是紧急状态下使用的电梯，其空间适当扩大的防烟电梯厅和前室可作为各层的避难处。为了最大限度地提高疏散电梯的安全性，每层楼面的电梯厅和前室都应该按照防火、防烟和密闭的要求设计，并确保其封闭的、独立的通风系统在火灾时产生正压。另外还要有应急灯光和双向通信系统。

（4）疏散计算指标

歌舞娱乐放映游艺场所最大容纳人数，应按该场所建筑面积乘以人员密度指标来计算，其密度指标应按下列规定确定：录像厅、放映厅人员密度指标为 1.0 人 /m²；其他歌舞娱乐放映游艺场所人员密度指标为 0.5 人 /m²。

地下商店应用部分疏散人数，可按每层营业厅和为顾客服务用房的使用面积之和乘以人员密度指标计算。

地铁出口楼梯和疏散通道的宽度，应保证在远期高峰小时流量时，发生火灾的情况下，6min 内将一列车乘客和站台上候车的乘客及工作人员全部撤离站台。人员疏散时使用的楼梯及自动扶梯，其疏散能力均按正常情况下的 90% 设计。

（三）地下空间防火灾设计

1. 地下空间火灾灾因

（1）地铁火灾灾因

①电气设备故障引发火灾：常由地铁内各种用电设施和内敷设电缆短路而引发。

②运行设备故障面引发火灾：地铁设备多而复杂，若日常维护管理不善，出现故障则极易引发火灾。

③违章施工造成火灾：通常由违章动火、违章使用电器设备引发火灾。

④人为事故恐怖破坏引发火灾。

（2）隧道及车库火灾灾因

①漏油、撞车引发的爆炸、起火引起的火灾。

②电器设备故障、电路短路、违章用火引发车辆起火爆炸。

（3）地下综合体仓库火灾灾因

①设备及电路故障而引发火灾。

②违章动火或用火引发火灾。

③管理不善、违章操作而引发的火灾。

④违章使用电器造成过载而引发的火灾。

2. 地下空间设计火灾防治措施

（1）确定地下空间分层功能布局

明确各层地下空间功能布局：地下商业设施不得设置在地下三层及以下。地下文化娱乐设施不得设置在地下二层及以下。当位于地下一层时，地下文化娱乐设施的最大开发深度不得深于地面下 10m，具有明火的餐饮店铺应集中布置、重点防范。

（2）设置防火防烟分区及防火隔断装置

为防止火灾的扩大和蔓延，使火灾控制在一定的范围内，地下建筑必须严格划分防火及防烟分区，相对于地面建筑要求更严格并根据使用性质不同加以区别对待。防烟分区不大于、不跨越防火分区。地下空间必须设置烟气控制系统。排烟口宜设置在走道楼梯间及较大房间内。

具体来说，每个防火防烟分区范围不大于 2000 m²，有不少于 2 个通向地面的出入口且至少 1 个是直通室外的。防火分区连接部位应设置防火门、防火卷帘等设施。当地下空间内外高差大于 10m 时，应设置防烟楼梯间，其中安装独立的进排风系统。

（3）地下空间出入口设置

地下空间应布置均匀、足够的通往地面的出入口。地下商业空间内任何一点到最近安全出口的距离不应超过 30 m，每个出入口所服务的面积相当。出入口宽度设置要与最大人流强度相适应，以保证快速通过的能力。

三、消防安全管理职责

1 一般规定

（1）地铁运营单位为消防安全重点单位，应建立消防安全责任体系，明确逐级和岗位消防安全职责。

（2）地铁运营单位消防设计应有保障消防安全疏散的设施及通道，运营单位应保障消防安全疏散通道及设施完好、可用，落实消防安全措施。

（3）地铁运营单位应向有关部门及时反映单位消防安全管理工作情况。

2. 消防安全责任人

地铁运营单位的法定代表人或主要负责人是单位的消防安全责任人，对本单位的消防安全工作全面负责，并应履行下列职责：

（1）贯彻执行消防法规，保证单位消防安全条例规定，掌握本单位消防安全情况。

（2）组织编制和审定本单位消防应急预案。

（3）组织审定与落实年度消防安全工作计划和消防安全资金预算方案。

（4）确定本单位逐级消防安全责任，任命消防安全管理人，批准实施消防安全制度和保证消防安全的操作规程。

（5）组织建立消防安全例会制度，每月至少召开一次消防安全工作会议。

（6）每月至少参加一次防火检查。

（7）组织火灾隐患整改工作，负责筹措整改资金。

（8）消防安全责任人应当报当地公安消防机构备案。

3. 消防安全管理人

城市轨道交通运营单位的消防安全管理人应由消防安全责任人任命，并应履行下列职责：

（1）拟订年度消防工作计划和消防资金预算方案。

（2）协助组织编制和审定本单位消防应急预案。

（3）组织制订消防安全制度和保障消防安全的操作规程。

（4）组织实施防火检查，每月至少一次。

（5）组织整改火灾隐患。

（6）组织建立消防组织，每半年至少组织一次消防宣传教育、灭火和应急疏散演练。

（7）消防安全责任人委托的其他消防安全管理工作。

（8）向消防安全责任人报告消防安全工作情况，每月至少一次。

（9）消防安全管理人应当报当地公安消防机构备案。

4. 部门主管人员

（1）车站站长（值班站长）

上岗前应经运营单位培训合格，并应履行下列消防职责：

①贯彻执行有关消防法规，保障车站安全符合规定，及时掌握车站消防安全情况。

②制订车站年度消防工作计划和消防资金预算方案并组织实施。

③协助组织制订、修改和完善车站消防应急预案。

④每月至少组织一次车站防火检查，及时消除能够整改的火灾隐患，对不能整改的提出整改意见。

⑤每半年至少组织一次车站消防宣传教育、灭火和应急疏散演练。

⑥发生火灾时能够按照车站消防应急预案及时组织疏散乘客、扑救火灾并向有关部门报告火灾情况，协助灾后调查火灾原因。

⑦每月至少一次向消防安全责任人或消防安全管理人报告消防安全工作情况。

（2）控制中心主任（值班主任）

上岗前应经消防专业培训合格，并应履行下列消防职责：

①贯彻执行有关消防法规，保障调度系统安全符合规定，及时掌握车站消防安全情况。

②制订调度系统年度消防工作计划和消防资金预算方案并组织实施。

③协助组织制订、修改和完善控制中心消防应急预案。

④每月至少组织一次调度系统防火检查，消除火灾隐患。

⑤每半年至少组织一次调度系统消防宣传教育、灭火和应急疏散演练。

⑥发生火灾时能够按照控制中心消防应急预案及时组织各调度处理火灾事故、疏散乘客、扑救火灾并向有关部门报告火灾情况。

⑦每月至少一次向消防安全责任人或消防安全管理人报告消防安全工作情况。

5. 消防安全员

（1）一般规定

地铁运营单位应确定专、兼职消防安全员。消防安全员包括消防安全归口部分工作人员、环控调度人员、行车调度人员、电网调度人员、维修调度人员、自动消防系统操作人员以及地铁列车司机等。消防安全员应履行下列职责：

①分析研究本部门、岗位的消防安全工作，及时向上级报告。

②确定本部门、岗位的消防安全重点，实施日常防火检查、巡查。

③接受安排落实火灾隐患整改措施。

④管理，维护消防设施、灭火器材和消防安全标志。

⑤协助开展消防宣传和消防安全教育培训。

⑥协助编制消防应急疏散预案，组织演练。

⑦记录消防工作落实情况，完善消防档案。

⑧完成其他消防安全管理工作。

（2）环控调度人员

①负责对全线各车站消防等机电设备的全面监控，及时掌握各车站消防设备的运行状况。

②对于火灾事故的报警，应认真确认、分析现场情况，及时通报行调、电调和值班主任。

③在发生火灾事故时，能够按照控制中心消防应急预案，通过调动环控设备使用合理的通风模式，引导乘客和工作人员进行安全疏散。

（3）行车调度人员

①负责对列车安全运行状况的监控。

②发生火灾时，能够按照控制中心消防应急预案及时指挥着火列车运行、灭火和乘客的安全疏散，并调整后续列车的运行。

③与车站值班站长和列车司机保持联系，随时掌握列车运行、灭火和乘客疏散情况。

④引导乘客和工作人员进行安全疏散，并最大限度减少财产损失。

（4）电网调度人员

①负责轨道交通安全运行的电网保障。

②发生火灾时，能够按照控制中心消防应急预案及时切断相关电网的牵引电流和设备电流。

③通知变电所值班人员注意设备运行，保证排烟系统的电源供应。

④通知接触网专业工作人员配合灭火，检查设备和电缆，防止乘客触电。

（5）维修调度人员

①负责轨道交通安全运行的设备和通讯保障。

②发生火灾时，能够按照控制中心消防应急预案及时通知相关车间轮值工程师，必要时启动抢修程序，尽可能保障轨道交通设备和通讯系统的正常运行。

（6）自动消防系统操作人员

自动消防系统的操作人员应经消防专业培训合格后持证上岗，并应履行下列职责：

①掌握自动消防系统的工作原理和操作规程，能够熟悉使用和操作各种系统。

②负责对消防设施的每日检查，并认真填写各种消防设施值班和运行记录，定期对各种消防设施进行检查，保证自动消防设施的完好有效。发现故障应及时排除，不能排除的应报告消防安全管理人。

③核实、确认报警信息。

④熟练掌握火灾和其他灾害事故紧急处理程序，发生火灾时，根据消防应急预案启动相关消防设施。

（7）地铁列车司机

地铁列车司机除熟练掌握列车驾驶知识外，还应经消防专业培训合格后持证上岗，并应履行下列职责：

①掌握列车火灾应急预案和应急处理办法。

②每日检查列车消防设施和报警通信设施，发现故障应及时排除，不能排除的应报告消防安全管理人、消防安全责任人。

③发生火灾时，用标准用语进行广播宣传和疏散引导，稳定乘客情绪，引导乘客使用车内灭火器灭火和紧急疏散。

④将列车着火情况及时报告控制中心域值班站长。

（8）其他人员

其他人员应严格执行消防安全制度和操作规程，参加消防安全培训及灭火和应急疏散演练，熟知本岗位火灾危险性和消防安全常识，发生火灾时及时引导乘客安全疏散。

四、消防档案与消防安全重点部位

地铁运营单位应建立健全消防档案，并制定消防档案保管制度。

（一）消防档案作用

建立消防档案是保障单位消防安全管理以及各项消防安全措施落实的基础工作，是本单位进行消防安全管理的重要措施。通过建立消防档案，可以检查单位相关人员履行消防安全职责的实施情况、本单位建筑消防设施运行情况、消防安全制度与措施落实情况，强化单位消防安全管理工作的责任意识，有利于推动单位的消防安全管理工作朝着规范化、制度化、科学化发展。

（二）消防档案主要内容

消防档案应当包括消防安全基本情况和消防安全管理情况。

1.消防安全基本情况应至少包括以下内容

（1）单位基本概况和消防安全重点部位情况。

（2）建筑物或者场所施工、使用前的消防设计审核、消防验收以及消防安全检查的文件、资料。

（3）消防安全管理组织机构和各级消防安全责任人。

（4）消防安全制度和消防安全操作规程。

（5）消防设施、灭火器材情况。

（6）专职消防队、义务消防队人员及其消防装备配备情况。

（7）与消防安全有关的重点工种人员情况。

（8）新增消防产品、防火材料的合格证明材料。

（9）消防安全疏散图示、灭火和应急疏散预案。

2. 消防安全管理情况应至少包括以下内容

（1）公安消防机构填发的各种法律文书。

（2）消防设施定期检查记录、自动消防设施全面检查测试报告以及维修保养记录。

（3）火灾隐患及其整改情况记录。

（4）防火检查、巡查记录。

（5）有关燃气、电气设备检测（包括防雷、防静电）等记录资料。

（6）消防安全教育、培训记录。

（7）对乘客进行消防宣传内容的记录。

（8）灭火和应急疏散预案的演练记录。

（9）火灾情况记录。

（10）消防奖惩情况记录。

（三）消防档案建立要求

1. 地铁运营单位属于消防安全重点单位，应当首先建立健全消防档案。

2. 消防档案应当翔实、准确，全面反映单位消防工作的基本情况，并附有必要的图表，不应漏填、涂改，并根据情况变化及时更新。

3. 单位应当对消防档案统一保管、备案。

4. 消防安全归口部门应当熟练掌握本单位防火档案情况，并将每次消防安全检查情况和发生火灾的情况记入档案。

（四）消防安全重点部位

1. 部位界定

（1）各车站（车站各区域、各房间）、主变电所、机场风井、区间（区间各类房间、风井）。

（2）各设备间、停车场、公共区、地下场所。

（3）各段场车库、仓库、锅炉房、食堂、集体宿舍、变电所、机房、对外租赁的场所、档案房间等均属消防安全重点部位。

2. 管理要求

（1）消防安全重点部位应确定消防安全负责人，组织实施重点部位的消防管理工作。

（2）重点部位管理须建立由消防安全责任人、消防安全管理人、消防管理人员以及下属各级消防安全责任人员、岗位员工构成的消防安全管理网络。

（3）重点部位相关人员应服从消防安全管理部门的消防安全管理，落实防火安全制度和必要的防火措施，做到明确职责，层层落实，各司其职，实行消防管理制度化。

（4）消防重点部位实行挂牌管理。重点部位必须设立"消防重点部位"指示牌、"禁止烟火"警告牌和消防安全管理牌，做到消防重点部位明确、禁止烟火明确、防火责任人落实、义务消防员落实、防火安全制度落实、消防器材落实、灭火预案落实。

（5）重点部位严禁堆放杂物、可燃物品。进入重点部位严禁携带火种，重点部位要进行防火巡查。

（6）应加强消防安全重点部位职工的消防教育，提升职工自防自救的能力。

（7）应重点加强消防重点部位火灾隐患检查工作。

（8）重点部位人员应结合实际开展灭火演练，做到"四熟练"（会熟练使用灭火器材、会熟练报告火警、会熟练扑灭初期火灾、会熟练疏散人员）。

五、防火巡查及消防宣传教育、培训

（一）防火巡查

地铁车站应当进行每日防火巡查，并确定巡查的人员、内容、部位和频次。

1. 防火巡查内容

（1）用火、用电有无违章情况。

（2）安全出口、疏散通道是否畅通，安全疏散指示标志、应急照明是否完好。

（3）消防设施、器材和消防安全标志是否在位、完整。

（4）常闭式防火门是否处于关闭状态，防火卷帘下是否堆放物品影响使用。

（5）消防安全重点部位人员在岗情况。

（6）其他消防安全情况。

2. 防火巡查要求

（1）防火巡查人员应当及时纠正违章情况，妥善处置火灾危险源；无法当场处置的，应当立即报告。发现时初起火灾应当立即报警并及时扑救。

（2）防火巡查应当填写巡查记录，巡查人员及其主管人员应当在巡查记录上签名。

（二）消防安全教育、培训

1. 一般规定

（1）地铁运营单位应明确消防安全教育、培训的责任部门、责任人和职责、频次、培训对象（包括特殊工种及新员工）、培训形式、培训内容、考核办法、情况记录等要点。

（2）地铁运营单位的消防安全责任人应将消防安全教育、培训工作列入年度消防工作计划，为消防安全教育、培训提供经费和组织保障。

（3）地铁运营单位的消防安全管理人应制订本单位年度消防安全教育、培训计划，确定培训内容及授课人，并严格按照年度消防安全教育、培训计划，组织全体员工参加消防教育、培训。

（4）每名员工的集中消防培训至少每半年组织一次；新上岗员工或有关从业人员必须进行上岗前的消防培训，并将组织开展宣传教育培训的情况做好记录。

（5）通过张贴图画、消防刊物、视频、网络等多种方式宣传消防知识；春、冬季防火期间和重大节日、活动期间应开展有针对性的消防宣传、教育活动。

2.宣传教育、培训内容

（1）有关消防法规、消防安全制度和保障消防安全的操作规程。

（2）本单位消防应急预案。

（3）本单位和本岗位火灾危险性及防火措施。

（4）消防设施的性能和使用、检查及维护方法。

（5）报告火警、扑救初起火灾及逃生自救的知识和技能。

（6）组织、引导乘客疏散的知识和技能。

（7）其他消防安全宣传教育内容。

3.专门培训

下列人员每年应至少接受一次消防安全专门培训。消防控制室的值班、操作人员应持证上岗。

（1）单位的消防安全责任人（法定代表人或主要负责人）。

（2）消防安全管理人。

（3）车辆、设备设施维修部门经理（车间主任）。

（4）专职消防安全员。

（5）消防控制室的值班、操作人员。

（6）控制中心主任（值班主任）、调度人员。

（7）车站站长（值班站长）。

（8）列车司机。

（9）特种作业人员。

（10）其他应当接受消防安全专门培训的人员。

地铁火灾不仅会造成巨大人员伤亡、财产损失和严重的负面社会影响，还会使地铁运营公司面对灾后地铁停运、车站与隧道结构修复、协助分析调查原因等一系列繁杂问题。排查与整改火灾隐患，加强对易燃易爆化学危险品管理，对于有效预防地铁火灾的发生至关重要。

（三）火灾隐患排查及整改

1. 火灾隐患界定

火灾隐患具体是指：影响人员疏散或灭火救援行动，不能立即改正的；消防设施未保持完好有效，影响防火灭火功能的；擅自改变防火分区，容易导致火势蔓延的；在车站管理范围内违反消防安全规定，使用、储存易燃易爆危险品，不能立即改正的；违章进行明火作业，或者在车站内吸烟、使用明火等违反禁令的；将安全出口上锁、遮挡，门禁系统失效，或者占用、堆放物品影响疏散通道畅通的；消火栓、灭火器材被遮挡影响使用或被挪作他用的；消防设施管理、值班人员和防火巡查人员脱岗的；违章关闭消防设施，切断消防电源的；不符合消防安全布局、影响公共安全的；其他可能增加火灾实质危险性或危害性的情形。

2. 火灾隐患排查内容

应通过以下几个方面的检查逐一排查火灾隐患：

（1）消防法律、法规、规章、制度的贯彻执行情况。

（2）消防安全责任制、消防安全制度、消防安全操作规程建立及落实情况。

（3）单位员工消防安全教育培训情况。

（4）单位灭火和应急疏散预案制订及演练情况。

（5）防火间距、消防车通道、建筑安全出口、疏散通道、防火分区设置情况。

（6）消火栓、火灾自动报警、自动灭火和防排烟系统等消防设施运行及灭火器材配置情况。

（7）电气线路敷设以及电气设备运行情况。

（8）人员办公与生产、储存、运营部分实行防火分隔、安全出口、疏散通道设置等情况。

（9）列车上的安全设施设置情况，各门禁系统的状态情况。

（10）新、改、扩建工程消防设计审核与验收情况。

（11）单位范围内的消防产品质量情况。

3. 火灾隐患整改

（1）发现的火灾隐患应立即整改。对于不能当场整改的火灾隐患，应由隐患责任部门向消防安全管理人或消防安全责任人报告，提出整改方案，明确整改具体人员和整改时限。

（2）责任部门对不能现场整改的火灾隐患，应进行登记管理，明确隐患情况、危害影响、防范措施、处置方案，并确定责任人员，保障消防安全。

（3）火灾隐患影响到现场防火和灭火救援的，责任部门应告知属地部门，并将防范措施对属地人员进行培训，确保应急处置完好。

（4）治理完成的隐患，应及时销号。

（四）危险物品管理

危险品是指具有毒害、腐蚀、爆炸、燃烧、助燃等性质，在运输、储存和使用过程中，对人体、设施、环境具有危害的有毒化学品和易燃易爆品。地铁人流量巨大，必须在各个环节强化对易燃易爆危险物品的管理。

1. 管理组织与职责

（1）采购部门保障采购质量和运输安全，仓储部门保障接收质量和出库质量以及在库期间的存储安全，使用部门对危险品的使用负责，安全监督部门对使用、存储进行监督。

（2）危险品采购、存储、使用等部门应指定不少于1名危险品兼职安全管理人员，负责本部门危险品管理制度的建立，并根据部门职责落实采购、运输、仓储、领用、使用、存放、处置等环节的监管。

（3）危险品采购、存储、使用部门应建立危险品清单台账，及时更新，落实安全防护措施，消除隐患。

（4）应急管理部门应组织对危险品危害因素进行识别，根据危害结果制定火灾、爆炸等类别的专项应急预案，做好应急准备管理，定期组织演练。

（5）要制定具体的危险源管理制度，并严格监管。

（6）各部门组织开展安全教育培训工作，应增加危险品管理知识，按照公司物资管理制度和危险源管理要求开展管控工作。

（7）危险品使用、存储部门应对蓄电池、燃油、燃气、液化气、瓶装乙炔、瓶装氧气、化工用品、聚氨酯、鼠药等危险品重点管理，建立专项制度，并严格落实。

（8）要强化对安检人员的教育培训，严明工作纪律，落实工作责任，定期对安检设备进行检定，对安检质量进行抽查，坚决把好危险品入站关。

2. 采购

应根据采购物品包装标识、危险化学品使用说明书、国家现行危险品目录确定危险品。

（1）公司采购、使用的危险品必须具有相关质量证明文件，是合格产品，具有危险品安全技术说明书和完好的安全标签。

（2）尽量选用无毒、低毒的化学替代品。国家明令禁止的化学危险品不得采购、使用。

（3）危险品的灌装容器、包装及标志等必须符合国家标准或行业标准。

（4）危险品采购合同中必须明确生产经营资质、运输资质、产品质量等方面要求以及各方的安全职责，确保符合国家相关规定。

（5）各部门对本部门所属的外来危险品分环节进行管理，并留书面记录。

3. 运输

（1）危险品运输车辆必须持有《准运证》，运输过程中不得载客。

（2）销售单位负责运送易燃易爆化学物品，采购人员必须对物品严格检查，对于包装不牢、破损，品名标签、标志不明显的易燃易爆化学物品和不符合安全要求的罐体、没有瓶帽的气体钢瓶不得装运。

（3）化学性质、安全防护、灭火方法互相抵触的易燃易爆化学物品不得混合装运。

（4）接收人员应在场院出入口严格检查运输车辆，不符合运输标准的车辆不得接收，不得进入地铁管理范围。

（5）公司内部运送危险品时必须设置必要的防护设施。

（6）电客车、轨道车严禁运送危险品，严禁人员携带危险品乘车。

4. 存储

（1）危险品必须统一存储于专用仓库或器皿，入库前应当有专人负责检查，确定无火种等隐患后，方准存储。专用仓库应安装监控设施，危险品作业区有条件安装监控设施的应安装，无条件的现场应"一人作业一人监护"。

（2）现场放置工作上使用的危险品，包装应完好，不超过一个单位量，放置时应单独划定区域，做好标识、做好通风，严格控制存放量，保持现场洁净、整齐，保持安全距离，严格按照危险品存放要求进行放置。使用部门和班组定期检查放置情况。

（3）负责存储危险品的部门必须制定专门的安全防火管理制度和操作规程并报安全品质部备案。

（4）储存危险品的仓库必须按国家法规要求由专人管理。管理人员必须掌握有关危险品业务知识，持证上岗。

（5）储存使用危险品的场所必须配备足够的灭火器材，采取通风、防火、防爆、防静电等措施，使用的工具、器皿、防护用品应符合防火防爆要求。

（6）危险品必须进行分类分区存放，由专人管理。严禁混存、混放。严格执行《常用化学危险品储存通则》等国家标准。

（7）储存于专用仓库内的危险品必须有完整的标签，贴于醒目位置，并有相应的安全提示标志。

（8）一经启用的危险品储存容器，使用后必须按要求严格密封，防止挥发泄漏。

（9）随设备配备的危险品，属于公司的，并作为备件使用的，进入公司必须储存于专用仓库内。仓库管理部门和使用单位应建立台账。

（10）储存危险品的专用仓库，应通过验收，不达标的不得投入使用，严禁携带火种，禁止无关人员进入。

（11）其他操作细则参考仓库安全管理相关规定。

（12）车站安检工作中发现的危险品应按照安检要求做好处理。

5. 使用

（1）作业现场须设置必要的安全救护设施，严格按照作业规程作业。

（2）划定指定危险品作业区域，固定作业区应经部门领导书面审批同意，做好安全标识和安全操作规程，并张贴上墙。临时作业区应做好安全防护和安全提示。

（3）作业人员必须按照危险品管理条例持证上岗，掌握危险品相关知识和必要的急救措施，掌握作业规程，并按照规程要求作业。

（4）作业现场危险品使用完后，必须对现场进行清理，消除火灾隐患。

第五节　城市地下空间的景观设计

一、概述

地下空间景观设计是城市景观设计的延伸，是指运用景观设计学基本原理和要素对地下空间人的口部及内部空间进行人工景观的创意设计，使其组成和谐的空间体系、有序的空间形态、愉悦的视觉环境，全面提高地下空间的环境品质及人群的舒适度和安全度。

在地下空间的规划设计中，可以通过对地下景观的设计来达到丰富地下空间层次改善地下空间环境质量，提高地下空间生活品质的效果。并减少人们对地上、地下空间的差异感，创造出富有活力、充满生机、安全宜居的地下空间环境，最终起到促进地下空间开发与利用的作用。本节将着重就地下空间的下沉广场入口、公共步道、防灾广场、导视系统、进排风塔等景观设计内容与方法作简要阐述，以期为城市地下空间景观设计利用提供借鉴。

（一）地下空间的环境特点

地下空间具有恒温性、恒湿性、隔热性、遮光性、气密性、隐蔽性、空间性、安全性等。同时，也因城市地下空间环境封闭，很难利用日光、缺乏自然景观、无四季变化、方向感观较差。易使人产生空间封闭感、压抑感从而影响着人们对地下空间环境的认可。

（二）地下空间景观设计的要素

地下空间景观设计主要有以下六大要素。

1. 植物

植物是城市景观绿化环境的主体，包括多种乔木、灌木、花卉等。它是室内空间和室外空间联系的载体，具有划分和限定空间、暗示和引导空间、点缀和丰富空间的作用。同时，植物还可以吸收有毒气体、释放氧气，给冰冷阴暗的地下空间环境带来生机，有效地缓解城市地下空间给人以冰冷阴暗的心理感受。在地下空间合理地用植物配合其他景观小品进行设计，会给人一种清新自然的感觉。

2. 山水

由于城市地下空间所营造的环境氛围，人们更希望亲近大自然。水具有流动性、潺潺的流水声可以舒缓人的心情，并起到净化空气、隔音防噪，扩大空间的作用。在地下空间中可以做出溪流、跌水、喷泉等水景，结合布置假山、奇石、植物、灯光等景观小品，使人感受到自然的活力、增强人与自然的联系、避免地下空间带给人们压抑封闭之感。

3. 公共艺术

公共艺术景观既是城市景观中的点睛之笔，也是城市地下空间必不可少的组成部分。在这里，公共艺术景观不是局限于纯艺术的美学作品，而是包括了具有实用功能的公共设施。

地下空间中的公共艺术景观主要包括两大部分：

（1）地下功能性设施：地下指示系统（路线图、方位图、提示站点设施）、地下候车处座椅、指示灯、地下照明设备、消防设备等；

（2）艺术性设施：景观艺术品、雕塑、壁画等。

对这些公共设施进行合理细致的设计，并赋予其艺术外观形象，使之融入地下空间的景观中去，可以进一步改善地下空间的景观面貌，创造出和谐美观的地下空间环境。

4. 空间围合

城市地下空间景观环境通常也是由三面围合景观构成，即地面、墙面和天棚。

（1）地面的铺装通常要考虑材质、颜色、图案、安全等方面的要求。耐磨防滑易于清洁是基本需求；符合心理需求的色彩选用，具有引导、富有韵律的图案拼贴是满足不同功能的城市地下空间景观环境的高级需求。富有美感的地面铺装设计对于烘托地下空间景观环境有着积极的作用。

（2）墙面的装修除了要考虑地面铺装所要求的因素外，还应注意与地面铺装统一和谐，墙面处理简洁、色彩运用明快、满足吸声防潮防火的要求。通常采用竖向线条墙面的处理对增大空间，减少压抑，有着独特的效果。由于线条构成对人视觉有一定影响，在地下空间中运用这一特性对转换空间有着很好的导向作用。

（3）地下空间的天棚应有较好的抗震消声、防火防潮、反射光线等性能。天棚的处理可以创造出高低错落、富于变化的地下空间，通常天棚的处理都结合灯光照明来限定空间，引导方向。

地下空间设计中通过对地面、墙面天棚的设计，来实现他们所围成空间的功能作用。同时也可以通过相应的围合手法，通过地面、墙面的材质、高低变换等方法从大的方面营造划分出富有趣味性的空间环境。

5. 灯光照明

城市地下空间采光原则是尽可能地引入自然光，但是由于地下空间的特点和人防工程对安全性要求，灯光是地下空间中采光主要的手段。地下空间灯光照明首先应满足照度要求，使人们能看清所处环境，安全行进。其次，灯光照明应符合人们视觉变化的需求，从明到暗，再从暗到明地变化。

灯光除了完成地下空间对照度功能上的要求外，还可结合光影变幻、灯光的色彩不同、造型不同，创造出多样化的灯光照明景观，并与其他景观一起融入地下空间环境中。增强城市地下空间的景观环境魅力，体现其美化装饰作用。

6. 材料饰品

不同的材料会给人不一样的感觉，在地下空间景观设计中，不同的材料的运用会给人带来不同的质感体验。合理的用材不仅可以节约建造成本，而且会给人带来良好的感官体验。

材料的质感方面：

（1）金属材料所特有的质感和色泽，使设计更具现代感；

（2）透明玻璃墙材质通透轻盈，给人很强的现代感；

（3）天然木材的纹理和色泽给人以温馨的回归自然之感。现代弯曲技术使木材和木材加工产品变成理想的自由造型。

材料的色彩美感方面：

（1）材料本身具有天然色彩特征和色彩美感，是不需要进行任何色彩加工和处理而具有"自然美"的，如天然石材、木材、竹材、黏土、秸秆等；

（2）成品材料所具有的色彩，在表现中也无须经过后期的加工和处理而具有"机械美"；

（3）依据室内空间造型要求和实际表现的对象，采用多种加工技术和工艺手段对自然或成品材料进行色彩处理以改变材料本色。

（三）地下空间景观设计的基本原则

1. 安全性原则

提到地下空间给人的第一印象就是黑暗不安全，因此营造具有安全感的地下空间是城市地下空间景观环境设计的基础和前提。

通常采用以下措施进行设计。

（1）肌理变化

对于地下空间中需要提醒、警示的区域可以采用肌理变化的方法，如对于空间高差有变化的区域，我们可以采用不同材质的建筑材料铺装，或采用不同拼接的图案来吸引人们的注意。

（2）色彩导向

色彩引导提示的作用已在地下交通空间中广泛运用，如上海地铁站。启用白进黄出的色觉导向。在地铁站分布最广的悬挂式导向标识上用白色来提示进入地铁、乘坐地铁，而黄色则是离开的指引。这样对人流的安全疏散起到了很好的作用。同时，不同的地铁线路也有不同的色彩进行导向，方便人们的出行。

（3）灯光设置

由于地下空间的采光大部分来自灯光照明，因此灯光照明必须满足不同阶段人们进入地下空间对光的生理反应要求，同时还要合理组织和布置光源使路面有合适亮度、均匀照明，防止眩光和闪烁，考虑视觉诱导性。

（4）安全设施设置

地下空间通风排烟不便，很多地方无法自然采光。疏散起来也没有地上方便。因而要辅助设置一些安全设施，如指示灯、指示标志、排烟口、防水挡板等。另外装饰景观材料也要达到防火等要求、景观设计要有导向作用。

2. 舒适性原则

（1）声环境：噪声控制

地下空间的封闭性使得机械噪声强度很高，长时间置身其中，会对人体造成伤害。此外，由于与外界隔绝，地下空间中部分空间也会缺少正常工作和生活中应有的声响，营造出令人不安、极度安静的环境。采用先进的技术控制方法合理控制噪声强度，有益于人们的身心健康。

（2）光环境：自然光引入

在地下空间中，自然采光不仅仅是为了满足光照度和节约采光能耗的要求，更重要的是满足人们对自然阳光、空间方向感、夜昼交替、阴晴变化、季节气候等自然信息感知的心理要求。同时，在地下空间中，自然采光可有效地改善地下空间的通风效果，丰富地下空间的层次，减少封闭阴暗、方向不明等负面影响。总之，有多方面的作用。

（3）热环境：温度及湿度环境控制

城市地下空间具有冬暖夏凉的热稳定性。由于其具有良好的密闭性，因此温度较少受到外界影响，只需要根据城市地下空间功能需求的不同进行舒适度调节。湿度环境是城市地下空间中必须认真对待的问题。在夏天雨季，潮湿的外部空气在建筑物与土接触的墙壁上会被冷却，因而建筑物内湿度很高、湿度过大会促使霉菌生长，加重人的风湿类病症。因此，城市地下空间内必须具有良好的控湿、除湿设备，在正常情况下，人感到最舒适的空气湿度为65%。

（4）空气环境：空气整体质量控制

由于与室外环境接触较少，相对于地面建筑，地下空间建筑的新鲜空气不足，污染微生物较多。地下建筑室内重要的空气污染物质是从地下的土和岩石及混凝土中释放出来的放射性氢气，其他污染物来源有燃料、人的活动（吸烟、呼吸气）、建筑材料及室外污染等。它们所释放的污染气体包括一氧化碳、可吸入颗粒物、二氧化碳、氮氧化合物、二氧化硫、甲醛、臭氧及室内空气中的微生物等。当污染气体浓度过大，人长时间置身其中，会影响健康。因此，应采用相关的建筑技术和设备来改善其空间环境，增强其空气的流通性，获得宜人的空气质量。

3. 艺术性原则

正如社会学家赫伯特·益斯所说："人所创造的人工环境是一个潜在环境，这个环境只有在文化背景的基础上被人感觉到之后，才能变成一个有意义的环境。"城市地下空间景观环境的创造，不仅要满足人们基本的生理及心理需求，而且更应该创造出高层次的文化艺术享受。

在地下空间环境塑造中，对地下空间的采光、通风舒适气候等生理需求，对空间的尺度可识别性、空间的多样性等行为心理需求得到满足后，就要对空间的艺术性、空间体现的地域文化性、人的参与性和亲自然性进行考虑，塑造出满足人们情感需求的地下空间环境。

4.人性化原则

城市地下空间的人性化设计包括无障碍设计、信息导向系统设计、配套服务设施设计。

（1）无障碍设计

对于无障碍设计，不能简单地理解为只是为视障人士设计的，现今在城市地下空间中基本都设置了盲道，已能方便视障人士的出行。但是往往忽略了很多行动不便的人更需要出行，这就需要在地面空间与地下空间转换的地方设置辅助设施，来保障他们的出行。对于地下换乘空间的设计不应停留在表层，而应从多个层次如防滑、声音提示、照明处理等进行综合考虑。

（2）信息导向系统设计

城市地下空间位于地面以下，没有相对参照物，这使得人们身处其中时会方向感不强，无法正确地辨别信息。因此，完善和准确的信息导向系统设计在地下空间导向性方面起着巨大的作用。目前，我国城市地下空间导向系统设计运用相对成熟的是地铁车站。尽管还有不完善之处，但是相比其他地下空间没有或只有很少的导向系统来说已是很大进步。如上海地铁，它在借鉴了其他城市地铁导向系统设计的基础上，更加注重人性化设计，整个地铁站内的标识系统更高效更科学。整个地铁导向标志采用中英两种文字更加人性化。站台上，每隔一定距离有等离子显示屏滚动显示后续列车的到站信息。乘客进入车厢后，即使不求助站务人员，也可以清楚地了解列车运行方向、下一停靠站和换乘等信息。并对包括导向标识牌、紧急疏散标识牌、卡通提示牌等在内的一整套导向标识均作了合理设计。

（3）配套服务设施设计

人处于不同的城市地下空间，会有不同的活动行为。如：工作、等候、休憩、会面等等。正是人活动行为的不确定性，决定了城市地下空间中必须存在必要的休息设施及配套服务设施，同时这些设施设计应该体现人性化的需求。

5.和谐性原则

地下空间是地上空间的延伸，因此在进行城市地下空间景观环境设计时，应注重城市景观整体的统一性、连续性，不要形成强烈的对比和冲突，同时应该因地制宜地考虑两个空间界面的处理。入口处的景观环境设计，应使其与周围环境相协调，同时缓解人们进入地下空间时不良的心理感受。

二、地下空间的景观设计

（一）地下公共步行空间景观的营造

1.地下公共步行空间概述

地下步行空间作为地下空间利用的一部分，主要功能是连通地下的水平空间。地下大部分商业空间通过地下步行系统进行连接使得彼此联系更加紧密。

同时，地下步行道作为一种专门市政步行交通系统，将城市的各部分也连了起来。

2. 地下公共步行空间景观设置

地下公共步道大体可以分为以下两种。

（1）结合两边商业设置的步行系统。这种步行系统相对宽敞，通常结合周边商业或店铺风格进行设计，通常利用灯光明暗的变化、过道顶棚与地面材质的变化来营造不同的景观氛围和进行空间的变换。当过道足够宽时，也常常在中间设置一些绿化或景观小品来改善人们的心情，增添空间的趣味性。

（2）作为市政交通的一种，为了连接两个或几个地点而设置的步行系统。这种步行系统功能相对单一，情况不复杂，构成的景观要素也单一。一般对这种空间进行景观要素设计时，主要应该注意色彩灯光的应用，避免空间的单调，结合两边广告牌的设计丰富空间，利用公共艺术等景观要素的搭配增添通道的文化气息。

3. 地下公共步行空间景观案例

（1）国外案例

日本是地下步行系统应用最多的国家，很多地下设施、车站、地上建筑都通过地下步行系统连接了起来。地下步行系统通常给人的第一印象会是类似于道路的乏味空间。实际情况绝非这样，在日本东京的地下步行道中，设计师对过道两侧的墙壁利用灯光进行艺术化处理，使空间更有层次，同时也更有趣味性。

两侧的广告通过不同的颜色变换也给地下步道增添了些许趣味。在通道的连接点也设置一些不大的景观广场，并在其中设置一些趣味性景观小品，使人感到耳目一新，避免了长时间单一空间带给人们的乏味感觉。

（2）国内案例

地下步行道在国内很多大城市都有兴建，其中香港尖沙嘴地下步行道算是规模比较大的。

它将火车站地铁站的几条街都连在了一起。尖沙嘴地下步行系统给人的感觉就是简洁、清新自然。线性图案的吊顶，黑色瓷砖墙裙配上米色的墙面和地砖。其中点缀着黄色线条，设计师并未进行过多的处理，但整体却给人一种清新之感。通道的两侧设置了自动步行系统，方便了人们的出行。

（二）地下防灾广场景观的营造

1. 地下防灾广场概述

地下防灾广场通常设置在地下空间节点部分，供人流汇聚、防灾避险、休息等。由于空间相对开敞，通常通过景观要素的合理搭配、巧妙整合，从而形成富有情趣的地下景观广场，达到改善人心情，调节人情绪的作用。集中地在地下防灾广场上设置主题性建筑景观还可以使其成为地下空间中的标志性景观，给人留下深刻印象。

2. 防灾广场景观设计

如大阪长堀地下街的泉水广场、占卜广场、星空广场。设计师通过结合不同区域的商业特点，在防灾广场上设置具有主题的景观元素，从而形成一个个富有主题的景观广场。

在广场景观的设置上通常会选择一个主题，然后围绕主题进行景观布置。如大阪梅田地下街泉水广场顶棚的灯带设计，采用深蓝色的灯带映衬顶棚并配上从泉水中投射上来的灯光既宛如星空，也好似蔚蓝湖水，突出了泉水的主题。

地下防灾广场景观的布置可以结合周围空间特点进行设计。如配合中庭，高低错落地设置绿化、喷泉、座椅等景观，使广场景观更加立体。为人们提供一个不错的休闲娱乐场所。也可以配合采光天窗进行绿化植物、山水等景观配置，设置以绿色自然为主题的广场。

总之，地下防灾广场的形式多种多样，景观配置围合的方法也很多，但设计的总体原则不变，都要结合周围地下空间的情况。防灾广场不仅作为地下防灾系统必不可少，对其进行良好的景观配置和设计，作为景观广场对改善人们的心情，减少地下空间的乏味单调也有着不可替代的作用。一处好的地下广场景观设计不仅吸引人的眼球，也将成为地下空间的标志被人们牢记。

（三）地下导视系统景观的营造

1. 地下导视系统概述

地下导视系统是指在地下空间中具有导视作用的设备和设施。通常来说，出现最多的就是指示标志和指示灯。对其进行景观处理最主要的手法是结合色彩的设置，使其和谐地融入地下景观的大环境中，其次是通过色彩给人的感受和导视作用，进行色彩的搭配应用，起到警示与导视的作用。

2. 地下导视系统景观设计

地下空间标识系统具有导向性和装饰性意义，通过标识系统营造出一种独特舒适的环境，使人感受到人性化的关怀。在大阪钻石地下街中，设计师通过对标志进行多样化处理，有的配合顶棚造型设置，有的则艺术化处理后单独设置。不仅起到了导视作用，而且美化了空间环境。

3. 地下空间标识系统设计原则

地下空间标识系统设计应遵循以下原则。

（1）位置适当原则

标识系统必须位于容易让人发现的位置如出入口、交叉口、楼梯等人流必经之处，或者在容易迷路的地方，应设置标识。

（2）连续性原则

标识系统必须具有良好的连续性，能够有效地引导人群到达目的地，不可以出现指示盲区。在标识的安置过程中，要适当安排其距离，做到整体有效、美观得体。

（3）特殊性原则

基于地下空间的封闭性特征，地上空间的信息在短时间内传输到地下空间，能够消除人们内心的压抑感。在地上应设置出入口标志，在地下则需标出准确位置。

（4）安全性原则

在一些紧急出口要做好标识设置并且标识系统需具有发光效果，在一些特殊状况下，能够使人群清晰地分别方向和位置，做到良好的紧急疏散。

（5）鲜明性原则

标识系统的设置必须具有较高的能见度，招牌和广告的设置必须具有层次感。

（6）准确性原则

表示系统所传达的信息需要具有明确性，必须是人们比较常见的字体，避免产生误导。

（四）地上通风口景观的营造

1. 地上通风口的特点

通风口是地下空间与地上空间进行空气交换设施的一部分，也是地下与地上部分的结合点。通风口的形式相对多样。在对地上通风口的景观处理上要与城市景观相协调。

2. 地上通风口景观的设计要素

地上通风口，作为地下设施在地上部分的体现，其景观设计多种多样，关键要通过巧妙的处理使其融入城市大的景观环境中，并成为城市景观的一部分。

例如，新宿地下综合体的通风口设计成了一个类似于蒸汽轮船烟囱的雕塑。作为城市的一个雕塑景观，但因为处在绿化带之中为了避免材质带来的突兀之感，又在上面做了绿色植物藤蔓，使其和周围环境相对融洽地结合在了一起。

大阪地下商业街通风口则是以连续抽象雕塑竖立在绿化带中。虽钢铁与植物对比明显，但映衬着周围的高楼大厦也并不会令人感觉太突兀。

第五章　城市地下空间环境的舒适性

第一节　城市地下空间与环境

一、城市地下空间

19 世纪是桥梁的世纪，20 世纪是地上建筑发展的世纪，21 世纪是地下空间的世纪。相对于宇宙和海洋来说，开发地下空间是较为现实可行的途径。作为人类最早的居所，地下空间伴随着人类社会的发展走过了漫长的历程——从原始社会的穴居到奴隶社会的地下排水设施，从封建社会的石窟陵墓到工业革命时期的地下铁道，从 20 世纪战争年代的地下工事到现代社会的地下街和地下综合体——地下空间开发利用的内容和规模都不断演进并日趋完善。综合世界发达国家和我国城市建设的现状，向地下要空间、要土地、要资源是现代化发展的必然趋势。

城市的发展经历了三个阶段：

1. "摊大饼"式的发展

城市自诞生之日起，就走上了"摊大饼"式的发展之路。这种"摊大饼"模式使得城市在二维方向上的规模日益扩大，在旧的城市问题得到缓解的同时，又产生了一系列新的城市问题。

2. 向高空发展

"摊大饼"式的发展模式促使城市的用地规模增大与城市效率降低的矛盾日益突出。当人类认识到这一点的时候，一方面是城市发展的自身需要，另一方面是生产力和建筑科学技术的进步使得人类有必要也有能力向高空发展。

3. 高空、地下协调向三维发展

随着城市问题的进一步恶化以及城市向高空发展受到限制，人类发现大规模开发利用城市地下空间能使许多的城市问题得到缓解，也可使城市生活变得高效快捷，同时科学技术的进步也为地下空间的开发利用提供了必要的技术条件。近几十年来，世界各国都将地下空间视为城市空间资源的一部分，加以研究、开发和利用，在世界范围内掀起了一股城市地下空间开发利用的热潮。

当前城市发展面临着严峻的挑战，如土地资源紧张、绿地面积减少、城市人口激增、交通拥堵、能源消耗增大、环境污染、房价上涨等，解决这些问题的办法之一就是开发利用地下空间。

城市是国家和地区政治、经济、文化的中心，是代表一个国家经济发展水平和社会文明的重要标志，城市地下空间是实施社会经济可持续发展的重要资源，充分开发利用地下空间已经成为增加城市容量、缓解城市交通、改善城市环境的重要措施，开发利用地下空间完全符合我国提出的建设资源节约型、环境友好型和谐社会的要求，城市开发向地下发展延伸是城市现代化建设的鲜明特征之一。

二、地下空间环境

（一）地下空间环境的定义

地下空间泛指地表以下的空间，通过自然形成或人工挖掘而成。城市地下空间的开发利用大都是为了实现某种城市功能需求通过挖掘形成的建筑空间，如地铁、地下街、地下综合体、地下车库、地下道路、综合管廊，民防工程、水下隧道等。

《辞海》中，对环境的定义是："围绕着人类的外部世界。是人类赖以生存和发展的社会和物质条件的综合体，可以分为自然环境和社会环境；自然环境中，按组成要素又可以分为大气环境、水环境、土壤环境和生物环境等。"而地下空间环境就是人们所能看到的，一个由长度、宽度、高度所形成的空间区域，包括空间的本体和空间内所包含的一切物质组合成的环境。

（二）地下空间环境对人的心理和生理影响

近几十年来，随着城市大规模开发利用地下空间，地下空间环境正逐步引起人们的重视。

与地面环境相比，地下空间环境有着明显的缺点：比较封闭，缺乏阳光、植物和水，空气流通性较差等。可以说地下空间的内部环境主要依靠人工控制，在很大程度上是一种人工环境，它对人的心理和生理都有一定的正负面影响。

1. 地上与地下环境的区别

（1）虚实

地面建筑对外于部空间来说是实体，内部是虚体，即外实内虚，而地下空间对于外部空间来说是虚体。内部也是虚体，即内外皆虚。这种虚实之别，导致空间创造上的关系处理与组合方式与地面建筑产生较大的差异。

（2）环境

地面建筑的外部和大自然直接产生关系，如天空、太阳、山水、树木花草。而地下空间主要和人工因素产生关系，如顶棚、地板、地面、家具、灯光、陈设、空调以及岩土、地下水等。这种内外环境的差异，加重了人体适应地下环境的负担。

（3）视觉

室外是无限的，地下是有限的，地下空间的围护空间无论大小都有限定性，视距、视角、方位等方面有一定限制。室内外光线在性质上、照度上也很不一样，室外是直射阳光，具有较强的明暗对比，地下大部分是人工照明，没有强的明暗对比，光线比室外要弱。因此，同样一个物体，在室外显得小、地下显得大，室外色彩显得鲜明、地下显得灰暗，这在考虑物体的尺度、色彩时需要引起重视。由于视觉环境的差异，将会引起人的各种心理反应。

（4）表里

暴露于外的表面，受到自然的侵袭。腐蚀是不可避免，观察自然界的一切生物，为了适应自然，一般表现出外部粗糙、坚硬、内部光滑柔软的特点。从仿生学观点来看，在使用材料上，地上地下、室内室外应该具有明显的区别。

（5）形象

地下空间的室内空间形象是通过空间的形态组织和空间序列反映出来的，并通过照明、色彩、装修、家具陈设等多种因素进一步强化。无外景可以借用，空间形象设计上比地面建筑要复杂困难得多。

（6）湿热

与地面建筑相比，由于岩土体的热阻大，地下环境中的温度变化不太明显。"冬暖夏凉"是地下环境的主要优点之一。然而冬天干燥、夏天潮湿，冬天风速无变化、夏天壁面冷辐射强，梯度大等特点又是地下环境的主要缺陷。

（7）洁净

由于地下环境较封闭，人与环境交换时产生的各种有害物质不能直接扩散到地面空间。因此，与地面环境相比，地下空间的环境质量要差得多。

（8）声音

由于空间形体的特殊性，同一级别的噪声源往往在地下空间会增强 4~8 dB。由此产生的问题，尤其对人体的不利影响越趋明朗化和深刻化。

2. 地下空间环境对人的心理影响

地下的空间相对狭小。在嘈杂、拥挤的环境中停留，缺乏熟悉的环境、声音、光线及自然景观，会使人心中对陌生和单一的环境产生恐惧和反感，并有烦躁、黑暗及感觉与世隔绝等不安反应。受到不同的生活、文化背景的影响，以及对地下空间的认知不足，不少人可能会产生幽闭恐惧症。

在地下空间中，一般采用人工的照明设施，虽然能满足日常的生活和工作的需要，但是无法代替自然光线给人们的愉悦感，人长时间在人工照明中生活和工作会反感和疲劳，从而影响生活情绪和工作效率。

3. 地下空间环境对人的生理影响

地下空间环境对生理因素的影响是很复杂的，生理因素与心理因素有着息息相关的联系。

人们在地下空间环境中，心里的不安会被放大，从而在生理方面体现出来。

地下空间的环境缺少地面的自然环境要素，如天然光线不足、空气流通性差、湿度较大、空气污染严重等。天然光线不足是一项影响生理环境的重要因素，因外界可见光与非可见光的某些成分对生物体的健康是必不可少的。天然光线照在我们的皮肤上，会使皮下血管扩张，新陈代谢加快，增加人体对有毒物质的排泄和抵抗力，紫外线还具有杀菌、消毒的作用。

在地下空间中，由于环境封闭、空气流通性差，新鲜空气不足，空气中各种气味混杂会产生污染。与地面环境相比，排除空气污染就更加困难了，而且湿度很大，容易滋生细菌，促进霉菌的生长，致使人体汗液不易排出，出汗后不易被蒸发掉。在这种环境中滞留过久，人容易出现头晕、胸闷、心慌、疲倦、烦躁等不适反应。

环境心理与生理的相互作用，相互影响，会使得人们在地面建筑空间中感觉不到的生理影响被夸大，而这反过来又会加重人们在地下的不良心理反应。因此，设计地下空间环境需考虑多方面的因素，减少人们的不适感，降低地下空间对人们产生的负面的心理影响，最大限度地把自然光线与自然空气带入地下空间，改善地下空间环境，加强地下空间环境的吸引力，创造舒适宜人、让人安心的地下室内环境。

第二节　地下空间环境的心理舒适性研究

地下空间环境的特殊性，其本身所固有的一些难以消除的缺点，会对人体生理和心理产生一些不利的影响，而且生理上的不适反应与心理上的不适反应是相互影响的。国内对这些问题认识尚不够全面，认为地下空间环境对人体心理产生的一些不利影响主要是物理环境差造成的，只要把设计标准提高，改善地下空间物理环境，这些不利的心理影响就会得到解决，由此忽视了地下空间环境对人体心理舒适性产生影响的深层次原因。

一、国外地下空间环境心理舒适性因素研究

近几十年来，国外许多学者做了大量的调查研究工作，得到很多重要的研究成果，总结概括出一些影响地下空间心理舒适性的主要因素，为改善地下空间环境品质、营造地下空间环境艺术提供了必要的理论支撑。

1. 日本地下空间舒适性因素研究

（1）为了更多地了解在地下空间工作和从事其他活动的人的心理和生理方面的情况，日本：土地政策学会地下空间利用委员会在 1986 年 8~10 月进行了一次问卷调查，收到答卷 1 226 份，其中在地面以上环境中工作的答卷者为 547 人，在地下环境中工作的答卷者为 679 人。调查项目共 16 个问题，包括六大方面：

①地下环境印象，如光线、声音、温度、封闭程度、单调程度、方便程度、舒适感、安全感、健康性等；

②灾害防御与安全；

③内部空间，主要是指对人健康影响的调查；

④心理效果，主要调查内部空间是否封闭，是否缺乏外界景观和自然光线，是否有心理压力；

⑤在地下空间工作是否有什么麻烦，如光线的舒适度和亮度、人群聚集的影响等；

⑥是否愿意在地下环境工作。

委员会随后用了半年的时间用于资料整理，结果表明：

①在地上、地下环境中工作的人群对灾害防治和安全的看法差别不大；

②在地面以上环境工作的人，无论从人数还是程度上都比在地下空间工作的人对地下空间的负面影象要严重，有50%以上的地上环境工作人员认为，地下工作环境肯定不好，另外50%的人认为可能如此；

③许多在地下环境工作的人表示，有时他们会感到是由于在地下环境工作而产生了负面心理压力，近一半的地上环境的工作人员表示，如果他们在地下环境工作，他们会产生极大的心理负担，其他的一半人表示可能如此。

（2）1988年，日本对关东地区4个地下街的内部环境进行了综合的调查评价，问卷调查的对象是一般顾客。结果表明：日本地下街总体上能够满足人们短时间停留的生理环境要求，分项调查表明：夏季偏热、偏湿，冬季偏冷、偏干的现象较为普遍，同时空气的清洁度较低。

（3）1988年，日本学者羽根義博士等人在他们的专著《地下、光、空间与人类》一书中认为，"无意识"的观点对研究地下空间心理环境有重要的意义。地下环境具有双重性，一方面，给人一种回到大自然母亲怀抱的安全感，另一方面却给人一种黑暗的恐惧感。作者尝试以"精神分析学派"的无意识理论作为一种研究方法，对地下环境中人的行为的心理渊源进行提示，这是力图反映地下心理环境实质的一种尝试。

（4）1989年，日本组织了在地下环境中工作人员的心理反应调查。调查采用的是选择式问卷调查，调查结果见表5-1。调查结果显示，多数人员对地下环境的空气质量不满，对由于与外界隔绝而产生的不良心理反应也比较强烈。在问到在地下环境中工作需要哪些条件时，多数回答要求改善生理环境，希望地下空间尽可能敞开，希望能有良好的通风和阳光，尽量布置更多的绿色植物。

表 5-1 日本对地下环境中工作人员的心理反应调查结果

评价内容 比例 工作地点	办公室	地铁车站	地下街	安全中心
空气不好	72%	91%	70%	60%
不了解外面天气情况	84%	72%	74%	75%
有压抑感	72%	59%	44%	47%
室内净高较小	40%	45%	28%	26%
看不到外面景观	50%	32%	25%	32%
有噪声	30%	58%	10%	10%
有疲劳感	13%	12%	13%	8%
工作效率低	13%	13%	4%	
容易集中精力工作	12%	4%	14%	20%
环境安静	3%	3%	7%	22%
舒适没有压抑感	7%	5%	16%	25%
没有不良反应	3%	7%	7%	
没有优越性	71%	78%	44%	45%

（5）1995 年，日本学者经调查发现，在地下工作的人对地下空间环境的评价明显比在地面工作的人要积极。据此，他们认为，一般人对地下的印象不是以经验为基础，而是由对地下联想得到的印象，也就是来自深层次的意识。日本学者还对人们在地下空间的心理生理环境进行了问卷调查，评价分为 7 个等级：被访者共 19 人，其中从事地下领域规划、设计的专家 9 人，一般学生及与环境设计无关的人员 10 人。从收集到的数据进行因子分析后得出结论：将容易形成具有封闭感的阴暗空间、地下空间建设成为具有休闲感、安定感和清洁感的空间是十分必要的。

2. 欧美地下空间舒适性因素研究

（1）1979 年，临床心理学博士 Hollon 和 Kendall 与其他地下空间专家合作，研究了人们对地下空间环境的态度和偏见，以及它们如何影响人们情绪状态的问题。他们选择了四处研究地点，第一个地点是完全的地下空间环境，二是地下室，三是无窗的地面建筑，四是有窗的地面建筑。被试者是在其中工作时间较长的人员，每处地点的被试人员为 15~19人。主要采用问卷调查方法收集数据，以七等级予以评定，除对所得数据进行一般的统计处理外，还采用了因子分析法。结果表明，人们在地下空间环境中，更多关注的是他们对环境的心理反应和环境的物理特征即使其他环境有类似的负面的物理特征，人们还是对完全的地下空间的环境评价最低，主要的评价是不安、不快、消沉、孤立、黑暗、缺乏吸引力、不开阔、缺乏刺激、紧张、气闷等。

（2）1981 年 6 月，在美国 Missouri 和 Kansas 召开了有关覆土建筑和地下空间的国际性会议。美国自1973 年能源危机以来，已经建造了一大批覆土建筑和其他类型的地下建筑，有了一定的使用和设计经验。在会上 R.Randall Vosbeck 经过总结后认为，人们对地下空间的开发利用存在着传统偏见，但良好的设计可以起到改变这些偏见的作用。

（3）1981 年，Sterling 出版了《覆土房屋：规范，区域规划和筹资问题》。书中提到，有些人一听到有关覆土建筑或部分地下的建筑，就持不赞成的态度，这些人往往没有见过类似的建筑，只是潜意识中持消极观点。

作者认为造成这种现象的原因主要可以归为以下几点：一是人们把地下空间与死亡和埋葬联系在一起；二是人们害怕坍塌和陷入；三是人们把地下空间和设计通风不良的地下室联系在一起，这些地下室通常是潮湿和令人不快的；四是人们的幽闭恐惧症。

（4）1983 年，美国的 GideonS.Golany 在 *Earthr sheltered Habitat History，ArchitectureandUrbanDesign* 一书中谈到了地下房屋设计中人的心理障碍问题。

作者认为，导致这种障碍产生的主要原因是个人的偏见，有些人患有幽闭恐惧症，建筑的形象以及人们的生活方式等。为了处理好心理上的这个问题，作者在书中提出了一些基本的设计建议。

（5）1987 年，美国学者 J. 卡莫迪博士等指出，使人在地下空间产生消极心理的因素是：地下空间环境中自然光线不足；向外观景受到限制；狭小的空间，低矮的天花板以及窄小黑暗的向下楼梯等所引起的幽闭感；害怕结构倒塌、火灾、洪水；认为地下建筑的安全出口受到限制，以及把地下空间和死亡埋葬联系在一起的恐惧感；空间封闭而产生的感知作用的减少；空间方向感的削弱；对温湿调节不良、通风不足和气闷感到不满等。总之，他们认为在地下空间中影响心理感觉的因素主要是空间设计技术，因而完全可以通过对地下建筑的内部空间进行设计来消除。

（6）1991 年，Boivin 对 1984 年和 1988 年完成的两份调查问卷进行了系统的总结。对象是蒙特利尔市中心区的已建地下步行通道，这个步行通道网连接了 44 个建筑物和 9 个地铁车站，总计长度有 14 km。调查的主要内容包括：

①空间的描述，包括天花板高度、走廊宽度、坡道坡度、障碍物、入口位置、防火出口等；

②空间的利用，包括没有占用的空间、旅馆、零售店、影剧院、办公室等；

③环境（气氛），包括光线、色彩、装饰、地图、指示牌、植物、喷水池、犯罪行为等。

调查内容比较丰富，其中存在的主要问题是天花板高度太低（2.1~2.5 m）一些地方缺乏装饰，某些区域有令人不快的气味和高的噪声水平。

（7）1993 年。Sterling 和 Carmody 联合出版了专著《地下空间设计》，书中第五章专门讨论地下空间对人的心理和生理的影响。作者从历史、文化、语言、可能的潜意识的角度，以及从人们在地下空间或其他类似封闭空间环境的实际经验的角度出发，分析了人们形成地下空间印象的原因。作者发现，人们对地下空间许多潜在的负面印象都至少和地下建筑的三个基本的物理特性中的一个有关：

①缺乏对外界的可视性，使人们缺乏对环境的清楚了解，不易找到出口，同时，使人们对地下建筑的整体布局也不易了解，造成人们在地下空间中的定向较为困难。

②缺乏窗户，这会使人们觉得环境封闭、缺乏刺激和外界的联系，同时还使得阳光缺乏；另外，缺乏窗户也会使人们在地下空间环境中的定位和定向能力降低，同时这也会使人担心一旦发生意外能否逃离的问题。

③在地下的意识往往会引起人们的联想，如黑暗、寒冷、潮湿、差的空气质量、较低的社会地位、害怕坍塌和陷入等。

（8）1995年9月法国巴黎召开了议题为"地下空间与城市规划"的第六届国际地下空间学术会议，在会议上，日本学者 Nahoko Mochiauki 提交了题为 The Relation Berween PreferredLight and Behavior in Underground Spaces：Problems and Possibilities of Task-AmbientLighting 的论文，介绍了他研究地下空间照明与人的行为之间关系的方法和所得结论。作者着重研究了 TAL（Task-Ambient Lighting）系统，他的测试实验持续了40天，测试人数为14人，每10天采用同一照度对被试者进行读写、会议、创造性工作及休闲等六种行为的满意测试。研究结论表明：人的行为与 TAL 照度密切相关。如当 TAL 的照度为200 lx 时，对创造性工作最为有效，因为这种照度使人的思维更趋于集中；另外，单一的 TAL 系统对地下空间的光环境并不最有效，但如果 TAL 系统的照度或色温能够变化，地下空间的光环境将大大改善。

（9）1996年，瑞典的 Rikard Kuller 对地下工作环境和地面以上工作环境进行了分析比较，目的是调查地下工作环境对人体健康可能的不利影响，为此重点是研究由于缺乏自然光对人体生物钟的影响以及由此减少的感官刺激对唤醒的影响。被试者是三个地下军用计算中心（实验组）和地上两个团（控制组）中的志愿人员，研究时间为一年。地上地下工作类型相似，以保证两组有高度的对比性。在实验期间，实测了光线强度、噪声强度、温度、人体中皮质醇水平的变化、抗黑色素量的变化等。最终统计分析结果表明：人们认为地下环境较封闭，光线较暗，愉快感较缺乏，且噪声较大，还有人抱怨视觉疲劳；地上地下环境工作人员，其体内的皮质醇水平和抗黑色素量的变化不一样；地下环境工作人员比地上环境工作人员每晚多睡半小时；至于疾病总体而言无大的区别，如一年之中地上地下的发病率无明显区别，但发病时间长短有所不同。

（10）1996年，GideonS.Golany 和 Toshio Ojima 发表文章认为，借助现代技术、新颖的设计和管理、结构上的设计，问题是能够解决的，而且能够满足现代人的需要，但是许多与地下居住有关的问题并不是技术上的问题，而是与社会对居住地下观念的接受程度和个人对空间的感受有关，即主要是人们的心理问题。他们指出，与地下环境有关的心理问题主要有三大方面，即偏见、幽闭恐惧和自我意识。他们进一步指出，偏见对全世界所有的社会经济阶层来说是普遍现象，偏见是在人类的文明进程中由地下居住者所经历的实际环境发展而来的，以至到今天，大多数人对地下居住环境已经形成了负面的印象，诸如黑暗、潮湿、疾病、孤独、贫穷和落后等，但这种人大多没有居住在地下环境的经历。在地下空间环境中，老人、孩子和妇女较易出现这种现象；地下空间的历史发展已经使固有的居住者对此环境形成了较低的评价。为此，他们在研究中提出了许多减轻人们在地下空间环境中心理问题的建议和措施。

二、国内学者对地下空间环境心理舒适性因素研究

我国由于经济水平较发达国家有不小差距，而且地下空间开发利用起步比较晚，因此地下空间环境品质普遍较差。虽然人们对地下空间心理舒适性问题的研究已经有很长的历史了，但迄今为止，这个问题仍没能得到很好的解决，以至于地下空间心理舒适性问题成了地下空间进一步开发利用的障碍。以下是国内研究的主要成果：

1.1982 年 7 月—1987 年 5 月，在这五年时间里，同济大学地下空间研究中心侯学渊、束昱对人在地下环境中的主观心理感觉进行了千余人次的调查和 40 余人次的环境模拟测试。调研和测试的结果表明：地面环境和地下环境在人体主观心理感觉上有一个突变现象，环境条件的突变导致了人们心理上的连锁反应；地下空间单调、狭窄、封闭的视觉环境是造成人们易疲倦的主要因素之一；环境中空气质量的恶化是加速人体主观感觉逐渐变坏的主要因素之一。

2.1988 年，高宝洋等对人们在地下空间环境中的工作和生活时的心理和生理状态进行了研究。他们选择了黑龙江 7 处不同的地下工程作为调查研究对象。调查方法采用专家非正式讨论、个人陈述和填表，个别地下空间还对工作人员的健康状况进行了检查。他们对182 名地下空间的工作人员进行了心理状态调查，调查项目有 12 条；对 210 名被试者进行了心理状态调查、调查项目有 8 条。结果表明，主要的心理反应为不通气、潮湿、有异味、感到疲劳；主要的生理反应为风湿症、视力降低、腿痛、头晕等。

3.1990 年，束昱在日本东京工业大学研究工作期间。与日本地下空间协会东方洋雄理事长联合，通过问卷调查方式，收集了 24 位被试者对 4 处地下室在进入之前和进入之后的环境印象变化数据。问卷共包括 25 个问题，采用五等级给予评定。统计分析得出了一些有益的结果：对其中的 14 个项目的印象，总体而言，进入后的评价好于进入前的评价；依据人们的性别、年龄、个人是否有地下环境的经验等的不同，人们对地下室的评价也各不一样。

4.1990 年，为了找出人们在地下环境中的心理障碍，束昱、彭方乐采用选择式问卷的方式将某市平战结合较好的 6 个地下工程作为调查现场，调查对象为在其中长期工作的人员。

选择式问题分为三类，每一类各提 10 个问题让被试者回答。统计分析表明，对地下空间环境的消极评价多于积极评价，使人产生负面心理作用的原因主要归结于习惯与非习

惯空间设计的差异和"无意识"的作用。据此，他们在调研报告中提出了消除人的心理障碍的一些具体设计对策。

5.1993年，李伟宏总结分析了城市地下空间开发利用比较发达的几个国家的情况，提出了影响城市地下空间开发利用的主要因素。他认为人的心理因素、地下空间环境及政策等是十分重要的影响因素，并进一步提出，地下空间环境对人们生理的影响，导致人们本能的心理反应。

李伟宏认为，人们对地下空间环境的这种印象，使大多数人对地下空间的利用持回避态度，反映了利用地下空间的社会基础不广泛，面临着社会阻力。

6.1994年，童林旭出版了专著《地下建筑学》，该书从城市地下空间的开发利用，对常见各类单体建筑的规划设计问题以及涉及地下空间利用和地下建筑设计的一些特殊技术问题三大部分进行了阐述。它在对国内外大量实践经验加以介绍的基础上，从理论上进行了一定的分析与概括。该书的第三部分涉及地下空间的心理环境问题，并提出了一些改善地下建筑心理环境的途径。作者明确指出地下环境本身的特点和由于这些特点引起的一些消极心理反应，如幽闭、压抑，担心自己的健康等，因长期以来没有得到根本改善，易形成一种心理障碍，对进一步开发利用地下空间是一个不利因素。这一问题已经普遍引起建筑学、医学、心理学等领域中专家的重视，并开始组织跨学科的研究工作。

7.1996年，李武英选择了"地下空间心理及环境创造"作为研究方向，论文中引用了几个来自日本未来工学研究所的调查报告书中的实例，反映了人们对地下空间心理环境的一些观点：

（1）对办公室、地铁、地下街和防卫保安处四个典型职业做的不安全感调查中，合计有92%的人在地下有不安全感；

（2）人们常有一些心理、生理需求，如有近85%的人想回到地面，73%的人想远眺，74%的人想活动身体等，这也说明，在这些方面，人的心理、生理要求没有得到较好的满足；

（3）75%以上的人对空气及不能感知外界气候变化表示不满等。

8.1997年，乔晓虹运用行为科学和相关学科的研究成果和方法，研究了地下商业步行街的空间环境对人的行为与心理的影响（提出了18个与建筑设计相关的问题，收回有效问卷91份），得到消费者对于名店街的总体评价，即人们对名店街的环境较为满意，但也存在不足，如缺乏免费休息的公共空间，商店位置的标示有待改善，自然光线不足，外界景观缺乏等。

9.1997年，陈立道等出版了专著《城市地下空间规划理论与实践》，作者通过对同济大学地下空间研究中心多年来的研究、咨询和教学成果归纳总结，在参照国内外有关资料的基础上编写而成，该书的出版是20世纪末我国城市地下空间开发利用研究水平的反映。在书中，对地下空间的心理障碍问题也专门进行了分析。作者指出，造成地下空间负面影响的主要原因有以下几方面：

（1）没有阳光和水，无外部景观，人的时间观念差，感到不安；

（2）没有外界人们熟悉的环境声，没有鸟语花香，无自然风感等，人们感到枯燥乏味，拥挤隔绝；

（3）对地下空间"无意识"的作用，由此不少人可能产生一些消极的联想；

（4）人们身在地下，担心水灾、火灾、断电等，时时有种恐惧心理；

（5）人们心理上的偏见，特别容易把地下居住与贫困相联系。

10.1998 年，华成等指出，随着地下空间利用层次不断提高，许多人们未曾碰到的问题不断出现，人在地下空间的心理和生理因素就是其中的一个突出问题，习惯于地面生活的人在进入地下环境时，容易产生压抑、闭塞、阴暗的感觉，心情紧张、焦虑，相对于地面环境，易产生头昏、气闷、疲劳、记忆力衰退、工作效率降低等不适应反应，这种心理和生理问题已经成为影响地下空间发展的主要原因之一。

11.1998 年，俞泳博士在卢济威和束昱指导下，经调研分析总结后认为，地下公共空间利用的最大阻力在于人们对地下空间的心理障碍，而心理障碍的形成主要有如下两个方面。

一方面源于地下空间客观环境上的不利特点，概括起来，地下公共空间环境的不利点主要有三点：

（1）功能性方面，如方向感差与外界连接点有限，出入口高差太大、狭窄等；

（2）舒适性方面，如噪声，不安全感，缺乏外景、缺乏自然，封闭感、压迫感，无家可归者聚集等：

（3）安全性方面，如排烟困难时疏散迷路等。

另一方面是潜意识的不良联想，一般人对地下空间的印象来自从明亮的外部看地下时由于阴暗而产生的不良联想。

12.1999 年，霍小平通过调查发现，居住在地下室的住户心理或多或少有种失衡感，这种感觉归纳起来主要是空间的封闭感、空气的潮闷感、光线的昏暗感和心理的自卑感。作者以环境心理学为手段，分析了地下室住宅心理环境特征，并提出了改善措施。

13.2000 年，束昱教授和王保勇博士，通过问卷调查方式对上海人民广场地下商场的心理环境进行了调查，并且发表了题为《上海人民广场地下商场心理环境调查分析》的论文。他们通过多种方法对问卷的信度进行了考证，然后采用因子分析的方法对问卷数据进行了统计分析，总结确定出 9 个影响人群心理舒适性的因子，并提出了改善心理环境的一些具体可行的建议。这种对已建地下空间心理环境的调研分析，为今后地下空间心理环境的改善提供了宝贵的经验。

三、地下空间环境心理舒适性因素研究归纳

通过对近 20 年来国内外对于地下空间心理舒适性因素的分析总结，可以得到如下结论：

1. 主观背景不同会对人们关于地下空间的看法产生很大的影响。不同的性别、年龄以

及是否有地下环境的经历等都会对人们对于地下空间的主观看法产生不同程度的影响。长时间在地下工作的人对地下环境的评价明显好于地面上人的评价。而同样是长时间在地面上工作的人，在进入地下空间前后的评价也不同，具体来说是进入以后的评价好于进入以前的评价。

2. 地下空间各种物理环境要素是影响人的生理舒适感的主要因素，同时是影响人的心理舒适感的直接或间接要素，且影响程度很大。如空气质量不好、有异味、缺少自然光等都是影响人的心理舒适感的主要因素。因此，在研究地下空间心理舒适性的影响因素时，必须充分结合生理环境的影响因素，找出它们之间深层次的相互联系，这样才能更科学、有效、合理地解决人的心理环境影响因素问题。

3. 促进新的交叉学科的产生。影响地下空间心理舒适性的因素具有多样性的特点，涉及很多方面的知识，如建筑学、医学、心理学等。所以，在综合运用这些学科的知识进行地下空间心理舒适性的设计研究时，就促进了这些学科之间的相互融合，从而促使一些新的交叉学科的产生。例如，1990年束昱、彭方乐在对地下空间的研究中，运用环境心理学的理论，结合实际的研究成果，在理论和实践的基础上提出了一门新的学科——地下环境心理学，它把地下环境和人的心理看成一个统一整体，它研究的不仅包括人们在地下环境中的现实行为，也包括开拓性地探讨潜伏着的一种"无意识"的诱因。

第三节　地下空间环境心理舒适性与人文艺术设计

从上述研究成果中可以看出影响地下空间心理舒适性的因素是多样的，笔者认为影响人体心理舒适性的地下空间环境因素主要包括空间形态、光影、色彩、纹理、设施、陈设、绿化、标识等。而地下空间环境心理舒适感主要表现在方向感、安全感和环境舒适感。其中方向感和安全感不难理解、而环境舒适感的含义则比较广泛，主要包括方便感、美感、宁静感、拥挤感、生机感等方面。这些环境因素是营造地下空间环境艺术的重要依据，也是地下空间环境艺术设计的重要内容。

一、地下空间环境心理舒适性营造对象

1. 空间形态

地下空间是由实体（墙、地、棚、柱等）围合、扩展，并通过视知觉的推理、联想和"完形化"形成的三度虚体。地下空间形体由空间形态和空间类型构成，形式、尺度、比例及功能是其构成的要素。地下空间形态的典型模式主要有：共享空间、地下街、出入口、下沉广场、地铁车站。

合理规划地下空间形态可以改善地下空间环境、创造人性化、高感度的地下空间环境。

2. 光影

地下空间环境内的光影主要依靠灯光效果产生，也可以通过自然光引入。不同的光影效果可以给人带来不同的心理效果，好的光影效果不仅可以突出空间的功能性，还可以消除地下空间带给人的封闭感和压抑感等不良感受。

3. 色彩

色彩构成有色相、明度和纯度三个要素。色相是色彩相貌，是一种颜色明显区别于另一种颜色的表象特征。明度是色彩的明暗程度，是由色彩反射光线的能力决定的。纯度是纯净程度，或称彩度，饱和度反映出本身有色成分的比例。

根据实验心理学研究，人们在色彩心理学方面存在着共同的感应。主要表现在色彩的冷与暖、轻与重、强与弱、软与硬、兴奋与沉静感、舒适与疲劳感等多个方面。感官刺激的强与弱可决定色彩的舒适感和疲劳感。色相的红、橙、黄色具有兴奋感，青、蓝、蓝紫色具有沉静感，绿色与紫色为中性。色彩的舒适感与疲劳感实际上是色彩通过刺激视觉的生理和心理所起的综合反应。红色的刺激最大，既兴奋又易疲劳；绿色是视觉中最为舒适的色彩，既舒适又愉悦。根据色彩设计学原理，蓝底白字和绿底白字都利用了易与环境对比和区分的底色，白色具有扩张而醒目的特性对比强烈，易见度高且容易记忆，并且蓝色、绿色和白色都是视觉中耐久之色。

在公共交通导向系统设计中，采用易见度高的色彩搭配，不仅能提高视觉传播的速度，还能利用其较高的记忆率，增强导向系统的导向功能。

4. 纹理

纹理主要通过视觉、知觉及触觉等给人们带来综合的心理感受，具体如下：

（1）纹理尺度感对改善空间尺度、视觉重量感、扩张感都有一定影响，纹理的尺度大小、视距远近会影响空间判断；

（2）纹理感知感是对视觉物体的形状大小、色彩及明暗的感知，通过接触材料表面对皮肤的刺激产生极限反应和感受；

（3）纹理温度感通过触觉感知纹理材料的冷热变化，物体的形状、大小、轻重、光滑、粗糙与软硬；

（4）纹理质感通过人的视觉、触觉感受材质的软与硬、冷与暖、细腻与粗糙，反映出质感的柔软、光滑或坚硬，达到心理联想和象征意义。

5. 设施

地下空间设施以服务设施为主，由公共设施、信息设施、无障碍设施等要素构成。其作用除了为地下空间提供舒适的空间环境外（使用功能），其形态也对地下空间起着装饰作用，二者都对人的心理感受起着一定作用。

6. 陈设

陈设指的是地下空间内的装饰，一般由雕塑、织物、壁画、盆景、字画等元素构成，是营造地下空间环境的重要组成部分，直接决定了地下空间带给人们的心理感受。

7. 绿化

绿化由植物、水及景石等元素构成。随着地下空间的发展，地下商业、交通的增多，越来越多的人停留在地下空间，人们更渴望拥有绿色地下空间，满足高质量的环境，提高舒适度。

8. 标识

地下空间标识的效应通过功能传达体现。具体如下：

（1）地下空间中标识具有社会功能，直观地向大众提供清晰准确信息，增强地下空间环境的方位感；

（2）地下空间中标识传达一定的信息指令提供人群快速、安全完成交通行为，满足人群的心理安全感；

（3）语音、电子及多媒体，提供多种信息语言交换更替的导向，如声音的传播、手的触摸和视觉信息等方面，展示相关的资讯，改善封闭、无安全感的地下空间环境；

（4）标识系统创造地下空间环境的方向感、安全感，满足视觉传达功能可达性、方向性。

二、地下空间环境心理舒适感营造效果

1. 方向感

方向感就是通常所说的"方向辨知能力"。在地面上我们可以通过各种参照物进行方向的辨别，在地下空间没有地面上那么多参照物，主要利用标识系统来进行地下空间方向的引导。除此还可利用空间、色彩、明暗的引导性来增强地下空间的方向感。一个信息不明、方向感混乱的环境往往会使人产生很强的精神压抑感和不安定感，严重时还会产生恐慌的心理感受；一个易于识别的环境则有助于人们形成清晰的感知和记忆，给人带来积极的心理感受。

2. 安全感

安全感是一种感觉，具体来说是一种让人可以放心、可以舒心的心理感受。地下空间让人产生的不安全的感觉主要来自人们对地下潮湿、阴暗、狭小、幽闭等不良印象和地下空间带给人的不良心理体验。好的地下空间环境设计会使人变得安心，丝毫感受不到身处地下，更不会觉得不安。

3. 环境舒适感

环境舒适感其实可以认为是良好的空间环境与人文艺术带给人的积极心理感受，可以是宁静、安详，也可以是欢快、愉悦。地下空间环境心理舒适性其实就是要营造这种让人感觉到舒适的环境氛围。人文艺术设计就是营造地下空间环境心理舒适性的最有效途径。

第六章 城市地下空间环境与人文艺术

第一节 城市地下空间环境艺术设计的重点领域

综合考量国内外城市地下空间环境艺术营造的对象与效果，结合我国城市地下空间开发利用趋势与环境艺术营造的需求特点，本书从以下三方面进行论述。

一、地下空间环境的整体营造

地下空间环境的整体营造主要是运用建筑设计中的空间营造方法和景观设计理论，结合人文环境艺术对地下空间环境进行整体创意设计。具体来说，就是通过地下空间环境对人们产生的心理和生理两方面的影响进行分析，用室内设计和景观设计营造出舒适、具有空间感的地下空间环境。在室内设计方面通过设计重新塑造地下空间，运用色彩、灯光、装饰图形与材料等，营造出舒适的、具有美感的室内空间，并利用现代视听设备同步接收外界信号等手段，改善地下公共空间给人的不良心理感受；在景观设计方面尽可能地引入自然光线和外部景观元素使地下空间具有灵动的空间感、生动的视觉感。我们欣喜地发现如今的城市地下公共空间营造，还特别重视标识系统的设立，常常会让人们忘记身处地下，使用者的安全感和方向感与地面无异。

二、地铁车站环境艺术设计

城市地铁已经成为国内外大城市规模化、秩序化开发利用地下空间的主要形式，地铁车站是人群使用最频繁、直接影响人群生理、心理及舒适性和安全性的空间。因此，车站空间景观环境的艺术设计就显得尤为重要。地铁车站环境也是展现城市精神风貌和地域特色的微型窗口，能够提升城市的文化底蕴和艺术品位。地铁车站作为一种特殊建筑，已经不仅被看作一种交通设施，而且承载了再造城市文化景象的"地标"属性。

地铁车站的环境艺术设计是把抽象的环境艺术设计理念落实到具象的地铁车站功能中，是一个复杂而系统的环境艺术设计。该系统从功能空间层面关注空间序列的组织、空间氛围的营造及空间界面的塑造；从感官视觉层面关注传达导引的明晰、灯光照明的适度、材质色彩的和谐；从行为心理层面关注本土化设计、无障碍设计等。除此以外，在诸多层面之间交叉的设计关注点，都属于地铁车站的环境艺术设计范畴。

三、地下综合体环境艺术设计

城市地上地下一体化整合建设的地下综合体作为新兴的城市空间，其环境艺术的设计需要综合考虑外部空间和内部空间的人性化设计，既要体现生态景观的功能，又要发挥文化展示的功能。

地下综合体需要通过采光、通风、温控设施等来调节室内环境。在设计中，将地下综合体内部的设施位置与周边环境共同整合设计，可以在很大程度上降低其对公共空间景观风貌的影响，甚至可以很好地优化环境，形成独具特色的地标景观。

城市地下空间的规划设计由丰富的内容组成，环境人文与艺术是两个重要的组成部分。通过地下空间环境设计，能较好地消除地下空间对人们的负面影响，营造出舒适的地下空间环境。

通过人文艺术设计能彰显城市的文化层次和品位，从而展示城市形象、宣传城市文明。

第二节　地下空间环境人文

一、地下空间环境人文的定义

《辞海》中这样定义"人文"这个词："人文指人类社会的各种文化现象。"人文就是人类文化中的先进部分和核心部分，即先进的价值观及其规范，其集中体现是重视人、尊重人、关心人和爱护人。地下空间环境人文，是人本的地下空间，它体现了以人为本的思想，是古今中外人本思想的集中体现；地下空间环境人文，是在地下空间环境中表现民族文化，是传统的地方文化与现代的城市文化的演变融合。

将民族文化、传统文化、现代文化和商业文化等融入地下空间环境设计和使用之中，在日常使用中体现人文关怀和人文精神，通过地下空间环境人文的建设，将使地下空间不仅成为人们休闲、娱乐和商业活动等的使用空间，而且能成为展示城市形象、宣传城市文明的窗口。

二、地下空间环境人文的特点

1. 以人为本的理念

由于地下空间容易带给人们心理和生理上的不适，因此在地下空间开发利用中，不论从总体规划还是设施细节，处处都应体现"以人为本"的理念。只有以人本精神作为地下空间开发设计的中心思想，将人的需求和进步的需要放在第一位，才能为人们提供舒适宜人的空间。如通道、出入站口或步行街等，要设计得简洁明了、易于识别，让人们一目了然，以便人们对地下空间的方位、路线作出判断。除此之外，还应在地下空间的各个出入口设置足够清晰的指引标识（如路标、地图、指示牌等），引导人流、物流在地下空间顺利行进。

2. 民族地域特色

地域文化可以说是某一地方特殊的生活方式或生活道理，包括这里的一切人造制品、知识、信仰、价值和规范等，它综合反映了当地社会、经济、观念、生态、习俗以及自然的特点，是该地域民族情感的根基。因而在进行城市与建筑空间环境规划设计时，除了应尊重地域的各种自然条件外，还要全面了解其地域文化的情况，在空间环境的大小和组合中，在空间环境的装饰文化艺术里，包括绘画、雕塑、图案、文学、书法以及家具、花木、色彩和地方建筑材料与构造作法等，根据新时代的新要求，吸取传统地域文化的精华，并加入新内容，突出地域文化的特点，以符合各地域民族新的生活需求。

3. 个性鲜明的主题

在各国地下空间文化建设中，文化资源往往是通过具有鲜明特色的主题文化体现出来。主题文化是城市的符号和底色，是提高城市吸引力和创造力的载体。可以通过环境小品、绿化、座椅、电话亭等设置，创造多样化、人性化的地下空间文化。

4. 不同文化的交融

传统文化与现代文化交流融合成地下空间文化，传统的历史文化是城市的价值体现，而现代的人们又在享受着现代科技带来的时尚生活。现在人们已经越来越认识到保护传统历史文化的重要性，更加重视文化传承。保存传统文化的精髓，协调自然环境并融入现代时尚的文化，以此来满足人们日益更新的物质和精神需求。

5. 绿色环保的理念

绿色是生命、健康的象征。地下空间内引入绿色植物，不但可以营造富有生机、活力、安全、舒适、和谐的地下空间环境，还能通过绿色植物在光合作用下呼出氧气，吸入二氧化碳，起到净化空气、改善空气环境的作用。绿色还能使身处地下空间中的人们忘却自己身在地下，消除地下空间环境给人们带来的封闭、压抑、沉闷、不健康、不安全、不舒适等感觉。

当代中国正处于快速发展中，我们比以往任何时候都更强烈地渴求积极健康的生活方式，以及由积极健康的生活方式带来的人文品质。地下空间环境人文的理念中包含着当下人们奋力拼搏的精神风貌、豁达开朗的胸襟气度，它还是一个实践性强、可持续性强的城市战略。把城市地下空间的规划利用和人文的理念相结合，把城市建设的硬件设施与优化的软件设施相结合，把城市建设的指标与市民人文素质和生活质量的提高相结合，应是城市工作者、管理者不懈的追求。可以预言，地下空间人文的建设必将在城市的现代化建设中发挥出巨大的积极作用。

第三节　地下空间环境艺术

环境艺术是 20 世纪 60 年代在美国兴起的艺术流派之一。它将绘画、雕塑、建筑及其他观赏艺术结合起来，创造出一种使观看者有如置身其中的艺术环境，旨在打破生活与艺术之间的传统隔离状态。创始人为卡普罗（Allan Kaprow）。环境的概念是一个立体的空间区域，为了达到对多种感官（视觉、听觉、触觉以及味觉）的刺激，可事先安排或以机械操纵。

设计者应通过地下空间环境对人们产生的心理和生理影响的分析，运用景观设计和室内设计及装饰艺术等手法营造出舒适、具有空间感的城市地下空间环境。在景观设计方面尽可能地引入自然光线和外部景观、结合绿化水体等景观元素使地下空间具有灵动的空间感、生动的视觉感。在室内设计方面通过设计重新塑造地下空间，运用色彩、灯光、装饰图形与材料等，创造出舒适而具有美感的室内空间并通过利用现代视听设备同步接收外界信号等手段，改善地下公共空间给人的不良心理感受。城市地下公共空间特别还要重视标识系统的研究，以增强使用者的安全感、方向感。

在地下空间环境设计中，首先，从空间上来说，在进行建筑设计时，可以根据空间里不同使用功能的需求。考虑人们的私密性，合理安排空间布局，同时还应注意二次空间的形态，避免比例狭长不当的空间所带来的不舒适感。因为人们视觉上的舒适感一方面取决于空间本身的舒适程度，即它的比例与形态等；另一方面则由室内空间中的光线、色彩、图案质感、陈设等决定。此外，在地下空间室内设计中应特别重视听觉、嗅觉、触觉方面的舒适度，通过控制噪声、背景音乐，利用采暖、通风、制冷、除湿等方法，来解决机械噪声大以及寒冷、潮湿、通风差、空气质量不好的问题，使人们从感官上舒缓生理和心理的不适应感，创造舒适的地下空间环境。

在封闭的地下空间环境内创造宽敞的空间感需要有机地整合整个室内环境气氛的设计，综合考虑室内设计的各种要素，从空间的比例、色彩、光线、图案、装饰等方面创造出地下空间的宽敞感。

自然光线能通过太阳光的变化带给人们温暖、舒畅的感觉，使地面和地下的环境融为一体，令人感到舒适、愉快，因此，自然光线对心理感觉起着至关重要的作用。地下空间由于没有窗户，容易使人们的心理和精神产生压抑感，为了保持心理和精神上的稳定感，在地下空间的设计中，可以使用自然光线和人工光线相结合的工艺、方式，来改善地下空间的光线环境。

为地下空间引入自然光线对于改善地下空间环境有多方面的作用，这既可满足照度要求，也能节约采光能源，还可满足人们感受阳光，感知昼夜交替、阴晴变幻、季节更替等自然信息的心理需求。同时，在地下公共空间中，自然光线的采用可以使空间更加开敞，从而减少地下空间封闭、压抑、单调、方向不明、与世隔绝等不良心理感受。此外，自然光线对人体健康也裨益多多。

色彩的运用能够影响整个室内环境的吸引力及可接受程度。运用色彩创造出一个温暖、宽敞的室内环境是地下空间设计的关键。地下建筑的室内宜以暖色调为主。以带给人们一种温暖干燥的心理感受，帮助抵消地下环境中寒冷、潮湿的感觉。不同色彩所带来的宽敞感可以与雕塑、工艺品、图画与照片共同丰富地下空间人文环境。在地下空间中运用雕塑、工艺品与图画能提供视觉上的吸引点，也可以结合具有质感、动感、声音以及自然材料或是象征性元素的设计，结合当地环境的人文因素，共同融入地下空间环境之中。

色彩所带来的宽敞感与空间围合表面的色泽有关，又会与光线相互影响。一般明亮淡雅的颜色加上较高亮度的照明，会使空间显得更大更宽敞。墙面和天花板上可使用镜面来达到一种空间延伸的效果，以增强空间的宽敞感。人们在由镜面围合的空间中走动时，视野的变化常常会带来许多意想不到的效果。镜子也可以沿着拱腹或楼梯下部设置，甚至包住柱子或别的建筑结构构件以减轻它们的笨重感，创造出透明敞亮的感觉。

而图画的大小和内容也会影响地下空间宽敞感的创造及与自然的联系。选用有较强透视感的自然主题的图片或照片，会造成一种有效的视错觉，让人们感觉好像整个空间被延伸了出去。

一、地下空间环境的艺术性

地下空间环境营造不仅要满足人们基本的行为心理和生理需求，还要满足对地下空间环境的艺术气息、人文气息等更高层次的需求。这种需求，表现在对地下公共空间色彩与光影、动态与活力、标识与细部等的追求和塑造，以及对城市文脉和地域特征的传承和体现。

美学原则是设计领域普遍遵循的一般规律。社会在发展，时代在前进，科学技术也在不断地进步，设计的美学原则也会随之发展、创新和完善。地下空间环境艺术应该符合以下原则。首先应该符合的原则是对比和统一。对比，可以使造型更生动，个性更鲜明；统一，可以使得造型柔和亲切。只有对比没有统一，会产生生硬杂乱的感觉；而只有统一没有对比，会显得平淡呆板。因此在地下空间环境艺术设计中既要有对比，又要有统一，只有这两方面达到平衡，才能为人们呈现出既生动活泼又和谐舒适的状态。

其次，应该符合对称和均衡的原则。对称形式具有单纯、完整的视觉美感，使人感到稳重和舒适；设计上的"均衡"并不是实际重量的均等，而是从大小、方向以及材质等方面获得的感觉，通过一条看不到的杠杆判定上下、左右的均衡。在地下空间环境艺术设计里，家具的聚与散、界面装饰的疏与密都是处理好均衡美的关键。恰当地处理对称与均衡，可以取得意想不到的设计效果。

再次，应该符合节奏与韵律的原则。在视觉艺术里节奏的含义是某种视觉要素的多次反复。例如：同样的色彩变化、同样的明暗，对比不同的造型元素、不同的材料。其产生的节奏和韵律不同，带给人的感受也不同。在地下空间内，怎样利用不同元素间的节奏和韵律营造一个舒适的公共环境，是值得认真思考的问题。

地下空间环境的内部装饰与细部设计应与地下空间的建筑设计密切结合，根据地下空间的用途、规模，材料及施工条件，从空间艺术效果出发来进行设计，进一步完善地下公共空间的温暖感、宽敞感和方向感。地下公共空间的内部装饰主要包括天棚、墙面和地面的处理，可以考虑用浮雕、壁饰等艺术手法来强化装饰效果。细部设计包括柱子、门窗孔洞等的材料选择、位置安排、形式确定、色彩应用和空间比例关系上的协调，以及地下公共空间中小品雕塑等艺术装饰品的布置。

建筑师能够利用自然光线随时间、气候所产生的光影变化，给建筑空间带来时空感，在地下公共空间中也不例外。自然光线进入地下的方式多种多样，通过不同位置的洞口、不同材料的介质，经过直射、折射、漫射等不同方式，可以形成不同的光影效果。此外，科技的发展，人工采光技术的进步，不仅可以满足地下公共空间基本的照明需要，而且可以实现很多自然采光条件下不能达到的光影效果。

在地下空间环境中，要创造出富有生命力的空间，就要充分利用各种要素，有结构、有系统、有层次地表达动感空间的理念。

地下空间环境艺术性的体现还包含创造动态与活力的空间。在地下空间环境中直接应用观景电梯、自动扶梯等交通工具，再配合轻质帷幕等动态要素，可创造出具有动感的空间效果。

香港又一城中，中庭金属质感的自动扶梯，栏杆扶手和装饰吊灯一起造成了流动的感觉。采用曲线、曲面形态，能造成独特的视觉效果，形成富有动感的室内空间，并让人深感生命的活跃。在地下公共空间中还可以弯曲的灯具、灯带，旋转楼梯以及地面曲线形的铺装等细部构件的艺术性处理给人以美妙的动感。地下公共空间活力的塑造，主要依靠人在空间中的活动，形成一个理想的"人看人"空间。

二、地下空间环境艺术设计中的绿色植物

众所周知，绿色是生命的象征，绿化是地面自然环境中最普遍、最重要的要素之一，绿色植物象征生命、活力和自然，在视觉上最易引起人们积极的心理反应。在地下空间环境中布置绿化不但会给人以生命的联想，而且可以利用绿化来实现地下空间内外环境的自然过渡，进行空间限定与分隔、组织视线、暗示或指引空间，也可以利用绿化进行集中式园林造景、点缀和丰富空间。将绿化设计引入地下空间环境规划，在消除人们对地下与地上空间的视觉、心理反差方面具有其他因素不可替代的重要作用。

绿色植物不仅能够起到美化环境及组织空间的作用，还能够缓解人们的紧张感。特别是植物还能利用其积极的生理行为，来改善地下空间的空气质量，这一点比在地上更显得突出。

绿色植物在光合作用下能够产生氧气，吸收二氧化碳；此外绿色植物还可以吸收空气中的有害物质，如在日常生活中，人体本身、香烟烟尘、建筑材料、清洁用品、空调器、化纤地毯等均会释放出诸多污染物质，而绿色植物均可加以净化。人们在有绿色植物的环境中可以放松紧张的心情，调节紧绷的精神。常看绿色植物可以降低视觉和生理的疲劳，消除对地下空间的不适反应。

由于自然光线受到严重的限制，如何导入植物就成为绿化成败的一个关键因素。必须选择极度耐阴且适应温室生长的植物，如发财树、绿萝、散尾葵、铁树、南洋杉、吊兰等。绿化地点可选择楼梯、过道、吊顶等处，由于受空间大小的限制，可以采用移动容器组合的绿化方式。而在空间条件允许的情况下，则可以适当利用固定种植池绿化和方便种植的水体绿化。

在较宽的楼梯上隔数阶布置景观植物，可形成良好的视觉效果；在宽阔的转角平台处可配置较大型的植物；扶手、栏杆可用植物任其缠绕，自然垂落；过道中总会有一些阴暗和不舒服的死角，可沿过道相隔一段距离用盆栽排列布置；用造型极佳的植物遮住死角、封闭端头可达到改善环境气氛的目的。地下空间的墙壁与立柱通常使用广告、油画等无生命的装饰品，但可以通过绿化带来生机勃勃的感受。通常缠绕类和吸附类的植物均适于立柱绿化。还可安装绿化箱，将植物固定在墙壁上挂栽，也能扩大绿化面积、美化环境、优化装饰效果。吊顶往往是极具表现力的地下空间一景，它可以是自由流畅的曲线，也可以是层次分明、凹凸变化的几何体等，用天花板悬吊吊兰等植物是较好的构思。

三、地下空间环境艺术营造中的水体设计

和绿色植物相比，水是人们生存不可缺少的物质。水是无色的，但是在光线的影响下，水又会变得五光十色，给人柔美舒适的感觉。为了在地下空间营造不同形式的水体效果，常用喷泉或瀑布的形式展示，使人们从视觉和感官方面，感受水体景观带来的愉悦舒适。

将无形的水赋予人造美的形式，能够唤起人们各种各样的情感和联想。水体的处理具有独特的环境效应，可活跃空间气氛，增加空间的连贯性和趣味性。水体的设置方式有盈、淋、喷、泻、雾、漫、流、滴、注、涌等。

水体在地下空间的利用与维护较为方便和简单，其对于地下环境的要求及艺术处理手法与地面上的并无差异。为了在地下空间取得声情并茂的水体景观效果，常做成叠水、瀑布、喷泉等形式，有时在静水部分放置一些雕塑，以活跃空间气氛，增加空间的连贯性与趣味性，这些都会让人们的视觉兴奋，给沉闷的地下环境带来一些声音刺激和动感。水体倒影的光影变换可产生各种独具魅力的艺术效果，并可以隔声、净化空气。虽然人在地下的活动相对来说只是一种短时活动，但只有感觉到与外部世界保持着联系，人们才能在地下安心地活动。亲水空间对于改善地下空间环境质量也有显著效果。水体的处理常与绿化有机结合组成"自然景观"，使室内具有室外感给地下空间平添出大自然的无限情趣。

四、地下空间环境艺术营造中的诱导标识

人群在地下空间环境中活动，空间位置和方向诱导极其重要。地下空间环境中人行通道，应具有简洁性、连续性和互通性，交通通道与行人交通之间应无障碍衔接，形成完善的交通网络。在通道口的设计上可以利用不同大小、不同色彩、不同层次、个性化的节点空间或者标识作为定位参考，增强其可识别性。这样有助于行人作出正确的判断和选择，并能够增加地下空间的趣味性和场所感。

第四节　西方地下空间环境艺术

西方城市地下空间开发利用起步早，大规模的开发经历了 150 多年的发展，经验比较成熟。城市地下空间规模化的开发利用始于建设地铁。英国伦敦 1863 年就建成了世界上第一条地铁，开了城市地下铁道建设的先河；美国纽约 1865 年建设了第一条地铁；法国巴黎 1900 年建设了第一条地铁；德国柏林 1902 年建设了第一条地铁；西班牙马德里 1919 年建设了第一条地铁。目前世界上已经修建地铁投资运营的国家和地区有 40 多个，城市有 100 多个。

西方城市地下空间开发利用的第一次高潮始于第二次世界大战。第二次世界大战大面积修建地下，人防工程带动了地下空间的开发。战争中的战略轰炸已经成为战争的必用手段，巨大的人员伤亡、财产损失和房屋毁坏，使人们意识到修建地下防护设施的重要性。地下防护空间的建造可以人人降低士兵和市民的伤亡数量，所以战后欧洲各国都十分重视在民用建筑下面修建地下室，并把这样的要求加在法律之中。

随着现代城市的快速发展，建筑师逐渐注重立体开发，充分利用地下空间建设多功能、四通八达的地下城，从地铁交通工程、大型建筑物向地下自然的延伸发展到复杂地下综合体，再到与地下步行街、轨道交通、地下商业街相组合的地下城，公共建筑也开始向地下发展，如公共图书馆、会议中心、展览中心、体育馆、音乐厅、大型的科研实验室等文化体育设施。

西方在地下空间环境艺术上的发展也各有特色，本节主要从壁画、雕塑、光影、绿化、色彩、材质、小品、水景等方面，简述西方代表性国家城市地下空间环境艺术设计实例。

一、英国

英国城市地下空间环境艺术是随着城市地铁交通的普及而逐渐产生的。英国地铁站内的墙面绘制了大量精美的壁画，内容展示了英国历史上手工业的发展状况。壁画采用线描的手法，生动地再现了这个古老国家的历史和文化，宛如一部黑白电影，意味悠长。

伦敦地铁各个地铁站通道的墙壁上，记录着有关历史典故和文化背景的壁画，把人们带入当地的文化和历史之中。比如，因福尔摩斯出名的贝克街，地铁站台两侧的壁画生动地描绘了这个站台在 1863 年的情景。穿西服戴礼帽的绅士彼此交谈，穿着军服的士兵冲锋陷阵，打扮整齐的绅士在马车上向人们挥手示意，人物形象十分生动传神。更令人惊叹的是，当你听到地铁列车开进的声音，急忙把眼光从壁断上挪开望向站台时，看到的是复古的壁画，古色古香的吊灯和两条长长的铁轨。崭新的列车和穿着时尚的年轻人与画中的人物形成巨大的反差，像是穿越到了时空隧道。

二、法国

法国巴黎城市地下空间及地铁车站系统的环境艺术设计结合了 20 世纪初的新艺术运动风格，以独特的形式为人们所称道。

巴黎第一条地铁于 1900 年建成，沿香榭丽舍大街由西向东，长约 10 km。地铁车站内部为拱形断面、站台较窄，并无太多吸引人之处。而巴黎地铁出入口的设计却很有名气，建筑师吉马尔做的车站入口，由可以互换的标准铁件组合，铸成一些自然主义元素的形式，铁件在他的手中已经柔化得像一个充满生命力的物体，金属的结构形成了蜿蜒的构架，为建筑划分了整体节奏，同时也形成了独有的纤细、紧凑和轻盈的感觉。通过风格化的设计，吉马尔用清晰的结构逻辑与质朴的构造方法创造了独特的有机形体，使建筑屋顶具有了优雅的品格。其建造过程也有炫耀技术的成分，所有屋顶构件都是用金属浇筑，系列化生产，钢和玻璃的运用为建筑带来了通透的门廊氛围。这些动态造型不仅是为了装饰，而且使地铁的造型极具动感。吉马尔甚至把这些构筑物中的文字书法和照明灯饰都做成了弯曲形状。

巴黎地铁利用新的工艺技术，将建筑结构暴露出来，配合简单的装饰材料，使得地铁内部空间宏大而严谨，创造出建筑空间的结构美，和体现法国高雅而浪漫的空间氛围。同时利用灯光艺术表现展示出城市文化特征。

巴士底地铁站所在地区是 1789 年爆发的资产阶级大革命所在地，巴黎人民攻占了象征专制和恐怖的巴士底监狱，这在历史上产生了巨大影响，这里的地铁通道壁画用大面积空间展示这一历史画面，既表现这一地区曾发生过的历史现象，又是一个鲜明标志。

市政府站是巴黎市政府所在地，这座建筑物曾发生过众多重大历史事件，其中包括悲壮的"热月政变"。地铁站通道装饰中央镶嵌着市政府的标志，墙面两边用玻璃夹层镶挂着一块块石板，石板上影印出市政府建筑不同历史时期的放大照片，乘客可通过照片感受到市政府这一建筑物的建设与发展，以及不同历史时期所发生的政治变迁。

三、加拿大

加拿大蒙特利尔和多伦多地下城闻名世界，蒙特利尔地下城称得上世界上最大最繁华的地下"大都会"。蒙特利尔地下城于 1962 年开始建设,1966 年建设完成,20 世纪 70 年代形成多功能综合地下建筑,80 年代形成地下商业走廊,90 年代建设了更完善的地下通道,形成了一个由步行通道联系起来的庞大的系统。这些建筑属于不同的业主,具有不同的功能,包括商业、贸易、娱乐及公共的地面和地下设施。

蒙特利尔地下城的建筑面积达 91 万 m³,每天通行人数超过 50 万。它将对面圣劳伦河和皇家山的市区办公大楼、旅馆、商店、公寓大楼、医院从地下沟通起来。它还通往两个火车站、一个长途汽车站和一个规模巨大的停车场。在这个地下城里,如果人们不愿走出去的话,可以在 142 家中任何一家饭馆或酒店里用餐、饮酒,在 1024 个商店里购买所需商品,在 24 家电影院和 4 家剧院里观看电影或节目,还可以参观两个大型展览、两个艺术长廊。

地下城里还开办有 26 家银行的支行,专门为顾客提供服务;地下城所有出入口都设有自动升降梯,有公厕 10 多处;地下城所有的长廊里摆有各种花草树木,利用电光促其生长;花草树木间安置各种凳椅,供游人顾客休息、交往和娱乐。

蒙特利尔地下城中的玛丽广场地下商业街以暖色调为主,有机地结合整个室内环境气氛的设计,综合考虑了室内设计的各种要素,创造了温暖、宽敞的空间感。色彩的运用影响到整个室内环境的吸引力及可接受程度,地下街利用色彩的温度感(冷暖的感觉)、重量感(上轻下重,地面采用色深明度低的颜色,天花板反之)、体量感(暖色膨胀,冷色收缩)及距离感(暖色近,冷色远)创造出一个温暖和宽敞的地下人工环境。以暖色调为主的地下建筑的室内,带给人一种温暖干燥的心理感受,能帮助抵消地下环境中寒冷、潮湿的感觉。色彩所带来的宽敞感和空间围合表面的色泽受其上受光量的影响,明亮淡雅的颜色加上较高亮度的照明,使空间显得更大。

多伦多地下城独特的多元文化特色都体现在此地各家商家的橱窗里、货架上。从最新潮流时装以至最另类的唱片,从品位独特的小型服饰店到规模宏大的超级市场,这里总有适合不同人群的购物地点。不用担心坏天气破坏购物兴致,长达 27km 的地下通道,连接起拥有 1 200 多家商铺,营业面积达 37 万 m² 的地下购物城,人们可以尽情享受购物乐趣。

多伦多伊顿中心位于市中心繁华商业区,是一个跨越 5 个街区的条状多层商业综合体。伊顿中心长廊购物街长 258 m,宽 8.4~16.8m,高 27 m。它的两侧和中部设有三个直通到顶的中庭,构成室内的主要交通流线和视觉中心。中庭空间由空间网架加上采光玻璃面构成既能躲避风雨、烈日、严寒等恶劣气候的影响,又最大限度地将自然光、绿化、水景引入地下,使原本封闭的地下商业空间充满阳光和新鲜空气,同时也使畅游于此的人们感受到四季气候和阴晴的变幻。中庭起着接受阳光和光通道的作用,中庭内设置大量的花草树木、叠石、流水以及喷泉等建筑小品,在阳光的照耀和光影的变幻中,构成了生机勃勃的地下立体花园。喷泉构成的水景、树木构成的绿景、竖向的楼梯、自动扶梯和横跨的天桥,使空间形成垂直与水平、静与动的强烈对比,使这里成为一个颇有活力的地下公共商业中心。在多伦多漫长的冬季里,这里深受市民的欢迎。

四、瑞典

瑞典斯德哥尔摩的地铁车站环境艺术独辟蹊径，百余位艺术家分别用自己的风格和艺术构思来装点每一个站台，使之变成了一个世界最长的艺术长廊。

人的视觉中心通常停留在平视线上，因此地铁车站的墙面设计是非常重要的，它担负着改善空间感受、传播信息、创造氛围的功能。瑞典是北欧五国之一，寒冷的气候使他们的祖先爱斯基摩人生活在地下冰洞里。瑞典斯德哥尔摩地铁内的墙面处理方式很显然再现了洞穴的内部结构，并且延续到了墙面的艺术手法上。白色抹灰的墙面精心绘制着宝石蓝色的植物枝条和叶子，像极了冰洞里爱斯基摩人的装饰壁画，整个墙面下端的蓝色色带巧妙地引导人群向地面入口走去。白与蓝的对比、复杂结构与简洁墙面装饰的对比，使这个空间在带着强烈梦幻色彩的同时又兼顾了功能、艺术上的温和统一，是地铁站内设计的经典之作。

为了让旅客忘掉他们是在地下旅行，地铁车站通常设计得干净而具有现代感，但瑞典斯德哥尔摩地铁却不是这样。致力于提高生活品质的瑞典人，把地铁车站建造成一条艺术长廊，总长 108km，每一站都是精心设计的艺术品。在 100 多个地铁站内人们可以欣赏到各式风格的绘画、壁画、雕塑，以及各式各样的艺术作品。斯德哥尔摩地铁的几个站是在岩石中开凿出来的，留有洞穴状的"天花板"，它是古代和未来的结合，洞穴绘画是其点睛之笔。在其 100 多个地铁车站中，有一半以上装饰着不同的艺术品，它们表现着不同的主题，让人感到生机勃勃的活力和憧憬。

功能性照明和艺术性照明在某些位置上会相互并存，这就要求设计者根据实际需要，合理地调整二者的数量范围和比例关系，避免冲突和重复。斯德哥尔摩就是地铁艺术照明与功能照明融合的成功实例，该地铁站台层顶面使用随意弯曲的白色霓虹灯管照明和功能性照明并置来塑造环境气氛。

斯德哥尔摩地铁车站装饰设计在新材料和新技术的支撑下，更是独特大胆，为人们认识和理解车站空间艺术表现提供了新的思路和理念。地铁建设中，保留了原始的天然岩层和石料挖掘痕迹，其空间中尽是天然的原始结构，结合地铁车站的功能特征，空间经过人工处理后别具风情，整个空间倾向于纯粹与现代，使整个地铁环境变得独特与神秘莫测，充满对未知的期待，更使得空间体验变得不再乏味和单调，加之裸露的岩石和瀑布，给人以回归大自然的感觉，使车站充满了浓厚的艺术氛围。这时候照明的设计不仅满足了基本的功能性照明，还烘托出结构本身的艺术性。

五、芬兰

芬兰有许多发达的地下文化体育娱乐设施。1993 年建成了临近赫尔辛基市购物中心的地下游泳馆，其面积为 10210m²。1987 年建成了精神病医院地下游泳馆和健身中心。

1993 年建成的吉华斯柯拉运动中心，面积为 8000 m³，设置了体育馆、体育舞蹈厅、摔跤柔道厅、艺术体操厅和射击馆。1988 年建成了库尼南小镇位于地下的球赛馆，有标准的手球厅、网球厅、观众看台、盥洗室和办公室等。

位于芬兰东部城市蓬卡哈尔尤市的里特列梯艺术中心每年能吸引 20 万人次参观者，内设 3000m³ 的展览馆、2000 m² 的画廊以及有 1 000 个座位的高质量音响效果的音乐厅。

六、俄罗斯

城市地铁车站人文艺术是城市文明的又一个重要标志，全世界称得上是最好的最能体现本土文化艺术的地铁在莫斯科。莫斯科地铁空间系统构思新颖、气势磅礴，富有艺术特色，犹如富丽堂皇的地下宫殿，让人沉浸在美的享受之中，它以其迷人的魅力，吸引着各国旅游者。

莫斯科地铁车站充满文化氛围和艺术，装潢豪华，具有很强的艺术价值。在莫斯科地铁通车典礼上，市委第一书记说了这样一段充满激情的话："我们的地铁是普通人的交通工具，不仅应该是最方便的，还应是最美丽的，在艺术上也首屈一指。"这从侧面反映了莫斯科当地政府对地铁环境的重视和骄傲。走进莫斯科的地铁，犹如置身于地下艺术宫殿。比如著名革命广场车站两侧各有十几个拱门，都用棕色大理石装饰，拱门两侧竖有两座大理石红军战士雕像，形成了庄重的入口氛围，感染着往来的人群，将政治文化和艺术融为一体。

另外一个充满艺术气息的地铁车站是马雅可夫斯基广场车站。它的内部矗立着诗人半身铜像，所有拱门镶着不锈钢，围成圆形的明灯嵌在拱顶，灯光反射在红白相间的大理石地面上，发出别样的光彩。皇室风格的基辅车站俨然一个宫廷盛宴场所，它内部的拱门都用金色花纹装饰，配上拱顶的金色大吊灯，拱门之间，是装在金色框子里、用马赛克精心拼砌的巨大壁画。它们以其鲜明的民族艺术特点，造就了独特的地下艺术文化，也成为俄罗斯现代科技与传统艺术完美结合的设计典范。

地铁站的内部大都以大理石、花岗岩、马赛克等为主要的装饰材料（其中许多大理石上还隐现着各种无脊椎类海洋生物的化石，如菊石、海胆、鹦鹉螺等），并通常以玻璃镶嵌画、壁画、浮雕、雕塑等艺术形式作为主要的表现手段，因此它的每一站都尽显奢华，可谓是集建筑、雕塑、绘画于一体的艺术精品。同时，又由于是配合着不同的站名而展开的针对性设计，因而各个站台的环境布置绝无雷同之感，并极具鲜明的时代特征。所以，当人们置身于这些空间的时候，就仿若游走在一个个地下艺术宫殿之中，令人流连忘返。如今，这些风格各异的地铁车站成为人们品味俄罗斯文化的一道不可或缺的独特风景线。

灯具采用的排列组合方式，会直接影响站房空间内光环境的美观和艺术效果，它是地铁站中行人能观察到的最直观的空间光照元素，小到对灯具的细节造型、颜色、材质等近距离的观察，大到灯具的整体排列布局等远距离的观察。如果你远距离对莫斯科地铁车站灯具的整体布局和照明效果进行观察，它们给你的视觉印象和冲击力是最强的。

第五节　东方地下空间环境艺术

东方艺术不同于西方艺术，具有自己鲜明的特色。东方人的思维方式以感性为主，西方人的思维方式以理性为主。东方艺术更注重对意境的表现，讲究形、神、气与境的表现，包括古代建筑、戏剧、雕塑、诗歌、绘画、哲学等方面的内容。它的涵盖面很广，集中体现了东方人的伟大智慧和悠久历史。

东、西方在地下空间环境艺术表现上也有着显著的差别。本节主要论述我国部分城市及日本的城市地下空间环境艺术特色。

一、上海

上海地铁环境艺术设计有其独特之处。上海地铁发展已经走过 20 年的历程。虽然起步不算早，但短短的 20 年里，不仅建设速度世界第一，也逐渐形成展示上海文化的一系列亮点。

上海人民广场现为城市绿化休闲广场，并已成为上海的政治文化中心。20 世纪 90 年代初配合上海地铁 1 号线的运行，人民广场地下空间开始开发，先后建设了人民广场迪美地下商业步行街和香港名店街，组成了人民广场地下商城。

人民广场地下街内的地下商城部分，总面积 3 万余平方米，包括迪美购物中心和香港名店街。迪美中心面积达 2.5 万 m^2，一条长 150 m、宽 12 m 的地下大道把商场一分为二，一个区域内有大百货商场、世界服饰名品店、休闲服饰店和超市，另一个区域内有西式快餐店、婚纱摄影广场、女装、童装店、美食广场等。与其相通的是香港名店街，有 2 个地面出入口、2 架自动扶梯和 4 座人行扶梯。从人民广场东南端的草坪旁，乘自动扶梯下到 8 m 以下的下沉式广场，可步入地下商业街。香港名店街长约 300m、宽 36m，两旁共有近百家店铺，每间 50m^2，店铺面向街道立面皆用大面积玻璃，形成浓郁的商业气氛。

迪美购物中心的入口将通道加宽形成了前厅。前厅作为过渡空间宽敞而富于层次和变化，它的作用是把人的活动从一个空间转移到另外一个空间，对减轻地下商业空间的封闭、单调感具有重要作用。吊顶部位设计了圆形的发光天棚，地坪也设计了圆形花色图案，在中央布置了供人观赏的景观，成为视觉焦点，吸引人流到达并形成进入内部空间之前的缓冲。

迪美购物中心与香港名店街，采用富于延伸感和导向性的铺地形式，在自然地引导人流的同时，通过铺地形式的变化，或者通过改变地面标高在视觉上界定空间，使地下商业公共空间环境的趣味性和可识别特征大大增强。

上海地铁站正逐渐变身为大型公共艺术博览馆。这座地铁公共艺术博览馆由大中型站点的艺术长廊、大型站点的艺术馆共同组合而成，比如徐家汇站、人民广场站、浦东国际机场站、虹桥火车站、中华艺术宫站等都适合建设中等艺术馆。新建的车站，装饰各类大型浮雕壁画、大型油画；开设"上海地铁音乐角"，布置文化展示长廊；车厢内的展板拉手，布置中外诗歌、城市新老八景、名家名画名言等，打造"上海地铁文化列车"。

在环境艺术设计方面。上海地铁以及地下通道的发展也是伴随着地铁的建设而越来越丰富多彩、越来越专业与深入。比如上海浦西通向外滩的地下通道，墙上装饰了张贴着凡·高油画的灯箱，热烈的黄色、橙色、蓝色，奔放、夸张的线条，尽显法国南部朴实的乡村特色。绿色的墙体衬着油画，具有很强的艺术气质。

上海地铁陆家嘴站内墙面的玻璃壁画，长约 6m，整体白色，晶莹剔透，壁画内容表现了城市现代风貌，现代气息浓，这种环境设计在反映上海大都市风貌的同时，也是地铁艺术表现的精彩范例。上海中山公园站的过道，简单的色块、鲜艳的色彩打破地铁站的沉闷，让地下空间变得轻松、随意。

上海体育中心站，在站厅层转乘交换区域的处理上，充分利用人心理上和视觉上的向光性，提高自动扶梯转换区域的整体光照亮度，将乘客的视线吸引到交换区域，这样的处理更好地辅助立面的指示标识系统，起到了引导作用。

除了通过亮度的差别给人的视觉带来方向和空间的识别外，灯具的安装造型和有秩序的排列也能够起到引导乘客的作用。站台层采用光带在竖向进行漫反射照射，由于线性的方向性强、线性光带加强空间的延伸，提示人们空间与空间的连接。

二、南京

根据南京市的总体规划，未来几年南京市将以主城、新市区、新城为单元，组团发展，串连成网。以中山路—中山南路和汉中路—中山东路为发展轴，以新街口、鼓楼、珠江路、大行宫、上海路地铁站为中心，建设不同规模、不同功能的地下综合体，再通过地下街将这些地下空间组合成地下城，形成"二主（新街口、鼓楼）三副（大行宫、珠江路、上海路）"的布局结构。其中新街口是南京市乃至南京都市圈的中心，商贸、商务是其主要功能；鼓楼作为城市文化、科技、信息中心，文化设施是地下街区的主要内容；大行宫、珠江路、上海路分别以特色商业为主，并通过地铁和地下通道连成一体，组成市中心地下城。

1. 南京水游城

南京水游城是一座以水为主题，融合酒店、影院、娱乐、零售、饮食广场等多种业态、多元化的，建在运河上的大型购物中心。它位于南京古城内城南地区，基地位于中华路、健康路两条城市主干道交叉口的东北角，东临旧王府街，三面环路，距离南京地铁 1 号线三山街站有 500 m 左右的步行距离，处在城市中心轴线上，属于南京 5 分钟都市生活圈繁荣核心地带。水游城占地面积 26 770m²，总建筑面积 167 万 m²。

设计师通过精妙的手法将阳光、空气、水流、天然植物等景观元素引入商业设施内部，把建筑用运河隔开，形成开放式体验空间。比如在外观设计上与传统的商场购物中心不同，外墙主体色调用暖色做主打，雨林迷彩做辅墙，水做装饰，外观时尚而现代，主体建筑十分突出。

商场的主入口位于中华路一侧，地下入口建造的是宽度为 4 m 的台阶式直跑楼梯，与地下水景观相结合，不仅可以满足竖向交通的需要，还为人们提供了一个不同高度的观赏平台，其使用的舒适度和空间的趣味性还对建筑物的形体塑造和创造丰富的室内环境起着重要的作用。

位于太平南路的主入口处安装了 2 台户外型自动扶梯，1 台供游客直接下到地下二层的美食广场，1 台供游客上到地面，同时宽度为 4 m 的台阶式楼梯可到达地下一层。从出入口位置向下俯视，宽敞、干净，其中潺潺的水流让人觉得空间环境充满活力，并且有要下去转一转的冲动。

两台户外型自动扶梯上方覆以空间网架支撑屋顶的开敞式结构，不仅对电梯起到保护作用，还能展示水游城地下商业空间的入口形象，并形成从地面的外部空间到地下的内部空间的过渡，在入口处增添一道亮丽景观。这种方式对于行走路边的人是一种无形的催化剂，游客本来看到好奇的景色就有一种要下去的感觉，现又有现成的自动扶梯，不需要游客花多少额外的体力就可到地下去看个究竟。这样的设计，很好地抓住了游客的心理，为他们走到地下提供了便利的条件。

水游城内部空间为环形大厅式布局。以穹窿形中庭为核心，其他空间环绕其周围展开形成环状平面。为提升地下层的价值，也为了体现南京地域文化，水游城在规划概念中以运河水系为主线，在地下一层规划了一条宽 8 m、长 280 m 的室内环形运河。这些水都是雨水在地下的存储，不仅节约能源，而且形成了鲜明的景观特色，吸引人流往下走；地下二层设有美食广场，游客可以乘坐自动电梯直接到达。

沿着室外台阶而下，首先出现的是一个到顶的穹窿形中庭，作为水游城的建筑特色和活跃因素，成为入口空间地上、地下的过渡，不但沟通了不同楼层之间的视觉联系，使地下空间充满阳光，同时作为空间标志和导向的核心，也增强了空间的开敞性。位于"运河"中央的水游城中心舞台，在建筑上引入了向心力的概念，将娱乐、休息等功能放入中庭空间，通过 365 天全天候的舞台演出，展现不同主题的节日庆典活动、环境装饰、声光电组合效果等亮点，刺激中庭的观看者和经过中庭的人，创造出充满生机和活力的地下商业公共空间。

水游城地下空间环境营造非常质朴，以其悠闲、平静和安谧的氛围留住顾客，与街面灯红酒绿、车水马龙的景象形成强烈的反差。各个界面的设计也充分彰显出商场特色。地面铺装设计规整、分区明确，巧妙地烘托了空间，起到传达信息的作用；墙面材质、颜色的对比，既现代又温和，令人耳目一新。值得称道的是商场卫生间通道的墙面设计，装饰材料与其他空间界面区别较大，采用黄色亚克力板，内藏黄色日光灯，外装木格栅饰面。

不但增加了通道空间的宽敞感，同时还起到良好的装饰效果和导向作用。

为了避免游客长时间待在地下引起的烦躁心理，通道的两侧、顶端或者交叉口还布置了绿色植物，顶棚和地面也采用了精心设计的图案，处处体现了对人的关怀。地下一层专门设置水游城模型展示空间，并在周围布置了供游人休息的座椅，造型简洁而富有趣味，构成了一个丰富、生动的休憩空间。

水游城在内部空间的细节处理上也恰到好处，尤其是在空间导向方面，随处可见的标识，除了外形设计别具一格，颜色搭配也颇具创意，能够给人很强的视觉冲击力；电梯间、安全通道、各个空间界面的细部设计和消防系统的巧妙遮挡设置等方面，都是值得其他地下商业空间去认真学习和借鉴的。

2. 南京时尚莱迪购物商城

南京时尚莱迪购物商城位于中华第一商圈——新街口核心商业圈，是集服装、鞋包、百货、餐饮等经营品种为一体的大型综合商场，它也是南京现在唯一与地铁 1 号线相联系的地下商场。

莱迪商城的建造不仅缓和了地面交通，也给地铁交通设施增添了活力。它于 2005 年4 月正式营业。

莱迪开南京时尚购物中心之先河，在众商云集的新街口核心商业中心独树一帜。商场分为地下两层，总建筑面积为 20 000 多平方米，营业面积占据 10000m²，有 700 多家店铺。其独特的人口设计、个性的购物环境每天吸引着数以万计的年轻人聚集于此，平时人流量约 3 万，节假日高达 5 万。

莱迪商城设有 6 个主要出入口。主出入口位于新街口步行街的中心广场，采用开敞式，设 2 部供游客上下的自动扶梯，并设有台阶式楼梯。自动扶梯之上由圆锥形的空间网架和张拉膜结构共同构成开敞式顶棚，不但使得地下商城的外观形象十分突出，还形成了从广场的外部空间向地下商城内部空间的良好过渡。开敞式顶棚在莱迪商城一开业便迅速成为广场上的标志物，吸引了大量的人流。商场在主入口通过透明网架和张拉膜构成一个共享大厅，巧妙地将室外自然景色和阳光引入地下空间，减少地下给人带来的封闭感和恐惧感。大厅结合上下的电梯、支撑的柱子，还设置了玻璃舞台，映衬蓝色的灯光，成为共享大厅的点缀元素。其余入口外观设计也颇具特色，不但充分展现了莱迪时尚的外观形象，同时构成了新街口中心广场的景观要素。简单时尚的外观不仅成为人们辨别方向的坐标，引导过往人流大面积玻璃墙体材质也给处于地下的商城带来一抹阳光和绿色，也能使游客很方便地进出地下，消费游玩。

莱迪商城内部为通道式布置方式。为了避免地下空间自身不利条件，减少狭长的走道形成的单调感和沉闷感，商场在通道的端部和交叉口处设计了三个中庭空间，不仅增加了地下商城的宽敞感，还丰富了地下空间的层次，共享大厅也成为莱迪地下商城空间中能最大限度促进人际交流、休息娱乐的中心路标。

莱迪商城内部水平交通空间是典型的步道式组合。根据人们识别环境的特点，莱迪内部空间设计均以不同的主题街区展开布置。地下一层 1D 街区以经营时尚女装为主，配以迷彩休闲等特色服饰；1F 则是地下一层的另一条主街区，经营范围也以女装为主，但是以民族风为特色——"美食美客"是位于 1C 的餐饮区。

商场地下二层的"星光大道"是目前南京人流量最大的地铁通道，其经营范围涵盖服装、摄影、化妆品等。"格林之旅"即 2D 街区，是以复古为特色，可以看到华丽的灯具及欧洲宫廷的烛台盔甲；"洞感地带"位于商场的 2C 街区，以主题街区为导向，将溶洞的空间与藤蔓的缠绕完美结合。在这条街区，以经营运动型的服装为主。

莱迪内部空间设计总体上是比较成功的。丰富的装饰色彩、地面拼花组合、曲线式灯具造型各异的吊顶设计、主题装饰设计不仅丰富了室内空间，减轻了由于通道过长引起的枯燥感和置身地下的压抑感，而且易于识别的环境也能够给人以参照作用，让游客保持良好的方向感。

南京莱迪地下商场内部细节处理也是比较到位的。自动扶梯上的灯光点缀、共享大厅的绿化设置、出入口的指示牌设计、共享中庭内设置的休息座椅以及精心设计的界面造型等，都使室内环境发生了丰富变化，对改善内部环境、加强导向性起到了很好作用，这些到处都体现了"人性化"的设计理念。

三、北京

北京是有着三千年历史的国家历史文化名城。诸多宏伟壮丽的宫廷建筑使北京成为中国拥有帝王宫殿、园林、庙坛和陵墓数量最多、内容最丰富的城市，完美地体现了中国传统的古典文化，是中华民族宝贵的文化遗产。北京地铁的什刹海站，设计上采用了老北京独特的屋檐作为背景，用富有中国风格的图案，体现老北京的环境和使用物件；国家图书馆站的壁画，采用了花岗岩浮雕工艺，着重体现了《赵城金藏》《敦煌古卷 × 永乐大典》《四库全书》让乘客进入车站，犹如走进了历史的长河。

照明的选择上，北京地铁站照明在重视展示都市时尚现代的同时，更多地融入了中国古典装饰元素，照明在造型和装饰上有很大的突破。比如天坛东路站车站顶面照明布置大胆地采用了天坛的形状，将灯具镶嵌在圆形的轨道册格中，让人们产生了对历史建筑的联想，具有浓厚的装饰气息。崇文门站的站台层顶部照明，更是利用了传统室内顶面"藻井"的样式，加上漫反射的照明方式，使得空间环境安静亲切。

北京地铁艺术照明更是在位置的选择上突破传统，如在主要空间站厅层、站台层，楼梯下部墙面上一般情况下是不设置光照较强的照明灯具的，这些区域多设置集合指示性标识和宣传广告等辅助性照明，而北土城站的站台层与之相反，在墙面上设置照明在折纸状连绵起伏的石材墙壁上镶嵌不规则的线性灯光，不仅满足了站台内乘客的视觉照度要求，还极具装饰性和趣味性，吸引视觉，使人的视线有层次地更新变化，打破均质的照明带来的单调乏味的环境氛围，缓解等车时的焦躁情绪，也是艺术照明辅助功能、二者共融相生的一个很好的范例。

在北京地铁车站光环境设计中的艺术照明的比例比较大，尤其一些新建线路、改造站点以及重要的政治、历史文化、商业、办公区域附近的车站空间，内在照明的选择、照明方式的选址、灯光的处理上都突破了传统的地铁照明设计，给人耳目一新的感觉。

很多站点的艺术照明设置都考虑了历史文化和区域特征的表达。如在金台夕照地铁站，临近由于乾隆皇帝经常来欣赏夕阳的典故而令人瞩目的燕京八景之一"金台夕照"景区。站厅的艺术照明设计上，考虑了"夕照"这一特点，用暖色调的天花板将站厅顶部和墙壁两侧连接在一起，圆形光源密集地布置在上面，加上拱形的空间结构，营造出与众不同的空间体验，使人联想到"金台夕照"典故的同时，更能感受到现代艺术照明技术和理念赋予空间的新的生命力和时尚气息。

四、西安

作为"世界四大古都"之一，西安有着深厚的历史积淀、恢宏的都城气度和独特的文化内涵。

西安地铁2号线，17座车站内各有一面巨型文化墙诠释着西安的历史文化和个性特色。例如，永宁门的《迎宾图》，将天然的花岗岩材质高浮雕的塑造技术与金属锻造的质感相结合，整个文化墙用大明宫及源自唐代绘画中丰满仕女等唐代元素，多角度全景式构图，高度真实地再现了大唐盛世的场景；钟楼站的《大秦腔》，6组秦腔戏曲人物栩栩如生，古调风味韵味悠长；体育场站的《盛世》以"马球"和"蹴鞠"为背景，让人们在认知古代体育运动的同时，更能感受到往昔太平盛世的景况。

五、苏州

20世纪90年代，苏州市结合城市发展建设新建了一批地下工程。近年来，苏州城市发展迅速，对空间的需求进一步扩大，高层建筑大量涌现，高层地下室普遍得到利用。近年来建设的地下建筑多为满足城市商业停车的增长需求，以及其他公共设施的要求，多分布在市中心附近。

隧道与轨道交通建设项目的启动为苏州城市地下空间利用带来了历史性的发展机遇。建设时间一年多的苏州独墅湖隧桥工程，是苏州的第一条湖底隧道，也是目前国内城市中最长的一条湖底隧道。工程中的一系列创举，创造了不少"全国之最"，像国内第一个在湖底设置车行横通道的隧道工程、国内监控系统规模最大的城市隧道工程、国内首创的双面信号显示灯系统等等，都是让人惊叹的亮点。特别是隧道顶端或方或圆连成一体的景观灯，宛如水中鱼儿不断冒出的泡泡，既可以起到照明作用，也形成了这条现代整洁的景观通道。

此外，进入隧道一路前行，你还会看到道路两侧的墙壁上有数十米长的大型浮雕。浮雕绘有独墅湖高教区雕塑、苏州工业园区管委会大楼等一座座园区标志性建筑，将城市新貌展示得栩栩如生。独墅湖隧道不仅起到了交通功能，还有着城市景观功能的独特魅力，说它是苏州又一大新景观也不为过。

六、香港

香港是"东方明珠",也是一个寸土寸金的城市。在地铁站内墙面上,用鲜艳的广告招贴画整齐地张贴排列,在给人美感的同时又兼顾了商业用途,这无疑是极好的做法。地铁内是一个信息量庞杂的空间,以广告画装饰地铁墙面时,应避免过多纷繁复杂的图案和颜色。

绿色的湾仔站、橘红色的天后站、红色的太古站,每个站台都有不同的颜色,这正是这座城市多姿多彩又多元的文化投影。而名家的飘逸行书则将一个个原本熟悉的地铁站名变得新鲜且看头十足,令行色匆匆的乘客顿时耳目一新。

事实上,香港地铁的"车站艺术"计划早在十多年前便已展开。从地铁壁画到艺术展览从地铁车站艺术表演,到或平面或立体的地铁艺术品,冷冰冰的地铁系统中一抹抹暖色总会在不经意间流淌在人们的心间。

地铁文化在迪士尼线表现得尤为淋漓尽致。在这条为迪士尼主题公园专设的地铁线路中米老鼠形状的车窗和扶手,车厢内部陈设的卡通展品都令地铁列车摇身变作驶入童话世界的神秘列车。在这里,地铁是连接现实世界与童话世界的那块魔毯。

香港地铁站内的顶棚设计结合原有混凝土结构,局部以曲面金属板强调出站台中心、售票处、商业小店以及紧急医疗空间。站台空间则与裸露的建筑原有的梁柱形成呼应。弧形的金属板与巨大的混凝土梁以及楼板之间形成了强烈的质感上的反差,在现代高科技材料与结构主义构件的碰撞中,现代化大都市的艺术个性呈现在人们眼前。

香港地铁在站台层,靠近地铁行进轨道的上车区位,灯光的照度很高,屏蔽门上方的指示牌的光照很足,地面也多用红色和黄色等高亮度和反光的警示线,引导视觉,提升人的感知度,引起人们的重视,增加候车的安全性。

而在站台层中间的等候休息区,光照柔和,明暗有序,满足人们基本的视觉可视度的同时,营造出一种相对私密的环境效果。如一些站台照明中,在空间顶面,装饰营造出弧形曲面,将大部分光线利用弧形曲面反射到侧面站台的墙体、柱子、地面上,弱化了顶部水平面的照明,强调了垂直面照明带来的明亮感。地面上铺设了石材地板,由于石材的低反射率,避免了地面二次反射造成的刺激光斑,减少了因地面反射光斑破坏整体照明效果氛围,使空间整体上更加柔和、品质更高。在地下空间环境设计中,俯视区指空间地面及低于人视线的楼梯、自动扶梯等位置可以设置小范围的艺术照明,加强地铁站房空间整体的艺术照明效果。比如香港地铁青衣站的站厅入口,摆放了一艘小型游艇,整个地面的色彩形状布置成波浪形,利用蓝色光对游艇下部照明,使人联想到奇幻的海洋世界,增加了空间的趣味性,缓解了人们乘车时的焦躁感。

七、日本

1927 年，日本的第一条地铁在东京建成，开创了亚洲城市的地铁时代。地铁设施的建成，必然给地下通道提供一个功能性的平台，在这个功能的平台上，设计师可对环境进行更深入的设计。早期，这种地下空间对行人来说不见得舒适，大多数通道都是简单的建筑轮廓，布置一些灯箱和广告；随着经济的发展，交通日益拥挤，地铁已经成为人们出行生活的一部分，日本不再满足于灯箱形式的简陋地铁，开始重视地下空间的环境艺术设计，今天无论是商业街还是步行道，在空气质量、照明乃至建筑小品和艺术表现的设计上，日本地铁环境均达到了地面空间的环境质量。目前，日本地铁通道的环境设计无论是在总体色彩、表现内容上，还是艺术形式上，都发展到了一个新的阶段。

例如，大阪地铁站利用地下建筑的采光天棚，为地铁的售票处提供光线，整个大厅明亮，乘客在这种阳光下，丝毫没有处于地下空间的压抑感。日本横滨 21 世纪新港地铁站在入口处使用采光玻璃顶，巨大的玻璃顶使阳光穿透进入地铁内部，自动扶梯上的乘客来往自如，在变幻的光斑下寻找各自的去处。

又如东京地铁 12 号线饭田桥站站内顶棚，设计师在设计中采用网架结构的吊顶，希望通过这些网架让每天往返于此的人们能感受到城市的空间氛围。网架构件是由 7.6 cm 直径的钢管组成的，被涂成绿色，伴随着乘客的步履向前延伸。这座饭田桥站设有两个出口，站台长 120m，网架的总长达 2200m，分散在网架结构中的荧光灯管，像闪烁的星星，既满足了照明，又给过往乘客带来丰富而独特的空间感受。同时，也弥补了狭长的地铁站楼梯给人带来的压抑感，引导乘客在新奇的感受中进入地铁站台候车，其鲜艳的色彩、变化无穷的悬挂格局，好像科幻影片中来自外星的生命在此盘旋。

第七章 地下空间环境艺术设计

第一节 地铁车站环境艺术设计

地铁对改善现代城市交通困扰局面、调整和优化城市区域布局、促进国民经济发展发挥着巨大的作用，已经成为城市可持续发展交通方式的主要选择。截至 2015 年年末，我国累计有 25 个城市建成投运城轨线路 114 条，运营里程 3516.71km，超过 2000 多座地铁车站。

地铁车站作为乘客上下车的场所，是客流最为集中的空间，地铁车站拥有方便人们快速出行、换乘提高出行效率的功能，也能使人们在出行过程中享受美好的环境、提高出行质量，同时，地铁车站环境也是展现城市精神风貌和地域特色的微型窗口，能够提升城市的文化底蕴和艺术品位。地铁车站作为一种建筑，已经不仅仅被看作一种交通设施，而且承载了再造城市形象的"地标"属性。地铁车站的环境设计也越来越受到人们的关注。怎样把地铁车站建筑装修理念与人文环境艺术融合在一起，是本章探讨的主题。

一、地铁车站环境艺术构成体系

（一）基本概念

1. 地铁

地铁，是在城市中修建的用电力牵引的、快速大运量的轨道交通，线路通常设在地下隧道内，也有部分在城市中心以外地区，采用从地下转到地面或高架桥上的铺设方法。

2. 环境艺术

环境艺术又被称为环境设计，是一个尚在发展中的学科，目前还没有形成完整的理论体系。从学科角度理解，环境艺术设计是一门综合性、多元化的学科，它是把建筑、设计、技术、艺术与工艺结合而成的整体的学科，以其广泛的内涵和特有的规律，顺应着社会的需求而不断发展。从生态角度理解，环境艺术设计最终要提升人们置身在环境中的整体生活质量。

"环境"这一概念可以理解为我们能够认识到的所有空间，以及空间内所包含的所有物质与非物质因素。就空间的范围而言，它大到太空物质，小到室内陈设，都可以归纳在我们的"环境"概念之中。在环境中的"艺术"是指人为的艺术环境创造，是各种艺术的表现形式在环境中的综合体现，比如雕塑、绘画以及工艺美术等，但它又有别于独立的艺术作品，它具有与环境相互依存的循环特征，是受环境的限定和制约的。

3. 地铁车站环境艺术

地铁车站的环境艺术是多种学科理论及多种因素综合交叉的系统设计工程，它不仅是艺术与技术的结合，而且还涉及生理学、心理学、行为科学、人体工程学、材料学、声学、光学等诸多学科。

地铁车站环境艺术体系是一个需要经过多方考量的环境系统工程。

它的最终目的是既要保证原有地铁车站功能的完整，又能改善旅客在此环境中的舒适度，同时还能让艺术品恰到好处地融入地下空间环境，塑造有别于其他地铁车站的文化个性。地铁环境艺术在表现上，既要传承中国传统文化的精髓，融合于周边文脉，又要在表现手法和观念上与时俱进；既要照顾大多数人的审美情趣，又要给予人们独特的审美体验。

作为一门公共艺术，地铁环境艺术创作的土壤就是城市，城市的风貌、历史、文化，记忆中的点点滴滴。传统的地铁艺术包括雕塑、壁画、小品、装置，近年来也融合了现代科技，使用了大量电子感应、反馈类产品，实现了壁画、海报等与乘客的互动。如上海地铁7号线后滩站的"炫彩新潮"是一套玻璃媒体互动装置，以通透的玻璃圆管矩阵组合与风动漂浮的彩球为基本构架，当乘客从壁画前经过时，除了能听到曼妙的音乐外，一根根玻璃圆管中漂浮的彩球还会随乐曲呈现出律动。

（二）环境特殊性

地铁车站有着不同于地上空间的生理与心理感受，它的环境艺术设计，必须考虑到其所处环境的特殊性。

1. 与地面隔绝

由于地铁车站一般都位于地下空间，除通过出入口与地面沟通外，基本上与地面环境处于隔绝状态。隔绝导致了地铁车站中的空气环境不佳，声环境、光环境也与地面建筑大相径庭，人们容易对地下产生恐惧感、幽闭心理与环境的互动减弱。相应地，人们对于自然采光以及自然景观的需求更加强烈。在环境设计中，必须考虑到人们的这一生理、心理需求。

有光人们才能方便地行走，而且光能给人以温馨舒适感，并消除紧张不安的情绪。地铁车站应尝试因地制宜，利用玻璃屋顶或者大面积的玻璃幕墙，把自然光照引入车站。受现实条件限制的地铁车站也需采用人工照明，同时光照应尽量以简洁明快的色调为主，避免引起人们心情压抑沉重。

2. 缺乏自然情趣

地铁车站作为人类现代文明的产物，在带给人们极大便利的同时，其钢筋水泥也自然隔绝了人们与大自然，尤其是与绿色植物的联系。充满生机的植物能改善地下空间的生态环境，满足人们回归自然的心理需求，而且能改善空气质量，吸收噪声、消除疲劳，并给予喧嚣中的人们一丝恬适与宁静。地铁站台环境艺术设计应考虑种植适应地下生长、耐阴、生命力强，易于培育的亚热带植物。对于地铁车站空间，应因地制宜布置。对于小型车站，由于空间、经济、技术等因素的限制，一般只用植物盆栽。而对于大型换乘枢纽车站，可以布置较大型植物。同时对于植物，应补充光照，可采用仿日光的光线并模仿昼夜交替高效照明系统，还可考虑将自然光引入地下。

3. 城市环境的延续

地铁车站内部环境是城市空间的延续，实质是城市的人居环境。城市的各种特征，包括自然、地理、历史、文化与社会结构等构成了人居环境的存在背景。地铁车站环境的设计，首先应将环境置于城市人居生活和城市功能结构的关系中去考察，引入城市设计的手法，包括城市的自然地理环境、城市绿化生态环境、城市历史文化环境、城市社会环境等。

（三）设计目的

1. 实现功能性

功能性是指通过环境艺术设计手段对存在于地铁车站中的各种环境元素进行改良，使之更好地服务于广大使用者。

2. 反映地域文化

文化对于一个民族来说是精神之源，也是一个城市的标志。打造先进的城市文化品牌，对于提高城市知名度、增强城市核心竞争力、促进经济发展将起到积极的促进作用。

具有地域文化的地铁车站空间设计是一种动态的设计模式，它区别于以往僵化的静态设计模式，是一种设计思想的飞跃。针对不同城市，地铁车站空间也应该有不同的呈现方式。随着时代的发展，由静态设计转变为动态设计，由盲目复制到具有地域文化的地铁空间设计，符合可持续发展理论，亦是大势所趋。

3. 实现视觉审美的艺术性

地铁车站不仅仅是一个交通空间，更是一个传播文化、展示历史、融合艺术的空间。在城市地铁空间的环境艺术设计中，艺术性的体现首先要考虑到地铁空间形态、尺度、方位、人的心理、观念、意识形态的特点以及材料技术的限制。之后根据视觉美学规律与环境心理学原理，注意均衡与突破、主从与比例，营造层次和空间。

4. 实现通用层面的人性化

地铁车站环境艺术设计的人性化研究是建立在"以人为本"的原则基础上，以人的生理、心理、行为认知条件、社会文化背景等作为研究的向度，考察人与环境的关系，为城市地铁空间系统的特殊生活场景的塑造提供依据，并区别于自然环境限制、经济技术指标等其他考察环境的向度。

（四）基本原则

城市地铁在世界各地都得到了大力发展。地铁车站环境艺术设计对提升城市居民出行效率和质量,展现城市地域文化和特色都具有重要作用。城市地铁车站构成要素多种多样,主要有人行通道、交通标识、附属基础设施、壁画、雕塑等。

在城市地铁车站环境艺术设计时应遵循以下原则:

1. 安全性

安全性是首要原则。"危楼不可居,危栏不可依",安全性是地铁车站环境艺术设计的基础和前提。例如在出入车站和换乘引导方面,应在通道内部和出入口适当距离布置醒目的标识提醒,以对行走安全起到充分的保障作用,并可以在此基础上对其标识牌进行个性化设计,使它们在满足安全性的前提下又能与周边环境协调。在进行夜景设计时,安全性就更为重要,不仅要通过各种灯光色彩来渲染环境和烘托气氛,而且要对灯光的色温、方向进行测定,合理地组织和布置点光源、线光源和面光源,避免眩光和晃眼对人们造成的眩晕或不适。

2. 方便性

地铁车站是人们使用地铁出行的始发、终到或换乘区域,其环境设计合理与否的重要指标是其能否方便居民出行。地铁是为提升人们出行效率创造的,但倘若地铁车站设计得如同花园般美丽舒适,却不利于人们迅速到达出站口或上车站台,它也就失去了其存在的价值。因而进行设计时要注意以下两点:

(1)要设置简洁明了的引导标识,方便人们迅速自身定位或达到意愿地点,如进站口、上车点、出站口等;

(2)要设置配套服务设施,方便人们出行相关需求,如厕所、电话亭、报刊亭、售补票处等。

3. 合理性

合理性原则是指在地铁车站公共设施设计时要考虑尊重和符合客观规律,避免主观随意性和盲目性。这种合理性是多方面要求的,公共设施的造型结构设计,必须根据实际情况,依据现有的技术、材料和成本经济等综合因素考虑,因此选择合适的材料,深入研究生产工艺也是相当重要的。地铁车站公共设施设计时必须考虑到公众使用产品时的心理和生理的安全健康不会受到伤害,不能因为追求利润,而采用劣质材料或者使用落后工艺生产不合格的公共设施,致使有害物质、放射性元素以及重金属严重超标而影响人体健康。

4. 协调性

协调性原则要求设计从整体出发,要求地铁车站空间中的所有要素,包括进出站口、人行走道、电话及垃圾桶等配套设施、景观绿化、照明广告等都在一个整体协调的设计原则下进行,要与周边环境相协调,与当地风土、历史相协调,与时代感及人的感知相协调,要做到时代的科技时尚与历史的质朴古老和谐统一。

5. 功能性

功能性的原则是公共设施设计的基本原则,它能让使用者在与公共设施进行全方位的接触中得到物质和精神的多重享受。公共设施的功能是根据公众在公共场所中进行活动的各种不同需求而产生的，因此，公共设施的设计必须充分体现其功能特性。

6.地域性

城市地铁车站环境艺术设计应突出城市自身的形象特征，每个城市都有各自不同的历史背景、不同的地形和气候，城市居民有各自独特的观念、习惯和文化底蕴，如齐鲁、燕赵、荆楚、湖湘等区域都有各自独特的文化内涵。地铁车站环境艺术设计要展现出城市精神风貌和地域特色。合理贴切的地域设计对于提升城市竞争力，促进城市经济发展具有重要作用，同时也能够提升城市的整体文化底蕴和艺术品位。

7.艺术性

美学原则是设计领域普遍遵循的一般规律。地铁车站环境艺术设计应该符合对比和统一、对称和均衡、节奏和韵律等美学原则。

8.人性化

人性化设计要求建立人与环境之间水乳交融的统一关系，创造美妙、有序、和谐的空间秩序，为人们提供具有便利性、舒适性、美感和情趣的空间环境，从而使人们形成认同感和归属感。要创造舒适的出行环境，除了要防雨、风、气流和日光等因素外，还应尽量创造消除和减轻人类行为障碍的空间氛围，要考虑残疾人、老年人、妇女、幼儿、伤病人以及携带重物者等群体。只要条件允许，公用电话应当设置残疾人专用电话；为照顾视觉障碍者和听觉残障者，电话机应当附有相应的辅助装置；在通道内，地面应该设置盲道，应设置轮椅升降机，并应设置照顾听觉残障者的有声报站和引导信息标识等。

（五）设计要素

1.按空间分类

地铁车站环境艺术设计涉及的要素，从空间分类上来说，主要包括交通区和服务区。

（1）交通区

交通区包括车站站厅层、站台层、出入口通道、电梯等。

（2）服务区

服务区包括车站控制室、站长室、会议室、警务室、站务室、员工更衣室、员工洗手间、保洁间、保洁工具间、乘务员休息室、自动充值购票区等。有的车站出于人性化考虑，在站内设有公共盥洗室，在客流相对较少的车站非付费区域设有 ATM 机，在站厅设有商业店铺等。

2.按内容分类

从设计内容上来说，包括出入口艺术设计、空间造型艺术设计、车站装饰艺术设计、物理环境设计、诱导标识系统与广告设置设计、陈设配置设计等等。

（1）出入口艺术设计

地铁出入口艺术设计是对出入口的二次设计，是在满足防灾及人防要求、信息无障碍设计等的需求基础上，对外观进行融合于周边环境文脉的设计。

（2）空间造型艺术设计

地铁空间造型艺术设计是对地铁车站空间的二次设计，是"对建筑设计完成的一次根据具体的使用功能和视觉美感要求而进行的空间三度向量的设计，包括空间的比例尺度、空间与空间的衔接与过渡、对比与统一等问题，以使空间形态和空间布局更加合理"。

（3）车站装饰艺术设计

人们在车站内来去匆匆与其接触最紧密的就是地铁车站空间中的装饰。地铁车站中的装饰设计，需要综合考虑材质的选用、色彩选择与肌理等。需要具体考虑装饰的几何形体造型、界面材质效果、层次变化，通过色彩与肌理的变化产生层次来实现车站室内空间的方向感、领域感，并实现界面的装饰效果和光影效果。

（4）物理环境设计

地铁车站受地下的条件以及密集的人流限制，为人们提供适当的生理舒适度是必须考虑的问题之一，除对车站内的温度、湿度、通风、采光照明、声音、气味等进行一定的调节与控制，达到使用要求外，还要考虑各种设施的艺术形态及它们在空间上的布局形式。

（5）诱导标识系统与广告设置设计

作为交通空间，能否为乘客提供简明、清晰的标识系统是关乎该空间室内设计成败的关键。所涉及的内容包括标识设置的位置、数量、方式、色彩。由于地铁车站人流巨大、交通路线长，是平面广告投放的极佳场所，广告设置的数量、形式、位置也是地铁车站环境设计需要考虑的工作。

（6）陈设配置设计

家具与陈设配置是地铁室内设计的构成要素之一。地铁车站的家具设置相对简单，主要考虑家具的数量、布局和形式。陈设设计是形成地铁车站空间艺术性与装饰性的主要手段。陈设又因其造型、色彩、质感等而具美学价值，对满足人的精神需求也有着举足轻重的作用。要考虑选择适当的陈设品，控制陈设品的数量并对其进行合理的配置。

在地下空间环境中，家具的选择与设计会影响到人们对于一个给定空间的宽敞感、温暖感以及整个空间舒适性的感知，家具的配置需从使用功能出发、合理考虑其数量，并用它来组织与分隔空间。家具配置过多会令一个空间拥挤杂乱，缺乏宽敞感。一件家具本身的设计，从材料、色彩、款式到家具的大小，也会影响到对空间宽敞感的感知。这里需特别强调家具材料的选择，因为人们与家具是直接接触的，所以可以选择粗糙纹理的材料，在触觉上创造出温暖感。

家具的配置应该能够起到补充和加强空间整体效果的作用。

二、地铁车站出入口艺术设计

地铁出入口作为地铁与城市连接的纽带，其艺术设计是地铁车站人文环境艺术设计的重要组成部分。

（一）出入口分类

地铁出入口按形式可以分为三类：独立式出入口、合建式出入口和下沉式出入口。

1. 独立式出入口

独立修建布局比较简单，建筑处理灵活多变，根据周围环境条件及主客流方向确定车站出入口的位置及入口方向。

2. 合建式出入口

设在不同使用功能的建筑内或贴附在该建筑的一侧的地铁出入口称为合建式出入口。合建式出入口包括地铁出入口与路边建筑合建、地铁出入口通道与地下人行过街通道结合两种。

3. 下沉式出入口

地铁出入口与下沉广场结合，由地铁直接通到下沉广场而直接到达室外的出入口形式。这种出入口形式需与规划结合紧密才能与环境合为一体。同时，需要地面有足够面积布置下沉广场。

（二）出入口艺术设计特征

1. 个性化装修特色

地铁出入口的装修除满足《地铁设计规范》中规定的采用防火、防潮、防腐、耐久、易清洁的环保材料，还应便于施工与装修，在可能条件下兼顾吸声。地面材料应防滑耐磨。地铁出入口的装修应符合新时代人们对环境装修的要求。人们更关注有个性的、地域性的地铁出入口装修设计。地铁出入口及通道内部的装修应该与车站内部装修一致，以使空间有延续性，应从整个空间艺术效果出发来进行设计，满足乘客的使用要求和精神功能方面的需求。

2. 当地人文特色

应尽可能使每个出入口都成为独一无二的精品，突出当地人文特色。例如，加拿大蒙特利尔地铁是始建于1966年的现代地铁，其设计灵感来自巴黎地铁，其地铁出入口成功的做法就是突出每一个出入口的个性，既克服各站千篇一律的单调感，又增强了识别性。蒙特利尔地铁的每个出入口都由不同的建筑师设计，因此每个地铁出入口都有不同的特点，它们尽量运用自然光的引入，造成丰富的光影效果。

（三）出入口外观设计

1. 结合周边环境文脉设计

地铁出入口处于特定的人文环境脉络中，要与周边建筑相呼应，或点睛或和谐共处。在出入口外观设计上，必须整体把握建筑与环境之间的关系，根植于环境，与城市的特定氛围相结合。这些可以从出入口的造型、使用的材料、色彩以及尺度等方面着手考虑。

例如，美国达内特建筑师事务所做的纽约72街区地铁站出入口设计，由于周围建筑大部分是20世纪初建成的，所以该地铁出入口使用了现代材料，如玻璃和钢材等，建造了一座复古风格的建筑，与周围的建筑文脉紧密结合。

2. 重视装饰设计

外立面和造型上需重视材料和色彩的装饰,运用装饰设计手段重塑地铁出入口的形象。

3. 形体突破

地铁出入口建筑形体基本是以几何形体为主,但也要寻求变化,如用不规则的曲面来塑造形体。

4. 人性化

设计的目的就是为人服务,所以设计应该满足人的要求,以人为本,创造出一个舒适的空间环境。目前地铁出入口基本都考虑了无障碍设计,体现了设计对人的关怀。乘客是出入口的使用者,只有醒目、易于识别,才能方便乘客出入,真正做到以人为本。

(四)出入口设计案例

1. 日本地铁出入口案例

日本是典型的"地少人多"的国家,其地铁的立体化开发程度颇高,节约用地的做法十分值得参考。其地铁出入口具有尺度小、数量多的典型特征,但在有条件的地段也不乏优秀的建筑艺术作品,如 JR 线上的原宿站,其细节设计、空间的转换皆展现了日本的传统建筑风味,充满艺术气息。

2. 欧美部分国家

欧洲是现代艺术的发源地,其地铁出入口比较注重现代化、艺术化的表现形式。如西班牙毕尔巴鄂的一个地下出入口,利用玻璃和不锈钢来模仿地铁车头的造型,颇具现代感。巴黎的地铁出入口则显得简约和富有艺术性,利用铸铁模仿藤蔓的造型,配上艺术字体,显得文艺气息十足。

三、地铁车站空间造型艺术设计

地铁车站建筑与地面建筑的不同之处在于地铁车站建筑没有外部造型,因而其空间组合艺术尤为重要,可以说地铁车站建筑的艺术主要就是建筑的空间艺术。地铁车站空间造型艺术设计的目的,就是在保证建筑和设备功能的前提下,改善地铁车站压抑、呆板、无趣的空间环境。

典型的城市地铁站台空间通常是一个 20~30 m 宽、100~200 m 长、10 多米高、横亘于地下的大型设施,其本身就是发展大型地下公共空间的良好载体。从空间界面上划分,城市地铁站台空间分为顶界面、墙界面和地界面三种界面环境。

(一)界面环境

1. 顶界面

城市地铁地下空间依建造形式通常可以分为两类:箱形和圆形。现代地铁由于多采用盾构施工法,因此拥有圆形的内部空间。地铁空间的"天空""阳光"(照明)、"新鲜空气"(空调)均设置于顶界面之上。顶界面的设计应明快而富于变化,应结合地铁空间的结构因地制宜地进行设计，以利于光线的反射，顶界面的高度可结合空间的功能高低错落，并结合照明灯具的选择来限定空间，引导方向。

顶界面设计是地铁车站空间设计的关键组成部分。结合照明配置、通风换气、安全设施等一系列功能构造的顶界面衔接覆盖整个空间环境，是进行文化元素表达、获得迥异的空间效果的重要区域。

北京动物园站的顶界面，采用大量五彩圆环构成了一个梦幻吊顶，照明设施穿插其中。圆环的设计，酷似美丽的童话世界，同动物园轻松活泼的童真氛围取得了一致，凸显了动物园的文化主题。

天津小白楼站的顶界面空间设计中，采用了组合较为简洁的几何图形手法，天花板上圆环形的吊顶灯饰与小白楼地区的标志建筑——小白楼的建筑形象相呼应、融合。小白楼是天津特殊时期的文化产物，地铁站顶界面设计从一个侧面展示了天津特有的地域文化。

北京森林公园站的顶界面设计概念源于白色森林，让乘坐者有置身童话世界之感，该地铁站成功塑造出一个纯净的白色树林主题。柱体装饰和金属结构树枝状的吊顶融为一体，照明的灯具镶嵌在树枝缝隙之间，如同阳光穿透树林映射的光斑，具有强烈的视觉冲击力。

2. 墙界面

人的视觉中心通常停留在平视线上，因此地铁的墙面设计是非常重要的，它担负着改善空间感受、传播信息、创造意境氛围的功能。由于地铁系统的庞杂与流动性强等特点、地铁站内的墙面处理通常要求简洁、色彩明快。墙面的设计不仅可以改善空间的比例，减少压抑感，更可以通过不同的艺术设计手段来创造不同的空间风格。

北京奥体中心站紧靠鸟巢和水立方等重要体育场馆，为了起到衬托核心区的作用，整个奥体中心站内墙界面设计处理上采用"消退"的设计理念，整体环境色彩以灰色调为主，以突出导视系统和信息服务系统。

上海体育馆站的设计并没有像北京奥体中心站一样运用过多元素进行运动主题的诠释，但在墙界面处理上，也别具一格。在站点通道中，运用一面文化墙展示了不同形态的运动人形，象征活力与激情的红色，把白色人物形态凸显于墙面之上，彰显出该站点所从属城市区域的体育文化，呼应该地段的文化氛围。

3. 地界面

地铁车站地面设计首先应该满足室内设计的基本要求——耐磨、防潮、防火，地面处理要平整、光泽、防滑。结合地铁的特殊性，地面铺装的设计更应该扬长避短，避免使用过于纷杂的图案。地面铺装设计应分区明确、图案规整，能烘托空间、引导人流、传达信息。在考虑普通人行交通时，"带轮的交通"是不容忽视的。婴儿车、轮椅、购物小车等"带轮的"步行交通通常对地面有特殊要求，卵石、碎石以及凸凹不平的地面在大多数情况下是不合适的。

北京天坛东门站地界面设计，类似于"九宫格"形状的地面铺装与其上方形似天坛屋顶的天花吊顶相呼应，用现代方式含蓄地表达出古老的中华民族"天圆地方"的自然观和"天人合一"的文化精髓，反映出北京皇城文化的厚重积淀。

北京森林公园站在地界面空间设计上，突出森林的特色元素。地板上独具匠心地镶嵌了"零落树叶"，以呼应整个空间，统一而富有变化地营造"白色森林"的主题，同时又体现了地铁站设计的时尚环保理念。

（二）设计原则

1.空间一体化

地铁车站应将室内设计提升到"空间艺术化"的层面，把轨道建筑站内空间作为整体艺术品进行一体化设计。

应开发具有连贯性的元素以作为标准规划设施，如具有结构作用的格栅和总是被运用到的模块化组件等；运用自然光与多样化空间，使乘客得到更好的乘车体验和方位导向；平衡车站环境与站内元素间的连贯性；根据车站功能，用简洁的方式表达出一个整体性的效果；将所有后勤服务建筑物、系统、照明及图案设计等整合进车站建筑，形成一体化形象。

地铁车站空间，是一个具有连续性的空间序列，它主要由一系列连续的交通功能空间组成，主要包括出入口、站台、通道以及站厅等。我国城市中心区域中规模较大的地铁车站空间中还包括商业空间、展示空间、休息空间以及金融空间等。

地铁车站一般都将站台作为核心，以地铁车站交通流线为导向对空间组织进行设计，地铁车站空间组织设计中具有规律性；但是根据各个地铁车站空间之间的衔接方式与相对关系来看，地铁车站空间组织设计中又具有灵活性，特别是在设计车站站厅空地铁车站站厅空间，实质上就是对地铁车站外部空间与地铁车站站台空间之间进行衔接的一个空间，它主要的功能是使乘客进出地铁车站，以及在进出地铁车站时进行检票。与地铁车站其他空间组织相比，地铁车站站厅空间在空间形态上的限制因素较少，对于地铁车站站厅空间的设计只需要达到地铁车站进出功能以及安全疏散要求就可以，在空间位置上也有很大的选择空间，可以灵活地对空间位置进行选择，地铁车站站厅空间与地铁车站站台空间之间有着很多组合形式。

地铁车站空间设计人员要重视各个空间组织的设计与搭配，车站站厅与站台可以共同在一个面积较大的空间进行设置，也可以重叠设置，还可以错层设置，或将站厅设置在站台的两端位置或者两侧位置，或将站厅进行合理的划分，将其划分为不同的小型站厅，然后根据车站空间设计的总体规划对其进行统一合理的设置，对空间组织组合方式进行灵活的选择。

地铁车站站厅与车站外部空间可以通过物业空间、共享大厅以及出入口通道等多种方式进行衔接，也可以直接与外部空间衔接。车站站厅中包含的一些其他空间也可以对其进行灵活的设置。在不影响车站交通功能的基础上，可以结合车站通道进行设置、单独开辟独立空间进行设置，以及利用车站站厅角落空间进行设置。

2. 地域性

随着近年来国内外各大城市轨道交通的发展和普及，地铁车站空间造型艺术设计的地域性在国内外受到了更多的关注，呈多元化发展趋势。

文化是有地域性的，地铁车站根植于不同的地域文化中，其形态也因地而异。地域文化包含了不同地区历史沿革过程中当地人们所形成的不同的生活习惯、思维模式、价值取向等，是当地文化意识形态的具现化。下面从三个方面剖析地域文化对地铁车站空间造型艺术设计的影响，即地铁车站空间造型艺术设计的地域性。

（1）地域文化的定义

文化，从广义上来讲，指人类历史实践过程中所创造的物质财富和精神财富的总和。从狭义上说，指社会的意识形态以及与之相适应的制度和组织结构。

文化具有地域性。所谓的地域文化是指在一定的地域条件下，如海洋、山脉、河流及气候特点，乃至独有的人文精神等要素碰撞、交叉、融合所诞生的某个地域独特的特色文化。

在我国，地域文化一般是指特定区域源远流长、独具特色、传承至今并仍发挥作用的文化传统，是特定区域的生态、民俗、传统、习惯等文明的表现。

（2）地铁交通及其艺术设计的发展历史

①地铁的萌芽及初期发展

1863 年 1 月 10 日，全长 6 km 的世界上第一条地铁——威廉王街到斯托克威尔，在伦敦中心地区问世。其他城市不久纷纷效仿。布达佩斯的地铁 1896 年开通；波士顿在 1897 年开通，纽约在 1904 年开通。至 1915 年，伦敦地铁形成网络。到 1962 年伦敦第一条地铁建成 100 周年时，全球建有地铁的城市已有 26 个。

②地铁的热潮及艺术设计

"二战"后，经济复苏，交通需求剧增地铁建设飞速发展，不到 30 年时间，世界上拥有地铁的城市已增至 60 个，地铁线路总长翻了数倍，其中亚洲就有 26 个城市有地下铁道。

地铁建设发展迅速，然而地域文化融入地铁车站空间艺术设计的步伐却很缓慢。只有少数车站得以实现。

③地域文化在地铁车站空间艺术设计中的具体应用

上海轨道交通 2 号线贯通长宁、静安、黄浦、浦东新区，设 17 个车站，其中地下车站 14 个，其车站的艺术设计体现了以人为本的原则。建筑设计上，注重为乘客提供更加便捷的服务，同时注重结合地域文化，反映地域特点。如静安寺车站，内外装饰以土黄色调为主，与地面古庙主色调相协调。

3. 符合周边文脉

"文脉"一词，最早源于语言学范畴。它是一个在特定的空间发展起来的历史范畴，其上延下伸包含着极其广泛的内容。从狭义上解释即"一种文化的脉络"，美国人类学家艾尔弗内德·克罗伯和克莱德·克拉柯亨指出："文化是包括各种外显或内隐的行为模式，它借符号之使用而被学到或传授，并构成人类群体的出色成就；文化的基本核心，包括由历史衍生及选择而成的传统观念，尤其是价值观念；文化体系虽可被认为是人类活动的产物，但也可被视为限制人类做进一步活动的因素。"克拉柯亨把"文脉"界定为"历史上所创造的生存的式样系统"。

城市是历史形成的，从认识史的角度考察，城市是社会文化的荟萃、建筑精华的汇集、科学技术的结晶。英国著名"史前"学者戈登·柴尔德认为城市的出现是人类步入文明的里程碑。

对于人类文化的研究，莫不以城市建筑的出现作为文明时代的具体标志而与文字（金属）工具并列。因此地铁车站的空间造型艺术设计，无疑需要以文化的脉络为背景，契合并彰显车站周边文脉。

从当地风土、历史背景出发，应充分运用自然因素和人工因素让地铁车站空间造型艺术融入周边环境，实现其与周边环境的融入与共生，使二者做到相得益彰。如欧美等国地铁车站为继承传统文脉，结构形式较多采用拱形整体结构，可谓传统建筑样式的复兴。华盛顿地铁车站带有方格的饼形拱顶，也与古罗马万神庙的拱顶十分相似。

四、地铁车站装饰艺术设计

地铁车站在装饰设计上，一定要运用丰富的造型语言来营造具有趣味的空间，使乘客能够体会到一定的视觉刺激和感受。我国在 20 世纪 80 年代设计的地铁车站中，对装饰材料、色彩、灯光等缺乏设计，基本上是统一的样式，各个地铁车站没有自己的个性，其空间环境也未能与乘客实现良好的互动和交流，整个车站显得呆板无趣。

从近几年地铁设计发展趋势来看，地铁空间中的装饰设计越来越被设计师看重。首先是材料的合理选用与搭配，美观的装饰使人们感受到浓浓的艺术氛围，墙面、地面、顶面及柱的质感、色彩、肌理、图案变化和形态变化已成为有力的设计手段。地铁车站室内色彩与材质的变化，也因空间层次的不同相应变化在空间类型转换处表现得尤为明显，如墙面利用材质与色彩变化标明空间场所特性。地面材料通过材质颜色拼装的变化产生区域感，对人流进行组织。其次，色彩的运用、适宜的光照、舒适的声音环境、适宜的内部小气候条件和清洁无污染的环境为人们创造了清新优美的内部空间；而车站内精美的装饰壁画，给乘客以视觉上的享受，增强了乘客在地下空间的舒适感。

地铁是城市现代化的重要标志之一，象征着现代城市文明。地铁不仅仅是现代化交通系统，也是一个城市或者国家的文化窗口，地铁展示出来的个性文化甚至使它成为一个旅游景点。人们几乎每天都要接触地铁，时间长了就形成了一种独特的文化现象——地铁文化。地铁是一个窗口，它向人们展现城市的文化，而且还能传递娱乐、商业、文化等信息。如巴黎的每个地铁设计都很独特，内部装饰各不相同，成为该国文化艺术的一个橱窗。下面我们从材质色彩、灯光、绿化设计等方面对其进行剖析。

（一）材质设计

地铁车站内空间环境的整体形象，是材料结构和空间共同体现的一种综合性艺术形象。

应用富含地域文化特性的材料围合成的室内空间环境，具有满足使用功能、审美需求和文化底蕴的三重功能，是体现地域文化效果的重要因素，也是设计的一大切入点。

材料的选择、应用和搭配是地铁车站室内环境的重要组成部分，要从多方面加以考虑，最后综合各方面因素做出最契合的组合。

1. 材料的综合性能

必须了解地方材料的综合性能，这是正确应用材料进行设计创新的前提。综合性能包括材料的实用性能、材料的美学特征、材料的地域性、材料的历史与文化价值、材料的结构与空间价值和材料与生态环境等。

室内材料要实用、耐久能经受摩擦、潮湿、洗刷等，能抵抗一定程度的冲击，要具备一定的物理、化学和力学性能。地铁车站材料的选用，要充分考虑材料的耐久性。地铁车站人流大，材料磨损大、更换不便，破损的材料也会影响乘客情绪，无形中削弱对地铁有效管理的信赖感。

同时，地铁车站的公共空间，材料的选用一定要考虑安全性，如防火、防霉、地面防滑、墙面防撞等。

不同地域、不同种类的材料。可以使同类型的空间环境表现出迥然不同的形式与特色美。

例如同是纪念性建筑，希腊神庙与中国的木结构庙宇，是凝重与轻巧的对比；埃及石砌金字塔的凝重与卢浮宫玻璃金字塔的轻巧、剔透，形成了鲜明的对照；朝鲜平壤地铁车站的坚固、庄严与里斯本地铁车站的鲜艳、抽象形成了鲜明的对比。

2. 材料的经济性

虽然材料的价格档次并不是最后决定装修效果的主要因素，但是材料的优劣必然会对美观性和耐久性产生一定影响。材料的选择既要考虑到一次性投资的多少，也要考虑到日后的维修费用。材料的经济性主要体现在直接成本和综合成本两大方面。

（1）直接成本

考虑工程总造价，首先要了解材料的直接成本。它包括材料的购进价、运费、利用率、损耗等。在考虑材料直接成本时要重视以下问题：

一是材料销售计量单位与使用单位的差异。材料销售经常是以重量计算的，而使用时却是以体积或面积计算的。不同容重的材料往往会引起直接成本的判断失误。

二是材料利用率的问题。以家具为例。一般的木材多为定长供应，人造板幅面以1220mm×2440mm和915mm×1830mm为主，考虑到截头和裁边损失，较长的木材和较大幅面的人造板原料，其直接成本不一定就低。

（2）综合成本

除原材料直接成本外，材料的选择还与施工成本和寿命成本有关。有时虽然选用了廉价材料，但可能加大运输、仓储、加工等方面的费用。另外，既要考虑到工程的一次性投资尽可能低，还应该保证材料的使用寿命。

考虑材料经济性的另一个重要因素是材料标准的配套统一，包括各种材料档次的统一、材料的组成、结构与构造的统一。材料的组成是指材料的化学成分，它决定了材料的化学性质和抗耐能力。材料与各种物质接触时，可能产生相应的化学反应，如金属材料在大气中的锈蚀、木材在高温下的燃烧、玻璃在碱性环境下的侵蚀，浅色涂料在阳光下的变色、塑料及化纤制品的老化等。掌握材料的化学组成还可以指导我们加工使用复合材料，例如不同材料的黏结和涂料在基材上的涂覆，必须考虑它们的化学性质。在使用化学反应性胶黏结或涂料时，必须了解各种组分的化学组成、反应活性等化学性质，才能正确调配助剂，完成施工。

3. 材料的装饰性

在构成室内空间环境的众多因素中，材料的装饰性对室内环境的效果起着重要作用。装饰性主要表现在材料的色彩、质地和肌理、平面构成上。不同的地域、不同的材料所具有的装饰性也不同。

（1）色彩

由于地下空间的物理、心理特性，选择合适的色彩搭配，会使人们产生愉悦、温暖、亲切的心理感受，增强安全感，减少地下空间的幽闭感。

首先，地下车站的色彩不能太单一也不能太混乱，设计之初要考虑后期色彩斑斓的广告进入后的效果。

其次，色彩搭配应合理，符合美学规律。必须注意色彩组合的图底关系，形成有主有次的视觉中心，形成不同层次的室内空间。色彩的合理搭配能让地铁车站的地下空间更具魅力。

最后，选择让人舒适的色彩。在地下空间当中，尤其要选择能够使人产生愉快、轻松心情的色彩，如红色令人兴奋、橘黄色令人愉快、蓝色使人平静、绿色令人放松；明度高的色彩除了能增加空间的照度外，也使空间不会令人感觉沉闷。

（2）质地和肌理

除了满足安全性要求外，还要产生视觉美观性，通过材料表面质地与肌理的变化、对比、统一的处理，形成丰富的视觉感受。同一空间中材料的选择要有一定变化，大量同质同色的材料运用必然会产生单调感。

（3）平面构成

材料的规格尺寸采用标准化、模数化带来的经济节约毋庸置疑，同时可以产生规则有序的空间特性。设备箱门、广告灯箱、挂墙式导向牌的位置及外观尺寸与墙面规格与分割统一，会使墙面效果完整、设备布置有序。设备箱门材料也可以与墙面材料一致，但也要在统一中寻求变化。

（二）色彩设计

随着人们认识、感知以及欣赏水平的提高，人们对地铁站内部空间环境设计的要求也越来越高。色彩设计是空间设计中相当重要的环节，要注重根据乘客对色彩的想象、联想以及感知心理，结合地域文化、照明、材料及施工工艺的应用等诸多角度来分析、探讨地铁站空间色彩设计。

色彩是地铁车站装饰设计的灵魂，色彩对室内的空间感、舒适度、环境气氛、使用效率，对人的心理和生理均有很大的影响。不同的色彩可以引起不同的心理感受，好的色彩环境就是这些感觉的理想组合。人们从和谐悦目的色彩中产生美的遐想，化境为情，会大大超越地下车站的空间局限。

1. 地下车站环境色彩的分类

地下车站环境色彩可分为背景色彩、主体色彩、点缀色彩三个主要部分。

（1）背景色彩

背景色彩指室内空间固有的顶面、墙面、地面等的大面积建筑色彩。根据色彩面积的原理，这部分色彩宜采用低彩度的沉静色彩，如采用某种倾向于灰调子的颜色，使它发挥背景色的衬托作用，但是由于地铁车站的室内处于地下空间，人们穿梭于其内，其车站空间的背景色不宜太灰。

（2）主体色彩

在地铁车站室内空间中，主体色彩一般指柱面、灯具、家具陈设等中等面积的色彩，是构成室内环境的最重要部分，也是构成各种色调的最基本的因素。

（3）点缀色彩

点缀色彩是指室内空间中最易于变化的小面积色彩，如标识、广告、绿化、扶梯、垃圾桶等辅助设施，往往采用比较醒目的色彩，能引起乘客的注意。

除了考虑背景色彩、主体色彩、点缀色彩三个主要部分外，为了更好地把握地铁车站的室内设计，还要考虑到地铁车站空间形态、尺度、方位，人的心理、观念、意识形态的特点及材料技术的限制。特别需要注意人位于地下易产生的恐惧、烦闷的心理特点及地铁车站满足快速观赏要求的特点，根据视觉美学规律与环境心理学原理，注意均衡与突破、主从与比例、营造层次与空间等因素。

2. 色彩设计对地铁空间的改善

建筑色彩和建筑空间一样，都是一定历史时期内的文化的产物，二者互相依存、相辅相成。

对于地铁建筑，如果没有空间，色彩就没有依托；如果没有色彩，空间就没有增饰。色彩是依附于地铁建筑而存在的，它给人非常鲜明而直观的视觉印象，同时它又是建筑空间中最直接有效的表达手段，它使建筑空间的表达具有广泛性和灵活性。充分利用色彩的物理性能及色彩对人生理、心理的影响，可以在一定程度上改变空间尺度、比例、分隔、渗透，改善空间效果。色彩的应用为地铁建筑提供了创造个性的可能性，为建筑增添了难以言表的生机和活力，使地铁建筑的空间丰富而生动起来。色彩设计对地铁空间的改善效果如下：

（1）对空间层次的影响

由于受到眼睛感受色彩的色差，使人们对建筑物产生距离感。一般来说，暖色系的色彩具有前进、凸出、拉近距离的效果，而冷色系的色彩则具有后退、凹进、拉远距离的效果。另外，色彩的距离感也和色彩的亮度、纯度有关。高亮度、高纯度的颜色具有前进、凸出之感，低亮度、低纯度的颜色有后退的感觉。设计师可以利用色彩组合来调节地铁建筑的空间效果，并对空间加以划分，增强空间的主次关系，建立有组织的空间秩序感。

（2）对空间比例的影响

色彩的尺度感主要取决于色彩的亮度和色相。亮度高，扩展感加强，反之收缩感越强。另外，材料的色相越暖，扩展感越强，而冷色有收缩感。在设计中常利用这一特点选择装饰物的颜色，调整空间局部的尺度感。由于各种具体条件所限定，地铁建筑构件具有自己特有的尺度和比例。建筑师应该根据具体条件，在满足人们对地铁建筑空间审美观的基础上，运用适当的尺度与比例，并通过运用色彩来调整建筑空间比例，使地铁建筑具有适宜的尺度及合适的比例，让人们愿意参与进来。小的空间应该选择使空间扩展的色彩，而过大的空间则应该选择使空间缩小的色彩，这样有助于改善空间的不足。

（3）色彩的温度感

在色彩学中，把不同色相的色彩分为冷色、暖色和温色。从红紫、红、橙、黄到黄绿色为暖色，以橙色为最热。从青紫、青到青绿为冷色，以青色为最冷。紫色和绿色是温色。因此，在地铁站的设计中可以根据地理位置、当地气候的不同、地铁或高架的不同，选用合适的主色调，从而给人一种良好的感觉。

（三）灯光设计

光环境作为一种语言，传达着设计者及建造者的一份关切、一份提供给使用者的温馨与舒适，通过光的强弱、方向、色彩、穿透力的表述，讲述空间形态、材质、色彩的故事。地下空间引起的消极心理影响，很大程度上是由于光线的缺失，因此营造适宜的光环境是减少人们心理不适的重要手段。

1. 自然采光

地铁车站内引入自然光线，除空间的功能要求外，还受到建筑物的大小、埋深及场地地形的影响。除出入口有限的采光（如出入口距车站内部较远或出入口通过转折通道进入内部的话则无采光效果），地铁车站只能因地制宜，利用所在地地面的广场、人行道进行采光。

2. 太阳光导入

可利用光导纤维等将太阳光导入地下，营造自然光照射的环境。

3. 直接照明

地铁车站的内部空间主要依靠人工照明，以满足视觉效能要求，增强车站的识别性，并通过照明使人在有限的空间中感到空间扩大、明亮，又能给予人们心理上和艺术上的视觉感受。同时也要考虑节能和降低运行费用。

灯光的处理技法上，光的艺术就是利用灯光的表现力来美化空间环境。在利用人工照明为地铁内部提供良好照明的同时，应利用光色的协调，灯光的折射、反射，人工光的抑扬、隐现、动静，控制投光角度及范围，来建立光的构图、秩序、节奏等。而一切与室内照明设计形式美相关的原则和技巧，如灯光的韵律、对称、对比、渐进、烘托、层次等手法，在地铁车站室内空间的艺术照明布光设计中都是适用的。

4. 实例说明

（1）香港地铁灯光照明设计

香港是东南亚重要的经济金融中心、自由贸易港，浓厚的商业气息体现在人们生活的各个方面，所以香港地铁的整体照明设计融入了更多的商业元素。在色彩上，每个车站均采用不同的色彩主题；在功能上，香港地铁的照度能够达到国家的照明标准，并在满足基本的一般性照明的基础上，运用多种间接照明的手法，使灯光具有强烈的层次性和整体规划性，着重于立面标识、广告灯箱、售票处和闸机口等特殊地区的加强性照明；在材料上，香港地铁地面使用石材，墙面使用搪瓷钢板，顶面则是冲孔钢板，天、地、墙、灯选用统一的材料，达到标准化的目的；在照明设计的手法上以直接照明为主、侧面照明辅助，从而在视觉上达到高效、舒适、柔和的效果

从技术方面来看，香港地铁空间内布灯光以水平面的照明为主，采用下照式的灯具布置方式，适当补充垂直面的照明，选用灯具为荧光灯和筒灯。光源的光效较高，色温在3500~4200 K之间，保证了良好的显色性，整体光环境均匀度较高。从整体来说，香港地铁的照明设计中，已经越来越多地考虑到了人的视觉方面，以视觉的效果为出发点，在满足功能性需求的基础上提升了光环境的品质。

（2）新加坡地铁灯光照明设计

新加坡历来以"世界花园城市"著称，无论是城市建设还是整体环境均以"舒适"而闻名。新加坡地铁的光环境设计延续了"柔和、安静"的理念，体现清雅大气、轻巧便利和现代化的主题；在色彩上统一使用了简洁的白色和灰色作为主色调；在功能上地铁的照度值也满足了现行的国家标准；在材料的使用上，墙面多运用色彩单——干净的材料——反光率低的石材及烤漆钢板或搪瓷钢板，地面采用石材，顶面采用的是冲孔钢板、搪瓷钢板、烤漆钢板；在设计手法上，在各个站点空间的光环境上都统一规划，并把这些规划的内容体现在每个站点的空间内。照明方式上大量采用间接照明，达到了"见光不见灯"的效果，整体的视觉效果明亮、通透，光线柔和、舒适，加强了建筑内部的空间感。

从技术上来看，新加坡地铁的布光方式以垂直面照明为主，采取间接照明方式，突出空间的界限，表现建筑空间效应。色温统一在3 500~4 200 K，灯具多采用单管荧光灯，

双管荧光灯、节能筒灯、格栅灯盘等。从视觉感受方面来看，新加坡地铁在灯光的处理上弱化了水平面效果，重点突出墙体、柱面等立体效应。

新加坡地铁的照明设计理念与香港地铁的理念是不同的。新加坡地铁照明突破了传统的正方形和矩形的均匀布置的布光方式，采用选择布置的手法，有效地减少灯具数量，降低了能耗，减弱了不舒适眩光和失能眩光，达到了较好的视觉效果。

（3）南京地铁 1 号线灯光照明设计

选择南京地铁 1 号线为例，是因为地铁 1 号线是南京建造的第一座轨道交通设施，在一定程度上代表了南京这个地域特色鲜明的城市的建造水平和文化内涵。南京地铁 1 号线照明设计的理念体现着南京的历史文化；在色彩上以暖白色为主，在视觉上起到一个平缓的过渡，营造出一个清雅的空间；在功能上，虽能达到国家标准，但是照明设计没有根据地铁各个功能空间分区进行具体的设计；在材料上，顶面采用冲孔钢板和饰面石膏板。地面材料选用石材，通道内墙面选用墙砖；在设计手法上，1 号线采用直接照明的布光方式，在空间顶部放置灯具，基本采取下照光。

（四）绿化设计

将绿化引入地下空间，能有效改善人们对地下空间的视觉、心理反差。其表现在于：其一，增加地下空间的地面感，减少不良心理反应；其二，改善地下空间生态环境，并满足人们回归大自然的心理需求；其三，改善空气质量、吸收噪声、消除疲劳等；其四，有助于地下空间与地面或外部空间自然引渡、空间限定与分隔等。

地下空间绿化主要由植物（适应地下生长，耐阴，适于温室环境生长，易于培植维护管理的亚热带植物）、装饰小品及水体山石组成。

对于地铁车站空间，应因地制宜布置绿化。对于小型车站，由于空间、经济、技术等各方面的限制，一般只用盆栽类植物。而对于大型交通车站，可以布置较大型植物。对于植物，应补充照明，采用仿日光的全光谱光线并模仿昼夜交替的高效照明系统，有可能的话将自然光线引入地下；也可在较高的空间采取真假植物混置，在人能够到达的地方用真的，高处用假的，以降低成本，并达到良好效果。巴黎地铁里昂车站，将站台的整个一侧辟为大型绿色空间，高大的植物与土壤的自然气息以及宛若天光的人工采光，营造出别有洞天的自然场景。这里的站台已不是"拥挤的管道"，而是旅途中的舒适驿站。

上海铁路南站广场地下空间和室内空间绿化工程的成功案例，对地铁车站的绿化设计有很大的借鉴意义。上海铁路南站广场于 2004 年在地面广场与地下车库、地下铁路之间连接的下沉式地下空间内种植了乌哺鸡竹，至今长势良好。而在候车大厅内，通过顶部天棚引入阳光，种植了苏铁、绿萝等植物，取得了较好的景观效果。

世博轴地下空间绿化也是一个典型案例。世博轴与进入世博园区的轨道交通 8 号线相连同时又与 4 个永久性场馆（中国馆、主题馆世博中心、演艺中心）相连，因此只要进入轨道交通，就可通过世博轴枢纽，从地下进入任一场馆而无惧刮风下雨、酷暑严寒。这样的地下空间开发不仅为世博会期间完善交通打下了很好的基础，也为场馆的后续利用提供了最大的便利。世博轴乃至整个世博园区大体量的地下空间并非只有交通功能，绿化景观功能在这里也有完美的体现。

世博轴外形似一巨大的长条形"遮阳伞"，其下分布着两层地下空间，各层由餐厅等不同功能的地下建筑、阳光谷、下沉广场、步行街、平台坡道以及其他辅助空间构成。底层沿轴线主要为阳光谷、下沉广场和步行街。

1. 阳光谷

阳光谷属于半地下空间，留有大型出入口与外界保持联系，是世博轴地下空间的景观亮点，其空间自下而上呈喇叭状，可以直接接受日光照射；通风弱于自然空间，小气候条件独特；可利用垂直绿化、地植绿化等多种方式进行全方位的精心点缀。

2. 下沉广场

下沉广场属于下沉式地下空间，是地上空间与地下空间的自然衔接与过渡，光照角度和强度随季节和天气而相应变化，属自然通风但风力较小，营造了一个可享受到自然光照和雨水浇灌，且风力小、温度高的适于植物生长的小环境。可选用移动组合的绿化方式，按季节不同随时进行变化组合，机动性大、布置灵活。

3. 步行街

（1）步行街属于全地下式空间，地面全部为钢筋混凝土结构。因此需采用固定种植池的绿化方式。

固定种植池绿化因是在建筑结构上再做绿化，宜从以下几个方面考虑其特殊性：第一，要考虑建筑物的承重能力，种植池的重量必须在建筑物的可容许荷载以内；第二，需考虑快速排水，否则植物烂根枯萎，很难存活；第三，要保护建筑结构和防水层，由于植物根系有很强的穿透力，可能会造成防水层受损而影响其使用寿命；第四，要通过雾化程度较高的喷灌，提高地下空间的空气湿度；第五，由于受到地下空间通风、温度、空气污染、空间高度等多方面条件的影响，在植物选择上也要满足一定的特殊要求；第六，要考虑种植施工完成后的地下空间日常维护保养。

（2）由于受到地下空间各项生态因子的限制，并考虑到对地下空间建筑设施的保护，在植物品种的选择上宜以浅根性的耐阴温室景观植物为主，重点考虑以下几个因素：

①耐阴植物、温室植物的适应性；

②具有较高观赏价值，便于构成不同形式的植物景观；

③以常绿观叶植物为主，配置各类花灌木、爬藤植物；

④乔木自然生长的高度和冠幅与地下空间的相适应性。

尽管地下建筑的施工工艺和地面绿化的种植技术已较为成熟，但如何将地面绿化引入地下空间，以解决在建筑设计中无法解决的空气调节、压力舒缓等问题，仍需进一步深入研究和实践。相信通过建筑设计和景观设计相结合的手段，以及在施工和养护工艺上的探索，将能够极大地提升地下空间的景观效果并完善地下空间的综合功能。

（五）艺术品设计

地铁车站的艺术空间营造，很大程度上依赖于艺术品。从视觉角度而言，乘客进入车站室内空间，视觉中心便会停留在与视线同等高度的墙面，因此很多地铁车站的墙面都创作布设了大量的艺术品。欧美各国还陆续将艺术品安置陈列在地铁内，首开风气的为北欧瑞典斯德哥尔摩，作品均为现代艺术品，后来比利时布鲁塞尔亦在地铁内布置艺术品，这两个城市地铁内的艺术品水准非常高，为地铁乘客提供了现代艺术品盛宴。

1. 斯德哥尔摩地铁艺术品设计

斯德哥尔摩地区包括地铁在内的公交系统，主要由该市的运输公司（SL）全面负责建设、运营与维护。多年来，它同 Connex、Citypendeln 等承包商密切合作，以日均 64 万用户的规模为人们提供广泛的交通服务，同时每年投入 30 亿克郎用于现有设施服务的完善与拓展，其中就有 10 亿克郎用于地铁站点的艺术陈设和安全保障，旨在将其打造成为欧洲最成功的公交系统。

斯德哥尔摩的地铁系统于 1951 年开通运营，在现代主义风潮主宰一切的当时，一群艺术家却紧锣密鼓地开展了不同以往的筹划工作。他们认为：在地铁站点逗留的人们想要面对的绝不是冰冷无趣的岩壁，采取艺术陈设的方式不仅可以满足交通集散的功能要求，还可以在抵制态意破坏的王达尔做派（Vandalism）的同时，彰显地区社会的历史传统、文化艺术和科学进程等不同侧面。

1955 年，动态艺术家 Siri Derkert 和 Vera Nilsson 向城市委员会提交了两项相关提案并得到了各界的一致赞同。于是在 1956 年 3 月 28 日，政府率先为 Klara 站点（现在的 T-Centralen 站点）的陈设和装点举办了一次竞赛，评委专家包括 Sven X : et Erivson，Bror Marklund 等人。后来又出于对时间考验和严酷环境的考虑，主办方曾一度中止赛程，以加入更为严格的艺术设计要求和条款。随着几年后一系列艺术构思在 T Centralen 站点的付诸实施，斯德哥尔摩持久浩大的"地下艺术长廊"建设工程终于迈出了成功而扎实的第一步。

经过半个世纪的不懈努力和建设，目前斯德哥尔摩的地铁网络不断蔓延拓展，逐渐形成了包括红线、绿线、蓝线三类流向和 7 条主线在内的庞大系统，并沿线建成了 100 个地铁站点。其中，约有 90 个站点被布置装点成各类艺术品的公共陈列廊，陈列长度累计达到 110km 左右，可以算是全球规模最大的艺术陈设长廊，而且每年还在不断地更新和完善。约有 140 名艺术工作者为该地铁系统奉献了自己精心创作的永久性展品，还有近百人提供了临时性的展品，为每天穿梭如织的人们呈现了一道独特而亮丽的艺术体验风景线。

斯德哥尔摩地铁艺术的设计特征主要表现在以下三个方面：

（1）陈设主题的遴选

斯德哥尔摩地铁站点的艺术陈设区域一般会包括站台、顶壁、侧墙、交通联系和转换空间（电梯、扶梯、通道等）以及售票大厅等处，所涵盖的主题也比较丰富和宽泛，往往涉及历史文化、艺术装饰、社会生活、人类宣言、科学探索等多个领域。其中，艺术装饰和历史文化基本上成为所有艺术陈设主题中的主流，占到总数的七成以上。

在艺术陈设主题与站点所在区域的特定性之间建立相关性，已成为斯德哥尔摩很多地铁站点的设计要则。这种特定性往往与区域所承载的历史轨迹、人物事件、功能性质等息息相关。比如说 Kungstradgarden 站点在历史上就曾建有一座巍峨的宫殿，而 Reikeby 站点一带也出土了不少维京时代的文物，所以前者有意识地运用雕塑、柱石、植被、描画的拱门模拟了 Makalos 宫的坍塌意象，而后者则再现了那些发掘的重要文物；同样地，Stadion 站点作为 1912 年现代奥运会的主要举办地，也在艺术陈设上顺理成章地紧扣了"奥运和体育场馆"这一主题。另外，在 Radmansgatan 站 / 人物纪念主题（与 August Strindberg 的故居相邻）Tekniskahosgskolan 站与 Universitetet 站 / 科技进展主题（高校职能与科技的相关性）等之间，均存在着潜在的对应相关规律。

（2）表现手段的综合

斯德哥尔摩地铁站点的艺术陈设，往往需要综合运用绘画文字、镶嵌拼贴、雕塑、模型、灯光乃至多媒体等多种表现手段，因此在设计上也离不开美术家、雕塑家、陶艺师、手工艺者、建筑师、工程师等的共同参与和广泛协作。

其中，以铝材、陶瓷等为载体完成的绘画又与镶嵌拼贴的图案有所不同，后者采用的零构件（面材）一般是类型化和模式化的。基本种类有限，但拼接组合相对灵活。且只有经现场拼贴才能呈现出整体的图案效果；而前者经由特殊的技术处理，在零构件阶段即已呈现出各自不同的局部图案，再按相对固定的方式拼装，实现预定的整体效果。所以同样是为了达到图案效果，镶嵌拼贴主要依靠的是"单一构件的多元拼接"，而以铝材、陶瓷等为载体的绘画则源于"多元构件的既定拼装"。

（3）布局方式的分异

以上述各类表现手段为依据，斯德哥尔摩地铁站点的艺术陈设之间有相似之处，但更多的还是布局上的差异，而且同一种表现手段也会结合实际情况，选用多种布局方式。

2. 布鲁塞尔地铁艺术品设计

地铁车站作为都市的现代化交通设施，其建筑艺术十分讲究。不少都市地铁车站内及出入口附近都有精美的绘画雕塑作品。布鲁塞尔地铁车站素有美术博览馆之称，其美术作品是珍贵的艺术财富。

（1）约瑟芬·维拉莱创作的大幅装饰画——《墙外》

作品绘于岛式车站侧墙上。对岛式站台层而言（上海地铁的站台均属此类），车辆一侧紧靠壁面，若壁面为暗色调，容易产生狭窄感，而配上这幅通长的壁画，砖砌的拱门外是白色的小屋与宽阔的田野，道路伸向远方的天际。整个画面由橙色、白色、绿色构成，显得明亮，也增加了纵深感，在顶面连续光源映照下，有良好的视觉效果。这种在地下空间中引进"绿色的艺术"的做法，得到广泛赞赏。

（2）罗杰·莎威廉创作的《我们的春天》

作品绘于安卡车站站台层自动扶梯一侧的整个墙面上，面积达 500m²，是受现代绘画大师马蒂斯影响的野兽派风格的绘画。画面人体人像夸张变形，色彩瑰丽鲜艳，明暗对比强烈，充满激情，用以表现现代人对春天的渴望与冲动，是布鲁塞尔地铁中著名的壁画艺术。

（3）保罗·代维克斯的《布鲁塞尔第 7 路电车》

画家保罗·代维克斯有多幅反映早期布鲁塞尔城市地面铁路、电车的作品绘于车站中，《布鲁塞尔第 7 路电车》是其中的一幅。它们能勾起地铁乘客对城市交通发展沧桑巨变的联想。

（4）金属雕塑作品《骑马者》

作品竖立于站台层上。欧洲大城市的地铁中有不少各类造像，严格地说，《骑马者》是由艺术家将金属薄板冷加工后焊制而成的，并非雕塑作品。当然，对于客流量很大的车站站台，矗立这类立像就未必合适。

3.艺术品分类

（1）展示艺术

有些壁画或雕塑自成主题，这种艺术作品用于表现作者的思想，或用于传播知识，仅仅作为展示。如里斯本地铁 Picoas 站里以非洲黑人为主题的"现代马赛克壁画艺术"，又如北京王府井站里的"埃及之旅"。展示艺术也包括广告，广告虽然作为商业行为，是以经济利益为目的，但是设计精美的广告招贴绝对是具有很强装饰性的艺术。

（2）地域艺术

在一些地铁车站内部空间使用的艺术品与周围环境相呼应，能更好地表现地域性，从而能更好地让乘客有直观的印象，对该区域环境更为了解。如前文提到的上海地铁 2 号线中的静安寺站，由于地处享有盛名的古庙之下，艺术作品的形式是浮雕，以静安寺历史上传说的八景为主题，传统单线刻画在形状不同的大理石上，再镶挂在金黄色的毛面花岗岩上，体现了现代与古朴融合的风格。又如南京玄武门站，地铁车站内艺术设计作品《水月玄武》通过水波涟漪、月圆月缺，配以窗花残荷，将玄武湖自然之景形象地呈现出来，观赏者驻足画前，如临其境，于静谧中获取闲适的生活气息。这些艺术作品真实地反映了车站的地域特点。

（3）人文艺术

在车站空间艺术作品中，应体现人文关怀，给予公众参与的机会。日本中部的神户是座美丽的海港城市，神户海岸线地铁"三宫站"，以世纪之交新生儿的手脚拓印，汇集拼合成一大片瓷砖艺术作品，它的公共性、参与性与分享性以及保留的集体记忆都非常浓厚，这种作品更吸引人停留、鼓励人联想，让人深深感受到市民成长记忆汇聚的感动力量。

（4）免费艺术

在车站内留一处空白墙壁，供艺术家自由涂鸦，这是瑞典的杰作。只是艺术家仍不甘于在有限空间范围内作画，经常超出范围。这种艺术可称短暂艺术，因为过一段时间，别人又会在原地重新作画。

（5）涂鸦艺术

涂鸦艺术与免费艺术有很大的区别，涂鸦艺术的参与性更高，对艺术也没有任何要求。在欧美等大都市里，年轻人喜欢拿着色彩在地铁通道或车站墙壁、车厢、广告牌等处随意乱画，这种随手涂鸦曾让政府一度头疼，清洗有难度，但是就是这种随手涂鸦有时也具有某种趣味性和可观赏性。

（6）景观艺术

工业的发展、城市人口的集中和住房的拥挤，导致许多绿地被侵占，这就使人们与养育自己的大自然越来越远了。特别是在地下建筑室内，人们常有置于地下的恐惧感和压抑感，他们更渴望周围有绿色的自然环境。因此，将自然景观引进室内已不单纯是为了装饰，而是作为提高环境质量、满足人们心理需求所不可缺少的因素。自然中的许多景物如瀑布、小溪、花草树木等都可以使人联想到生命、运动和力量。在地铁车站室内设计中，把自然界的景物恰当引入室内，可以消除人们的心理障碍。在地铁车站内布置绿化景观，可采用直通地面的天井，直接引入阳光，使绿色植物接受阳光，进行光合作用。水景小品有时比绿化更具有动人的趣味性，而未加雕琢的粗犷山石能体现原始的自然景象。盆栽是最灵活最易实现的方式，在上海地铁 2 号线里就布置了多盆绿色植物。

如果限于条件，不能采用自然景观，描绘自然景物的壁画也可以令人联想到大自然。斯德哥尔摩的地铁站极具特色，旧城的某地铁站被打扮成森林，有大树山谷，还缀以人物角色，生动而精彩。一面面墙被粉刷成蓝色天空，天空中伫立着一棵棵小树，候车时间再长，也不会烦闷无聊。从一个地铁站的精心设计，看见一个城市、一个民族的巧思以及生活情趣，置身在高楼大厦中还能闻到活泼轻松的创意味道，生活不仅仅是站在黄线后面。

（7）传统艺术

在车站内适当的地方加以传统艺术，可以反映民族特色。可以将中国的传统元素用于车站空间的艺术装饰，如书法艺术，这是中国独有的艺术形式，最能反映出中华民族特色，但是目前国内地铁车站仍少见采纳；另外，水墨画也是中国特有的艺术形式。

（六）设置位置的选择

1.艺术品设置的主要位置

（1）空间环境出入口

地铁空间环境的出入口有着指引性、识别性等特征和具体的空间范围尺度。如果把壁画放置在地铁出入口的内部空间，由于人流速度快、前面空间小等客观条件，就起不到很好的艺术效果。若是把壁画放置在地铁车站出入口的外部墙面上，则它不但能够给人们带来独特的感觉，而且还能形成很强的识别性，让乘车的人群一目了然。

（2）楼梯

根据调查发现，人们在乘扶梯时，视线一般都是锁定在扶梯左右两方或者是楼梯中庭的墙壁上，因此，公共艺术可以设置在扶梯左右以及中庭的墙壁上。

（3）通道

根据调查发现，人们在地铁里不会逗留太久，一般都比较迅速。经观察计算，在通行流畅的情况下，乘客从站台到出站大约只要 5 分钟的时间。站内通道具有空间狭窄、人流迅速等特点，在该区域设置公共艺术作品时应该考虑到以上特点，还要考虑到人们的心理感受。在此区域设置一些简洁明了的公共艺术品会比较合适。如果我们在该区域设置比较复杂具象的作品，会引起人们驻足观看，造成拥挤，带来不利因素。效果很可能事与愿违。给空间的和谐造成隐患。

（4）站厅

据观察发现，站厅拥有人流大、速度快、视觉整体效果强等特点。由于站厅的墙壁体量比较大，可以体现出较强的整体效果。同时，空间旷阔，适于人群短暂地停留来进行纵横向全方位的观赏。因此，在站厅空间内部的地面、墙面和天花板等部位应用公共艺术是非常合适的。以北京地铁 4 号线为例，在国家图书馆这一站的地铁站厅内设置了浮雕，它位于乘客乘车的必经路线上。在设计时，从通道墙面的观赏效果和公共艺术品德观赏效果来进行考虑，最终设计出适合短暂驻足停留欣赏的浮雕艺术品，不仅可以装饰墙面，而且其材质也能更好地体现出地铁的特点。这组浮雕以"书的海洋"为主题，吻合了国家图书馆这一气质。该设计在工艺上采用花岗岩浮雕。把书的演化形式作为萃取的元素，集中展现了《四库全书 × 敦煌古卷》《赵成金藏 × 永乐大典》在内的国家图书馆所藏的四大宝物。

（5）站台

站台的主要特征是人流大、速度慢，在等候的过程中，人们一般会关注周围的环境，因此此区域的公共艺术关注程度会比较高。但是根据其具体的条件限制，如处于底层、照明局限等原因，如果把公共艺术品设置得太具象，会受到空间内柱子的影响，便很难全面地把控其整体的效果；为了保证乘客的安全，在站台处都会设置安全屏蔽门，这就影响了轨道墙壁的公共艺术的展现，因此它的表现形式较为有限。

在站台这一区域可以根据需求设置不同主题的浮雕，它不仅能够在视觉上给人们带来美感，还可以减缓那些高节奏人群的压力与紧迫感。需要说明的是，上面所述的主要内容都是以常规、普遍存在层面来进行分析与研究的，对于特殊的具体的环境还要因地制宜，具体问题具体分析。总而言之，在地铁的内部及外部空间环境中应用公共艺术能够提高这一场所区域的艺术化水平，能够提升城市的形象与品质。

（6）车厢

在国内，许多人在地铁车厢内会拿起手机打发时间；有些是因广告内容毫无新意，人的视觉几乎是东张西望的；许多人会坐在椅子上两眼无神，视线没有移动，纯属发呆的情况；许多乘客，尤其是年轻人，常在车厢内看书；常见到老人，在地铁车厢中倚靠窗和栏杆，闭目养神，有朋友或亲人一起搭车，多半会在车厢内聊天；有人进入车厢内后，靠在栏杆上，双手环抱，听着音乐。这些行为，在车厢内非常普遍。

究其原因，是车厢这一人们停留时间最长的地铁空间，为公共艺术所忽视，被商业广告所占领、侵蚀。

2.地铁车站公共作品设置位置与形式建议

地铁站公共艺术所设置的位置大都在站厅，由于乘客进入地铁后是一个连续移动的状态，视觉焦点不断地变化，除了站厅内的公共艺术作品可以边走边看外，大部分时间无公共艺术可看。尤其是到了站台，乘客处在一种候车的状态，这是一个乘客与公共艺术可以很好交流的机会，但是站台空间往往并没有公共艺术作品，包括电扶梯、通道空间，也没有被很好地利用起来，这是非常可惜的。

地铁公共艺术的设置点不能仅局限于人流量较大的站厅空间，还应该考虑站内其他空间的设置。地铁公共艺术的设置形式除了在墙面上做壁画设计外，还可以在空间的其他几个界面，如柱子、车厢内、站台、扶梯空间做不同形式的公共艺术作品；除固定的公共艺术作品之外，还可以做一些非永久性设置的作品，比如可以征集绘画作品用以点缀地铁空间，这是一种很好的形式，并可以随时撤换。

经观察发现，乘客在地铁站中感官焦点多偏向广告，如广告灯箱、广告海报等。广告视觉影像动感十足，且十分震撼，它遍布地铁站中，对公共艺术的效果造成相当大的冲击。在站台上过高比例的广告灯箱，常常哗众取宠、装萌搞怪，很容易吸引乘客的注意力。相较而言，公共艺术作品单点设置在一个地区，效果不够明显。

目前，乘客仍偏重视觉感受。虽然在生活中有许多的其他的感知，如触觉、听觉、嗅觉等，但在地铁站中，都尚未被重视到。广告灯箱所设的光源，不仅影响着地铁空间的照明，亦对乘客的视觉具有吸引的作用。

地铁公共艺术作品位置应该增加，商业广告数量要相应减少。尤其是站厅的柱子和站台车轨对面墙壁上的广告过于集中，会形成一定的视觉污染，应该将此区域让位于公共艺术。地铁公共艺术应重视整体的空间规划，空间中设置点的选择要有整体性、连贯性，符合乘客的行为模式及感官焦点；同时将商业广告、标识系统与公共艺术作品适当地加以区分，使整体空间呈现较为简洁、统一的格局。

五、地铁车站雕塑艺术设计

（一）雕塑艺术

公共艺术就是将艺术、公共空间、公众三者紧密结合起来，创造一个更加开放、无边界、互动的精神空间，而地铁公共艺术就是公共艺术的一部分。地铁公共艺术的表现形式主要有雕塑、绘画等。

雕塑是一种古老的艺术形态，人们通过雕和塑的手段在三维的空间中创造出新的审美实体，表达自己对周围环境的一种认识。在城市文明高度发展的今天，人们更注重生活环境的人性化，城市设施更艺术化，将雕塑艺术应用于地铁车站各方面。

雕塑通常被放置在墙上的壁龛中或中庭与下沉广场等空间中，有时，雕塑可以结合中庭或下沉庭院中的水池和瀑布进行设计，甚至水池本身就可以成为雕塑。悬吊的雕塑给多层中庭空间以动态和深远感，一个随气流缓慢运动的物体远比静止的物体更富吸引力，而这种运动并不强烈，就像微风中树叶的摇曳一般。

地铁里的雕塑艺术品不仅可以丰富空间、缓解疲劳，还能提升整个空间的环境质量。雕塑与地下空间环境的结合，既具有很强的艺术感染力，又能与公众心理进行交互，使地铁车站具有诗意的艺术化语言。

（二）艺术特性

1. 整体性

设计师应从整体结构出发，按照宏观—微观—宏观的探索规律进行雕塑设计。赖特曾经提出"有机建筑"的理论，它对我们的雕塑艺术设计具有指导意义。地铁车站雕塑也应成为有机雕塑，只有将雕塑融入车站的环境和文化中，将雕塑作为车站设计的一部分，整体考虑，才能为车站注入生命力，给地下空间赋予活力。

亨利·摩尔说过："伟大的雕塑作品是从任何距离都可以被人们观赏的，因为在不同的距离会显示出不同的美的形象来。"我们可以换句话说：一件平凡的作品，当它和整体环境相得益影时，才会显示出生命力的伟大内涵。

成功的雕塑作品，其价值并不一定在于材料的华贵、色彩的夺目、体量的突出、题材的重大、地点的显要，正如泰戈尔所说："当我们大为谦卑的时候，便是我们最近于伟大之时。"

雕塑工作者应该对环境特征、文化传统、空间心理、城市景观等设计原则进行科学的理论分析和做出自己独到的理解，确定雕塑的材质、色彩、尺度、题材、位置等设计制约条件，并充分地发挥自己的想象力和创造力。雕塑作品与环境的对比和协调不是绝对的，它应是多种因素的对比和协调的整体体现，应将雕塑融入整体地下空间环境中。

2. 地域性

艺术作品越是民族的越具有世界性，其实质就在于艺术作品的地域性，世界正在走向全球化，交通工具与信息技术的发达使地球变得越来越小，因此，任何种类的艺术作品都更应具有自己的地域风格和特性，才能在世界艺术之林占有一席之地。

同样的道理，在地铁车站地下空间环境艺术的建设中更应加强地域性文化的比重，特别是雕塑直接矗立于地下空间各主要功能区域的核心位置、车站主要出入口等区域，多为人们所关注的视觉中心与焦点。所以雕塑作品的文化承载力，地域文化的体现，对车站品位、城市形象的宣传有着举足轻重的作用。

雕塑是一个城市精神文明与物质文明发展最集中的表现，它凝聚着我国民族发展的历史，凝聚着不同城市的精神面貌、不同地域的特色文化，不仅仅能提升城市的文化品位，还标志着不同地域人们的价值观念及相应审美趣味，构成一种高雅的艺术氛围，让生活于城市中的人们得到深层次的艺术体验。

当代城市建设的一个重要特点是突出城市的个性，城市的个性主要表现在城市的地域特色上，地铁车站雕塑是突出城市地域特色的一个重要手段。车站雕塑的设计制作应该把突出本地区乃至城市的地域特色放在重要的位置，将通过车站雕塑的题材、造型风格、材料、主题等一系列因素表现出的地域特性放在重要的位置。

3. 符合周边文脉

对于有着深厚历史文化底蕴的城市，先后出现过极具特色的文化、名胜古迹及文物遗迹等，在进行地铁的视觉传达设计时，设计师可以根据具体站点考虑融入这些元素并结合雕塑艺术进行设计，既能让乘客感受到视觉美与艺术的氛围，又能更深入地了解这座城市。

文化是累积性的、层递性的，这就是人们通常所说的文化积淀。一个城市的文化传统与一个城市是共生的关系，它是一个活的有机体，它随着一个城市的发展而不断生长并走向未来。

在设计制作地铁车站雕塑过程中，尊重、保护历史文化传统，延续车站所在地区乃至城市的文脉是不可忽视的。

地铁车站雕塑设计除了赋予地下空间活力和艺术气息、陶冶人们情操、提升空间环境品质外，还应为车站塑造一个文化主题，该文化主题应立足于车站所在地域的历史文脉、文化背景，使车站融入周边地区大的文化环境中，以车站雕塑宣传周边文化，提升知名度。

4. 方案的多样性

设计师应将雕塑艺术与导向标识的功能性相结合并广泛使用，这样既有实用功能又具有艺术审美价值，使人们在使用导向设施获取信息的同时又能享受艺术。

雕塑是为美化城市或用于纪念意义而雕刻塑造具有一定寓意、象征或象形的观赏物和纪念物。在经济发展、社会文明的今天，人们更加注重生活的品质。在地铁中，将雕塑艺术与导向设计的功能性相结合，就会使导向标识不仅具有使用功能，同时也有艺术审美价值，使人们在移动中感受城市的艺术。目前我国大多数地铁站是用普通的导视牌加上简单的文字，效果不是十分突出。若以雕塑的形式来展现，则可既满足使用功能，又增添生动性和艺术乐趣。如深圳地铁入口导视设计就是利用雕塑来表现的，不但具有很强的识别性，还非常美观。

利用雕塑进行设计还能显示出地方的文化底蕴，如北京地铁奥运支线的视觉传达设计，将标识线路图及导向信息融入青花瓷雕塑中，不但使地铁具有浓厚的艺术氛围，还显示出中国丰富的历史文化和浓厚的人文艺术气息，成为北京地铁视觉传达系统的最大亮点，具有很高的艺术价值。雕塑形态的导向设计打破了常规的造型，点缀着地铁环境，并使其空间环境更丰富、更富有层次感及美感的变化，使人们在地铁空间环境中心情更为轻松。

5. 时代性

雕塑的设计在体现时代性方面起着关键作用。每座城市的发展过程都会不同程度地给后人留下印迹，每座地铁站所在地域都有不同的历史背景，被赋予了不同的时代特征。为此，我们更应留下足以代表时代特点的各类艺术品，特别是城市雕塑艺术精品。我们走访许多欧洲城市，会对那些城市所保留下的雕塑艺术珍品留下深刻印象，不同的城市、不同的时代都会有许多优秀城市雕塑作品，让人们流连忘返、驻足欣赏、叹为观止，这些作品往往都成为城市的符号，如丹麦的美人鱼、布鲁塞尔的撒尿小童等。

时代在发展，艺术样式的多元探索也在高歌猛进。各种本应属于他类的艺术样式也逐步被雕塑人所吸纳、借用。如公共艺术中的景观造型因素、"无厘头"类的绘塑结合手法、卡通片中的造型样式、影视视频因素的借用等等，已跨界地融入了雕塑。雕塑的技术和手法在变化。

随着时代的变迁，雕塑所用的材料也在不断创新和改变。不同时代，社会、经济、政治、文化环境亦不同，雕塑作品所蕴含的文化内涵也随之改变。因此雕塑设计的时代性也是具有多样性的。

（三）设计原则

1. 可持续发展

地铁车站雕塑规划与设计的可持续发展表现在：注重雕塑发展的历史延续性，使雕塑成为动态的、发展着的艺术形式，成为城市形象的历史内容；雕塑是永久的艺术。在规划中，在地域位置和雕塑材料、工艺方面尽量充分考虑到它的长久性。

2. 强调环境综合效益

地铁车站雕塑是雕塑艺术与车站地上地下空间环境的有机结合、相互交融的产物。一方面，雕塑作为环境艺术，对营造具有艺术气息的车站环境将起到重要作用；另一方面，车站的空间环境又反过来对雕塑的效果产生直接的影响。

3. 公众参与

在地铁车站雕塑规划的过程中，应让广大的市民，尤其是受到规划内容影响的市民参与到雕塑的主题立意和设计制作的讨论中来，雕塑的设计制作单位应听取各方意见并将这些意见尽可能地反映在设计成果中。

4. 高艺术水准

艺术性是地铁车站雕塑的基本要求，车站雕塑具有美化地下空间环境的功能，它能够提升车站的文化品位、烘托车站的艺术氛围；同时，车站雕塑还能对乘客进行审美教育，提高人们的艺术鉴赏能力。所以，车站雕塑的艺术水准是衡量雕塑成败的首要标准。

5. 综合设计

地铁车站雕塑创作必须结合环境进行综合设计，必须有高度的艺术水平和文化涵养，严禁粗制滥造。雕塑建设应尽量结合车站所在地域的城市建设，追求共同进步。

（四）地铁车站雕塑案例

1. 莫斯科地铁雕塑

莫斯科有150多座地铁站，4 000多列地铁列车在线运行，每天运送乘客多达千万人次。莫斯科地铁被公认为世界上最漂亮的地铁，其地铁站的建筑造型各异、华丽典雅。每个车站都由国内著名建筑师设计，各有其独特风格，建筑格局也各不相同，多用五颜六色的大理石、花岗岩、陶瓷和五彩玻璃镶嵌各种浮雕、雕刻和壁画，照明灯具十分别致，好像富丽堂皇的宫殿，享有"地下的艺术殿堂"之美称。

莫斯科地铁站中艺术气息浓郁。例如，以爱国主义为主题的革命广场站，雕塑以十月革命胜利和苏联红军反法西斯战争为主题。

冲锋陷阵的苏联红军、站岗值勤的哨兵，一个个鲜活的面孔定格在激情澎湃的革命年代。

观光客必访的共青团车站，里面金碧辉煌如同宫殿；还有些车站是以著名文学家为主题，配上各种人物的雕塑和历史题材的浮雕画面，在明亮的灯光照耀下，既展示了历史画卷，又显得富丽堂皇，使人们得到艺术上的享受，并从中获得精神上的教益。

2. 纽约地铁

纽约地铁拥有 468 座车站，商业营运路线长度为 373km，用以营运的轨道长度约为 1056km，总铺轨长度达 1355km。虽其名为地铁，但约 40% 的路轨形式为地面或高架。

十四街八大道 E 线地铁站内的各个角落都遍布了许多小铜人雕塑。这些小铜人雕塑是美国著名的公共艺术家 Tom Otternes 的作品，主题是 Life Under Ground。这些憨态可掬的小铜人雕塑活灵活现、妙趣横生，生动逼真地述说着一个个地铁里发生的故事，讽刺了那些不遵守公共道德的行为，给人们以启示。Tom 作品的风格常被描述成卡通式的、欢快的，但他的作品也传达着清晰的政治含义，他所表现的多是小人物的生活状态及其与生存环境的抗争。

一个家伙为了逃票，从门底下爬进来，不想被警察给抓了个正着，你看在门外还有一个在望风的女同伴呢。它用幽默诙谐的艺术形式表现了逃票的可耻行为，发人深省。

3. 武汉地铁

武汉作为全国历史文化名城、我国重要的科教基地，城市地铁在展示城市文化艺术方面扮演着重要的角色，其中地铁雕塑更是一种重要的艺术表现形式。下面以地铁 2 号线沿线的几个特色站点为例来详细了解武汉地铁雕塑。

汉口火车站地铁站。站厅层内设置了"黄鹤归来"的雕塑，与对面墙壁上设计的"江城印象"大型壁画相呼应，模拟游客站在黄鹤楼上观看长江两岸的景象，让人们回味"昔人已乘黄鹤去，此地空余黄鹤楼"的古风遗韵。在"黄鹤归来"雕塑区，4 只仙鹤凌空飞舞，长宽均为 9 m 的"池塘"里，铜铸的荷叶、莲蓬高低错落，几只红色"鲤鱼"往来穿梭，形成一幅"莲叶何田田，鱼戏莲叶间"的生态画卷。"江城印象"大型壁画展示了从长江大桥至长江二桥之间的江城夜景，龟山电视塔、晴川桥、武汉关等地标建筑——入画，璀璨的灯光倒映在江面上分外迷人。这幅长 40m、高 2 8 m 的巨幅壁画，是用 134 万颗玻璃马赛克拼接而成的，画面颜色多达 60 多种。

走进宝通寺站，一幅巨大的山水瓷板画映入眼帘，佛香禅意，流淌于"山水"与"古寺"间，让忙碌的人们偶尔停下脚步，沉静心灵。这幅画由湖北美术学院教授秦岭创作。作品以"宁静致远"为主题,主要是以全国重点佛教寺院宝通寺为发散点,以洪山、古塔等为背景,以菩提树为点缀,构成通幅山水画,表达佛教的禅意;然后请广东佛山的厂家制成工业瓷板画。宽25.2m、高3.2m,瓷板画与原作相似度极高。湖北美术学院雕塑系用白铜锻造了3棵菩提树,镶嵌在瓷板画上,画面右上角题:"菩提本无树,明镜亦非台;本来无一物,何处惹尘埃。"

六、地铁车站壁画艺术设计

壁画是指"壁"与"画"的结合,从字面上来看,即指墙壁上的绘画,既具有意识形态方面的功能,又具有装饰与美化功能。壁画艺术存在于公共环境中,其内容、形态等因素各异,不同的设置与处理会发挥不同的功能,产生不同的美学感受。

壁画作为地铁艺术的主体,设计关乎整个地铁空间乃至城市的面貌,因此地铁壁画的设计需要精心的考量和审慎的判断。地铁壁画通常位于站台对面的较长墙面,也包括天花板部位。日本建筑师芦原信义在他的外部模数理论中提到:在一个大的空间中,人感到最适宜舒适的尺度是20~25 m,若超出了这个尺度,就应考虑在每20~25 m内有重复的节奏感,或有材质、色彩上的变化,这样可以打破漫长距离的单调。地铁站墙面通常在150~200 m的长度之间,地铁壁画也可以应用这一设计理论。

壁画艺术是一种装饰壁面的画。它包括用绘制、雕刻及其他造型手段或工艺手段,在天然或人工壁面(建筑物)上制作的画。而地铁壁画与公交车、候车厅的样式、广告及其他公共设施一样都属于交通类公共艺术。地铁壁画作为地铁车站空间环境中的公共艺术,构筑了车站的文化空间,提升了空间的精神品质。

在地铁车站内,壁画艺术是公共艺术最主要的表现形式,也最容易成为乘客的视觉中心和焦点。如西安的地铁2号线沿线的永宁门站,站厅层中央,设计了一面长14 m、高2.65m金碧辉煌的、以喜迎中外贵宾为主题的《迎宾图》文化墙,在一片花团锦簇彩灯高挑的喜庆场面中喜迎外国游客。整个文化墙采用鎏金工艺,用大明宫及源自唐代绘画丰满仕女等唐代元素,全景式大角度地再现了大唐盛世的真实画面,使整座车站成为一个精美绝伦的艺术杰作。

(一)壁画设计要求

壁画并非壁面与绘画的简单叠加,而是整体环境设计的延续,受到环境的制约与影响。从壁画的特质来看,其与作为载体的空间环境的关联极为密切,壁画在一定程度上参与了建筑与空间环境的审美、实用及文化功能,对环境的作用不可忽视;而与此同时,后者对于前者的内容与形式,也具有直接的影响和反作用。

地铁作为一个城市的公共场所,它所连接的是城市的各个区域,因此,地铁壁画对于乘坐地铁的人群来说,其影响是潜移默化的。不同的地铁站点对壁画设计的要求又有所不同,以郑州地铁1号线的9个重点站为例:紫荆山站的壁画要求展现青铜文化和都城文化相结合的题材内容；郑州东站作为我国重要的铁路交通枢纽，连接祖国的八方四极，要向全世界展示郑州的现代都市的独特魅力，体现郑州的恢宏气魄和现代交通的时尚感、科技感；会展中心站的壁画主题定位是体现郑州会展中心的现代感和时代感，而且还要和国际建筑师的设计作品进行衔接与呼应，设计语言更要突出国际化；郑州火车站指的是郑州的老火车站，站点壁画的设计要突出对中国铁路历史文化的追忆；二七广场站的地铁壁画主题要表现三商文化，该站壁画墙的设计要重点突出商业的内在文化；绿城广场站的地铁壁画原先的主题是要体现绿色城市的美好，之后经过深入设计添加了反映市民娱乐生活的欢快场景；农业南路站的地铁壁画设计主题原先要突出表现中国姓氏文化和河南特色的木板年画，后来要求重点表现木板年画；黄河南路站主要突出表现郑州历史悠久的钧瓷文化；桐柏路站的主题墙要求展现历史上郑州纺织业的记忆。

1. 整体性

壁画之整体性即与墙壁、壁面的协调一致性，是壁画对于墙面及整个公共环境的适应性。

壁画应从属于环境，并与之形成一个完整有机的统一体，与环境互补、互相作用。不当的壁画创作并不意味着壁画自身完整性的缺失，反而是由于自成一体所造成的与公共环境的不相应，对人们的心理及视觉空间感造成不和谐、支离破碎的印象。因此，整体性的考量是壁画在材料、造型、结构、风格、题材等方面都需要具备的重要因素。

壁画艺术一般被归入环境公共艺术的范畴，视它为整体环境的一个组成部分。在进行地铁车站壁画设计创作时，设计者不能孤立地把壁画作品作为目标，而是应从文化的视角来注视人们的生存空间，根据环境所必需的物理、心理的感受进行综合性的设计，应更注重作品的意义、环境的整体性、艺术与空间工程技术的结合，以及人们与场所空间的关系。

整体环境观理论，要求地铁中的壁画创作必须以最大的可能，在材料、位置、形式内容等方面与地铁整体环境相适应，满足环境与人的需要。不仅如此，我们还应该从地下空间扩展到整个城市空间，把构成空间和环境的各个要素有机地、协调地结合在一起，把地铁空间整体环境作为城市整体环境的一部分，整体考虑，协调发展，把一些具有恒久价值的因素以一种新的方式与现代生活结合，以地铁环境促成对城市整体环境的贡献。

2. 公共性

公共性的考量，多倾向于在壁画情感、精神的表达上与其所在环境所达成的内在气质的融合。作为公共艺术的现代壁画，因处于公共场所而具有大众性，它既尊重艺术家的个人表达，又需参照民众的空间意识与公共情感。它需要满足不同地域、文化、民族的人共同的欣赏趣味和审美习惯，它本身也成为社会习俗的缩影。深切的人文关怀与艺术共鸣，需要在各种差异性中寻找共性的全局式眼光，从而使壁画不以一种孤立的姿态出现，能够在参与和互动中与外部环境进行有益的交流。

"公共"对应的英文是"Public"，代表着公众的、公共的、公开的。"公众"，指的是社会的主体，即大众。"公共"是共有、共享的概念。壁画作为一种公共艺术，其与公众的接触可以说是强制性的，不论是主动参与还是被动参与，不论你喜欢、接受与否，它都会跟你发生一种视觉传达的关系，既然是公共艺术，那么它就必须关注公众并对公众负责。

当代壁画艺术的"公共性"主要体现在以下几个方面：

（1）造型体量

公共环境周围的形态体量，直接影响着壁画的整幅构成设计，壁画整体画面体量的设计，需要更多地关注其造型与公共环境中各类因素的内在关联。换句话说，空间体量的大小、造型的形式，最终决定着壁画创作的空间尺度乃至幅面的造型形态。

（2）色彩环境

一旦壁画的造型风格明确之后，壁画所处公共环境的色彩因素，就是影响壁画创作的另一个关键。环境空间的色彩是城市文明的重要标志，壁画的设计必须与城市色彩结合起来，在壁画创作中，如果不能正确地与周围的环境色彩和谐相处，效果往往就会适得其反。艺术家在色彩设计上，最主要的考虑就是色调的倾向、色彩的组合以及与周围环境色调的统一协调等方面，只有这样壁画与环境的色彩才能够融为一体，壁画作品才能够体现和谐愉悦的美感。

（3）人文社会因素

每一座城市在漫长的发展过程中都会形成自己特有的建筑风格、人文景观，在壁画的创作设计过程中，不论是格局样式还是风格色彩，都要充分考虑与城市的人文景观和城市风貌的融合统一。不同城市的建筑风格、艺术文化、人文地理、历史文脉等，都有其自身独特的内涵，这些东西是不可随意更改的，因此，在进行壁画创作之初就应该对该城市的人文社会环境做一定的调研分析，力求在设计上与城市环境空间找到对应关系，而不应该与城市建设最初的设计理念相矛盾。

（4）城市文化环境

文化是城市的灵魂。每一个城市都有自己独特的文化，并随着社会物质生活的发展而不断丰富变化。在人类社会进入信息时代的今天，当代壁画在多元的城市文化背景下进行创作，不仅仅需要考虑画面构成等美学方面的因素，同时还需要考虑文化特质和内涵的问题，它的文化取向应当更加贴近当今人类生活，更加人性化而富有情感，更加多元化而富有个性。优秀的壁画不仅需要很好的创意、表现形式和艺术品位，同时深厚的文化内涵也是艺术作品的神韵所在和核心。

（5）与公众之间的交流沟通关系

公众参与是壁画艺术创作的重要组成部分，当代壁画首先要在公共环境空间中找到与公众共鸣的结合点，以此展开一系列的创作。艺术家在创作中除了与公共环境进行互动磨合之外，作品的艺术价值还需要公众的参与、品鉴、认同和欣赏，只有将环境、作品、公众之间形成沟通交流的关系，壁画作品的艺术性和公共性才能真正得以实现。

（6）"公开性"原则

当代壁画置于公共空间这样一种环境当中，它是面向公众开放的公共空间。在开放的环境中，壁画的创作不可能像创作自由艺术作品那样，只是单纯地表达艺术家个人的创作意愿和情绪抒发，而应该遵循"公开性"的原则进行艺术创作。面对公众千差万别的知识层面，不同社会地位和人生历练的人，都可以对壁画作品进行个人的解读、欣赏与评价。它的"公开性"原则并不仅仅局限为"面对公众开放"这样的概念，而是被无限地放大，艺术作品的艺术价值也将会在此得到最根本的检验。

3. 被接受性

20世纪后期，接受美学理论家姚斯曾指出："作品的独立存在只是没有生命的文献，只有通过接受并产生影响，作品才能获得生命。"这种"以接受者为中心"的思想（接受美学）的核心是作品的审美价值和社会功能是设计者的作品和欣赏者的接受意识两方面共同作用的结果。

按过去传统的看法，一件艺术作品被创作出来，在环境空间中和观众见了面，就算是完成了。而姚斯的接受美学则认为作品的意义只有在阅读过程中才能产生，阅读并非被动地反应，而是主动地参与，与作品进行交流、对话，从而建立一门全新的"读者学"。他的《接受美学与接受理论》还进一步指出："理解本身便是一种积极的建设性行为，包含着创造的因素。"

接受美学的这些观点对当代的公共艺术创作有着重要的现实意义与深远影响。就地铁中的壁画而言，如果只从画面本身或空间着手创造，而不清楚地铁乘客的需求，不能在情感上与大众沟通交流，这样的壁画作品自身纵然再好，也不宜在地铁中展示，因为如果不为大众所喜欢并接受，最终只会造成更多的问题，而无助于地铁空间品质的提升。存在主义美学家萨特给出的结论观点更加鲜明："精神产品这个既是具体的又是想象出来的对象，只有在作者和读者的联合努力之下才能出现。只有为了别人，才有艺术；只有通过别人，才有艺术。"

壁画创作关注作品本身，是以进入地铁空间的人，即受众为前提的，而今天一些壁画之所以不尽如人意恰恰是因为忽略了这一点。壁画作品面对的是普通大众，在创作之初就必须充分考虑这个特殊场所中"人"的审美需求，关注公众的归属感与认同感，这样才能建立起被公众接受、亲切相融且生动的观赏方式，从而使作品能够被公众所接纳，并得到大多数人的共鸣。由此，地铁车站壁画的被接受性是其成功的必要前提。

4. 共生性

地铁空间中的当代壁画必须根据时代的要求，发挥其多样的社会功能，同时，也要吸收新的元素。地铁站聚集的人多、流动量又大，自然也成为广告商青睐的地方。当代壁画与商业广告对于公共空间而言，它们是相互独立的个体，但是当它们同时出现在某个具体的环境（在这里指地铁车站空间）中时又是相互影响的。正如法国社会学家（Lefebyrem）与博德里亚（Baudrilard）所说："人们如不能思考文化与商品化在当代社会的角色，将不能适当地了解历史、政治、经济或其他现象的事实。"我们不是要去把一方压倒，而是寻求共生的可能。

壁画其实也是一种宣传的媒介，以宣扬城市精神、满足大众需要为目的。在设计壁画时可以把广告中出现的一些元素运用到画面中来。如在材料上可以借鉴、使用广告的摄影技术、灯光技术等科技手段，以获得画面中新的组合效果，题材上可以关注都市人的生活点滴，把大众所关注的物质元素融合在其中，使观者产生认同感和亲切感；设置地点上，壁画可更加灵活地出现，增强与观者的交流。事实上，二者共同构成一个循环的或者一个螺旋上升的过程。美好的环境将使人们更敏锐地观察周围的一切，搜索自己喜欢的艺术作品。现代地铁壁画必将与有品位的、敏感的观众相关联。如果观众和艺术一同成长，那么现代的地铁空间才能成为无数人享受"阳光"、体验生活乐趣的所在。

在多层次与多元化的文化时代，地铁壁画具有较为独特和明显的文化价值，它与所依附的文化背景一道，被社会公众引申出更广泛的话题，并融入社会的日常生活中，体现出地铁壁画艺术的"公共性"，以及与社会大众所产生的双向互动性。从另一角度来看，地铁壁画所要强调的公共精神的基本态度，是建立在具有民主、包容和理性的公民社会基础及道德价值之上的一种"大众认同"。这种"大众认同"是由公共艺术精神的内涵所决定的，也是公共艺术赖以生存与发展的社会基础条件，因此地铁壁画艺术必须体现人文精神。

艺术创作者通过与观众互动的创作方式来完成地铁壁画，即把公众参与作品的行为和身体体验的经历作为作品不可缺少的一部分，从而使作品超越传统视觉审美的范围，加强公众的触觉、视觉和心灵的感受，以公众参与或社会评议的方式与壁画艺术作品交流对话，使公众成为作品中的主体和形式上的有机组成部分。这种参与、互动的方式深刻、直观地传达了公共社会领域的各种意向、价值观念及审美态度。通过这种方式让民众更能亲切地感受到壁画艺术所传达的意念。如 2010 年 1 月，京港地铁邀请一群京城高校学生参与西直门站虎年春节的涂鸦创作，以"虎年来了""五虎跃新春"等贺年文字为涂鸦要素，组成五只虎形图案画面，传统生肖文化与现代艺术形式的结合给乘客带来了崭新体验。京港地铁希望通过西直门站"涂鸦墙"的展出，将街头的涂鸦艺术带入地铁，在弘扬中国传统艺术的同时也展示年青一代的流行文化艺术，从而为 4 号线地铁文化的建设注入了新鲜血液，使之更加年轻化。

5. 地域性

地铁是一个城市文化的缩影。"虽然是一个铁皮工具，却承载着灵性的人。"知名人文专家周晓虹如此说道。地铁文化越来越成为城市文化的缩影，明晰城市文化的特点和精神，提升城市文化的层次和品位。

优秀的地铁文化，甚至会影响城市文化的建设与发展，引领城市文化的走向。随着现代公共艺术的发展，公共艺术已从纯粹意识形态的纪念性、宣传性而转向对艺术形式语言的探索；开始关注到与地域文化及其生态环境的关系；强调设计对现实文化整体的关注与对话，开始参与对城市环境及公共设施形态的整体规划与合理设计。而作为公共艺术形式之一的地铁壁画也毫无例外地响应了这个发展趋势。

例如，北京西单车站站台上下行电梯顶部悬挂的《老北京》浮雕，中幡、跑竹马、太平鼓等北京"绝活"活灵活现，充分展示了老北京特有的文化特色。国家图书馆站采用"书"作为车站的主题，站台立柱侧面用银色的线条来模仿书页；在站厅层，墙上用绘画对应国家图书馆四大镇馆之宝：《永乐大典 × 四库全书》《赵城金藏 × 敦煌遗书》反映了中国国家图书馆在图书界的权威性及完整性。圆明园车站站台浮雕以西洋楼残柱为背景，墙壁上设有大水法的远景浮雕，力求震撼的视觉效果；站台的立柱则被装饰成残缺的形状，讲述圆明园自建园至第二次鸦片战争被毁的历史，给人铭刻于心的视觉心理作用和潜在的爱国主义教育意义。

地铁壁画多元化的形式形成与环境的有效联系，体现了地铁壁画的文化哲学态度与精神。

地铁壁画的艺术形式表达实际上是对环境文化哲学态度与精神的综合表达。在经济全球化的影响下，文化上某些方面的趋同倾向难以避免，正好像今天行走在中国不同的地区，其建筑风格和城市建设规划正表现出趋同，而这种趋同反映到居住在这一地区民众的生活之中，那种鲜明的地方特色也逐渐消失，这种趋于类同的生活反射到艺术中，地方特色的消减也是在所难免的。

公共艺术对塑造一个城市的形貌特征、历史、文脉，乃至精神灵性以及市民的素质气质和审美品位等方面，具有不可替代的价值和作用。每一个小的地域文化都是大的中华文化的组成部分，其中的个性特征也就是地铁壁画自己独特的人文表现方式。

6. 民族性

公共艺术凝结了一个民族的审美习惯、审美理想和价值观念。它以自身的主题和形式营造独特的文化氛围，传承一个地区甚至一个民族的精神文明，是对历史文化的"承上"和对未来文化的"启下"，从中表现出不可替代的文明历史物证的价值。它可以说是一部"无字史书"，能够真实记录一个城市的变迁甚至一个民族的兴亡。

不同民族的人文特征与民族精神是不相同的，表现在艺术上特点也是鲜明的，如中国壁画艺术的东方情结、墨西哥现代壁画的民族特性、苏联壁画艺术的纪念性、法国现代壁画艺术的清晰浪漫的情调。德国的单纯与设计趣味的倾向及美国当代公共艺术的随意性。

然而，这种自然渗透的人文色彩在当今世界信息共享及全球一体化背景下，更具有特殊的意味。在相同的知识、信息及时代精神之下，人的精神与价值观的呈现丰富了文化内涵的意蕴，提倡人文精神与民族意识的张扬，重现民间或地域性的色彩，深深地融入了人们的开拓发展精神之中。在人文与民族特性中地域文脉的传承，民族习性无疑隐含、传递着不同的信息，感悟和把握这种信息，在未来的艺术发展中，尤其是在世界趋同的状态下显得更具特殊意义。

例如，北京地铁西苑站提取了皇家园林红白雕花元素，站内装饰有白色古典浮雕，镶嵌其中的红色仿古装饰条与其他车站"现代简约"的风格形成鲜明对比；光洁的汉白玉雕出古典的"福"字，镶嵌在立柱上；"中国红"的装饰铝条镶满屋顶，两条白色的装饰长带延伸在屋顶两侧，用白色铝条拼出的雕花图案，古色古香。宣武门站车站长幅壁画《宣南文化》反映了以先农坛为代表的皇家祭祀文化、以琉璃厂为代表的京城士人文化、以湖广会馆为代表的会馆文化、以大栅栏地区老字号店铺为代表的传统商业文化、以天桥为代表的老北京民俗文化等，描绘出具有中国特色和意味的文化传统。

中国是一个拥有着 5 000 年灿烂文明的古老民族。在这一漫长的历史长河中，逐渐形成了以爱国主义为核心的团结统一、爱好和平、勤劳勇敢、自强不息的伟大民族精神。这样的民族精神要体现在公共艺术作品的创作中，它应该蕴含着本民族的精神品格、心灵境界、至诚至高的追求。著名美术理论家邵大概说："中国当代艺术中的民族精神就是当代中国人对本民族和人类命运的关注，对历史和当代社会的深刻思考，对本民族人民和土地的热爱。"艺术家理应抱着崇高的民族使命感、责任感和博大的仁爱心、悲悯心，时刻关注民族的前途和命运。"天人合一、外适内和""含蓄蕴藉，厚德载物""勤劳坚韧，和衷共济"等民族精神，是中华民族区别于其他民族的语汇符号，也应是在公共艺术上表达的理性精神和感性情怀。

7. 审美性

在地铁站这个空间里，所有的公众，包括教授、科学家、普通的劳动者和市民、饱经沧桑的老人或天真幼稚的孩子甚至不同民族的群体，都能自由地出入这个人流不息、车辆往来封闭的空间。公众会从自觉不自觉地从空间角度或心理角度去关注艺术作品、审视作品的表现形式、解读作品的内容，以期从中寻得具有美感的形式，获得心理的愉悦和平衡。

例如，京港地铁的负责人为了打造人文地铁的目标，非常重视公共文化建设和公益项目的规划与实施，推动了 4 号线美术馆方案的实施。该负责人为了让艺术品呈现出最佳的展示效果，还专门安装了一批适用于地铁列车的专用画框。季大纯、洪浩昌等 6 位当代艺术家画家参与的这一公益项目，主办方将这些艺术家的作品轮流悬挂在不同列车的车厢内，以 45 天为一个周期进行更换。据介绍，4 号线每天共有 40 辆列车投入运营，日均客流量52.8 万人。如此算来，每天约有两万人有机会与这些艺术品碰面。

从某种角度上说，任何一个公共艺术作品都应是形式、内涵和精神的统一。它通过特有的艺术形式去感染公众，融入公众的审美情感，以自身积极向上的精神、生动活泼的审美情趣来感化公众。公共艺术犹如当今大众传媒时代的报纸、电视及广播等公共领域的媒介，它以艺术的表达方式去传达公共社会领域的各种意向、价值观念及审美态度等。

地铁环境艺术与人的关系非常亲密，与市民大众的社会生活息息相关，在城市物质与社会环境中不时地传递着美的信息，影响着人们的精气神和审美情操，使公众从视觉感官的愉悦舒适开始，至内心情绪的被激发、境界"天眼"的开悟意会、心理机制的调节平衡，这里贯穿着一个由此及彼、由表及里、由浅入深的人文关怀系统。

壁画艺术是属于民众的，也是服务于民众的，其参与性和互动性越高越能表达它的艺术价值。制作时应充分体现时代所共有的风采和面貌，在艺术的表现中融进深切的人文关怀，尽可能地使更多观众产生共鸣，从而获得艺术性的享受与社会性的启发。壁画艺术是环境空间与精神相互作用的产物，它直接体现了人对自然的反映，通过具体的物质凝结，引发精神内涵又服务人类本身。

（二）壁画设计原则

1. 统一原则。一条地铁线路的各个站点的壁画主题都应统一在整条地铁大的壁画主题规则之下，乃至以多条地铁线路交汇点——地铁换乘站为核心构建网络，将整个城市的地铁站点壁画网络统一在一个更大的原则之下。

2. 根据各个不同站点的具体地理位置并结合该地区的历史文化确定不同文化主题。

3. 紧扣城市文化特色。地铁各重要站点的地铁壁画都要展现城市文化特色，以城市文化标志性元素进行设计构思。

4. 地铁壁画的设计要达到内涵的文化性、形式的美感、材质与色彩的和谐完美统一。

5. 地铁站点壁画的设计要考虑所处地铁车站室内大环境、室内设计的风格和色彩对壁画的内容与形式的制约关系。

（三）壁画与车站的相互影响

壁画处于一个大的公共空间环境之中，并在空间环境中发挥着一定的功能与作用、壁画不仅是公共空间艺术的局部组成部分，而且是对现代空间环境艺术的延伸与拓展。"壁"是"画"的载体，"画"是"壁"的表达。对于壁画来说，地铁公共空间对其既存在一种依托关系，又有制约作用，二者相互适应，彼此互为增减，不同的地铁环境对壁画的材质、形制、主题产生不同的影响，而不同的壁画创作又适应着不同地区的地铁站建设，根据具体的特点与功能进行创作，与时代和谐，与大众契合。

1. 壁画对车站的作用

地铁壁画的实质是在钢筋混凝土的地下环境中，通过壁画等公共艺术品的设置，营建一个充满人情味、充满艺术气息和美感的文化长廊。

壁画通过与周遭的地铁空间所形成的对应转换关系，达到与地铁空间的互补与通融的效果。壁画对地铁空间大致有五大作用。

（1）装饰作用

装饰性壁画首先对地铁的环境美化起到重要作用，用以呼应和改善空间，根据不同的美学要求，对地铁空间环境进行形式美的补充或改善，构成审美装饰，提升环境的文化氛围。壁画的装饰性是其最为基本的功能，以色彩、线条、造型构成某种形象，这形象符合一种总体构想和内涵，弥补或协调所在的地铁空间，达到视觉美化的目的。相对于地铁空间的幽暗、密闭特性，一部分装饰性壁画能起到弥补环境缺陷的作用，如以几何体拼嵌而成，色彩对比强烈、装饰效果浓厚，则具有醒目鲜明的振奋视觉效果。这样的壁画可对单一的地铁视觉环境进行改善，化粗陋为美观，十分必要。

（2）导向作用

在容易迷失方向的地下空间，地铁艺术可以起到指明方向的作用。设置在地铁空间里的形状独特、规模宏大的壁画，不仅能使乘客区分站点，还能定义某个特定的位置。这类壁画通过直接描写当地名胜古迹、民族风俗、风土人情或自然风光来暗示站点所在地的特征，或通过图形导向人流，并通常与其他地铁标识结合，起到辨识、导向的作用，包括对所在地风土人情、名胜、民俗介绍式的描绘，也包括专门的图像标识信息，并辅以少量文字，为乘客提供指南。

（3）调节作用

①视觉调节

地铁壁画具有视觉环境调节作用，它能安抚情绪、陶冶情操，让乘客在候车之余，享受艺术的熏陶，体验大师们的情感波涛。

现代壁画对地铁环境的参与，是以营造地铁环境的视觉美感作为艺术创作的最根本目的，也是作为一种不可或缺的人类心理因素的驱使和感召的结果，反映了当代"人"的一种精神需要。

当人们穿梭于地铁空间时，不管建筑形式如何调整，心里总会感觉自己是在一个人造的地下通道内，容易产生不舒服感。因此，合理的环境装饰，可以弥补空间的不足，起到调节视觉的作用。对于采用壁画作为主要的装饰手段，就是一种很有特点的选择，它不占据人的行为空间，却能有效地装点地铁环境，把负面影响的环境转换成"人性"环境，给环境以与众不同的效果。

当前把地铁空间用作另一种文化空间的例子逐渐增多。如布鲁塞尔的地铁 CInceau 站约瑟芬维拉莱脱的作品《墙外》，它是绘于岛式车站侧墙上的大幅壁画，对岛式站台层面而言，车辆一侧紧靠壁面，若壁面为暗色调，容易产生狭窄感，而配上这幅统长的壁画：砖砌的拱门外是白色的小屋与宽阔的田野，道路伸向远方的天际，整个画面由橙色、白色、绿色构成，显得明亮，增加了纵深感，在顶面连续光源映照下，有良好的视觉效果，为地铁空间塑造了特殊的景观细节。

因此，无论壁画创作的手段如何，都会借助艺术的造型语言对地铁环境起到渲染和烘托的强化装饰作用，达到对环境空间某种程度上的修饰美化，提高环境的品质。

②空间调节

空间，也是视觉的空间。地铁壁画具有空间调节作用。地铁壁画多设于公共场所，它使过于宽大或封闭的缺乏人性的地下机械空间转变为更为丰富、更加有用的艺术空间。

壁画的介入形式，也并非仅限于墙体的最基本功能——封闭空间或隔断空间，壁画还可通过画面的内容成为建筑空间中的方向性的引导暗示，使空间得以连续，同时会削弱墙体所造成的空间围合感，使彼此空间有相互间的渗透。法国巴黎某地铁站墙面上，创作者有意识地把人们的注意力吸引于某个方向，使地铁空间保持着某种程度上的连通，在视觉上使人感到空间的扩大，并使处于地铁空间的人具有了方向感，增加了空间的层次变化，使环境更富有人性。环境给予人的亲切感，无疑来自它能够更充分地发挥其使用目的性。壁画虽具有相对的独立性，但它同时又从属于环境，依附于地铁建筑，是地铁环境的一个有机组成部分。所以，现代地铁壁画要时刻关注环境与空间的关系。

③心理调节

从对地铁乘客的心理影响来说，壁画具有心理调节的显著作用。地铁是深入地下的一处狭长地带、幽闭空间的一种，而在欣赏壁画时，人脑则可随视觉物象的材质肌理与形态构成，产生放松的视觉感受和丰富的思维联想。壁画的存在能够改善并调节地铁空间的总体氛围，有时利用视幻觉，造成空间上的错位理解。打破平板单调的平板式墙面，从而给人带来无穷的想象。

（4）改善环境

地铁壁画具有改善文化环境的作用，它能把周围的环境装扮成一个绚丽多彩的艺术空间，从而改善地下空间环境质量。

在封闭阴凉的地下空间中，壁画不仅能美化空间环境，还能给地下空间创造更多的人性环境，激发乘客对生活和环境的感性与关怀，从而形成一个更具有创意的环境。

（5）构筑人与空间的桥梁

作为环境公共艺术的壁画装置于地铁空间中，由于其设计的不同，使观者对其空间的感觉也不相同，它是沟通人与建筑的桥梁。人与建筑之间的情感交流可以通过壁画来实现，它使建筑充满了人情、文化、地域等特性，增加视觉上的层次感或深远感。壁画构架的功能桥梁，开拓了人的心理空间，拉近了人与建筑的距离。

现代地铁壁画设计关注人性，让人们的行为在不经意的状态下，成为艺术的一部分，注重与公众的交流。当这些作品充分考虑到公众的心理和行为之后，公众将会自然地感受到作品所散发的亲切感，也会积极主动地参与到作品中去。这些壁画艺术不是靠正面言辞的说教，而是希望能给人们心灵深处带来一丝感动、触动，使人们乐于出入于充满艺术氛围的地铁环境中。美国尤蒂卡大道地铁站壁画，如同给地铁建筑空间穿上了美丽的外套，打破了原本空间的冷漠与乏味，营造了一个充满浓重文化艺术的氛围，最大可能地与人的需求和谐。这就是壁画艺术对环境所产生的极为有意义的作用。壁画经过艺术家们的处理使原本单调的地铁环境转化为和谐的艺术空间，并在人们心里产生作用，使建筑整体空间环境具有极其饱满的精神内涵与审美价值，形成建筑与空间环境的"场所精神"。

越来越多的人感觉到，在科学技术和经济高度发达的今天，艺术作为现代人类之精神需要，其在生活中的位置不可低估。壁画作为其中的一个重要组成部分，皆在为人们提供生活中丰富细腻的感性认知和艺术享受，唤起人们感情的共鸣和灵魂的沟通。

（6）宣传作用

地铁壁画的宣传性，是通过壁画的形式强化地铁空间机能，并赋予地铁空间的主题和艺术形象产生对视觉的冲击，增强它们所描绘内容的感染力，从而在主题上产生广泛的宣传效果，宣传性壁画在地铁空间较为多见，如北京以人文奥运为主题的壁画系列。宣传性壁画注重视觉感染力与冲击力，从而产生宣传效应。它分为商业性与公益性两大类别，皆具有推广、号召、宣传企业或城市文化等功用。

地铁壁画处在人流量大的公共环境中，以持久性、直观性及美化环境的特征充当着各种宣传的重要代言物。比如 20 世纪 80 年代的地铁壁画《中国天文史》，采用高温花釉陶瓷工艺镶嵌在北京建国门站。壁画由三部分组成：第一部分是幻想与神话，描绘了远古先民对神秘宇宙的美好憧憬和天文科学的萌芽；第二部分是科学与技术，画面中的古天文台与各种天文仪器等一起象征了我国天文科学的进步；第三部分是现实与未来，画面中心是地球形象和我国首次发射的火箭与卫星，描绘了五大行星的真实写照，宣示人类以自己的智慧揭示了宇宙的奥秘，神话变成了现实。一幅长卷式的画面，概括地体现了从古至今我国五千年的天文发展史。壁画不仅昭示了其装饰空间的功能，在北京这样一个国际化大都市还起到了广泛的宣传效应。

但是我国地铁公共艺术发展还处在起步阶段，在地铁环境中，充满商业化的广告灯箱依然占据着宣传功能的主导地位，因此，究竟是要文化传播还是经济效益，这是一个政府和经营者值得权衡的课题。

（7）纪念与教育作用

纪念性的壁画是较为传统，也较为多见的一种壁画类型，其目的多为纪念某历史事件或某历史人物，并以其特定的角度为观众提供一种主题明确的、包含价值判断倾向的展示。其具体内容多为历史纪念、先贤缅怀、弘扬民族文化等。具有明确的精神性和实用性，有一定的纪念及教育色彩，突显所在空间的人文精神导向。

（8）强化场所效应

美国地理文化学家苏贾对"场所"的定义为："首先，有一种启迪性的场所概念，即一种有界限的区域，聚焦行为，凝聚社会生活中各种独一无二的事物和各种一般的和普遍的事物。"按照此定义，地铁壁画可以定义为一种"有界限的区域"。

壁画在地铁环境中通过其主题、内容及表现形式，形象地对地铁场所中的机能和属性做意识上的提示，对乘客起到辨识的作用。它通过直接描写所在车站的名胜古迹、民俗风情等标志性的事件或事物来暗示地铁站的社区特征。因此地铁壁画可以"帮助培育普通市民的集体记忆"。在当代城市中，商业化的"代码和符号在广告领域里表现得最彻底、最直接，并已经成为整个中间化社会的一个主要方面"。这种符号的充斥日益吞噬着城市空间的纯净化，把功能化和拜物主义推到了无以复加的地步。因此，我们需要公共艺术的美学符号的强化，城市空间人文面貌把人们从"金钱经济"的城市符号的泛滥中解放出来。各种主题壁画对地铁环境的人文精神化将起到重要作用。

以北京 4 号线为例，当人们走进动物园站站厅时，会立刻被设置在站厅墙壁上的儿童涂鸦壁画所吸引，壁画色彩强烈醒目，画幅尺度较大，瞬间识别快速能力强，也会强化存在于乘客脑中对于该站的集体记忆，儿童壁画成为车站所在地域的标志性景观。又如圆明园站站厅的大型浮雕，画面采用大理石雕刻，以代表性的圆明园建筑（西洋楼）残柱为背景，以御题《圆明园四十景》的文字形式为内容，加上建园、毁园、烧园三个历史年号，形成形象、文字、符号等造型语言和历史要素结合的现代空间构成形式，似重现当年的历史场景，墙面具有一定的象征和示意作用，在视觉和精神上感染乘客，具有很强的纪念意义。

（9）社会功能

①城市文化的传承与共享

在某种意义上，一座城市有没有供人们进行文化与审美交流的大众活动空间，有没有娱乐和休闲的公共场所，有没有让公众与艺术家参与的公共艺术，是评判城市文化水平高低的重要标志。它们将直接或间接地影响着居民的生活方式、生活品质和社会群体的精神面貌。不同国家、区域、民族包含着文化传统、艺术爱好的迥异，这一切构筑了不同民族的人文特征与民族精神，各不相同的人文色彩渗透在各地的公共艺术的实践与创作中。

地铁壁画的设计是地铁文化的载体，肩负着区域文化的传承与共享的任务，居民会通过地铁壁画加深对本城历史、文化、区域的了解，在城市文化特色定位上达成共识，潜移默化地接受审美普及教育。对于城市的精神文明建设，地铁壁画有着举足轻重的地位。

巴黎地铁与凯旋门、卢浮宫、埃菲尔铁塔和巴黎圣母院等并称为"不能错过的景点"，它构思设计了半个世纪，拥有100多年的历史在这里孕育了独特的地铁经济和地铁文化。与享有"地下艺术宫殿"之称的莫斯科地铁不同，巴黎地铁车站占地面积不大，不讲究气派，不过每个车站都很有特色，别出心裁。例如位于巴黎地铁的巴士底站，站台的墙上绘制了当年法国大革命的巨幅图画，血雨腥风似就在眼前，经过的人甚至可以感觉到那隆隆的枪炮声，具有较强的历史文化氛围。

②市民与壁画的互动

公共艺术是通过市民的广泛参与来反映社群利益与意志的艺术方式。因此，其社会和文化利益的主体必然是市民大众。"市民"是指参与并履行城市社会公民的权利与义务之契约的城市居民。他们每一个人都应该是创造城市社会公共生活、文化、制度及生存环境等形态的主人和成员。

地铁公共艺术不只是艺术家的事，更是整个社会的事；公共艺术是一种互动的艺术、双向交流的艺术，艺术要获得发展，必须让更多的市民欣赏、参与艺术活动，并在这一过程中提高鉴赏眼光、增进艺术素养。"让公众参与进来、尊重公众的话语权，用公众视觉经验参与公共艺术创作，体现出平等交流与公共关怀的价值观，并拉近作品与公众的距离。"发展公共艺术，也为普及艺术教育、提高全民艺术素养提供了最好的条件。

2010年8月17日，北京京港地铁公司在北京地铁4号线国家图书馆站举行地铁壁画展，将4号线动物园站、国家图书馆站、圆明园站等8个有着本站特色的壁画作品以灯箱广告的形式进行了集中展示，同时，乘客在北京地铁4号线国家图书馆站进行拼图互动，拼出的图形为西单站扶梯中庭代表北京文化的《老字号》壁画作品。

③促进地铁公共艺术运作机制的发展

地铁壁画可以促进地铁相关文化与艺术的完善与发展。"公共艺术是一项从属于社会公共事务和涉及公共行政范畴的文化事业。为了使更多的社会公民能够参与和享有公共社会的艺术活动及其资源的分配，主管公共艺术发展和管理的权力机构、运作机制及其法律制度的建设就成为必然的需要。"

例如，费城的公共艺术就得益于公共艺术百分比的支持。所谓百分比公共艺术政策，即"政府以立法的形式，从工程建设投资中提取一定比例的资金，用于城市公共艺术品的创作与建设"。1959 年，费城批准了 1% 的建筑经费用于艺术的条例，成为美国第一个通过百分比艺术条例的城市。

1965 年布鲁塞尔地铁动工时因受时代潮流所趋，计划在地铁车站内安置艺术品，于1965 年正式成立了"布鲁塞尔地铁艺术委员会"。该组织成立之初并无组织条例及任期，主要责任在于推荐著名艺术家，执行与艺术家之合约，追踪协调艺术家与建筑师如何将作品安置在地铁内。直到 1990 年，委员会开始制度化，制定组织规章，于 1990 年 5 月更改名称为"布鲁塞尔都会区地下建筑艺术委员会"。委员会每年至少集会 4 次推动工作，除征选评鉴艺术家作品外，对平日维护艺术品及照明设备也编列预算。另外还评鉴地铁建筑、结构、位置、体积是否与环境配合适当，较过去工作范围有所扩大。

我国的公共艺术立法已经显得十分迫切和必要，我国城市建设中公共艺术的比重与欧美和日本相比还相差很远，而且也存在不少问题。例如公共艺术竞标中的腐败现象、地方保护主义，使得艺术品艺术性低、没有内涵。其次，我国艺术品设计者的业务提高和职业道德修养的自我管理需要加强。在当代社会经济国家化的影响下，城市公共艺术的发展也面临着全球性的挑战，同样需要国家出台政策、法规来进行约束。

2. 车站对壁画的限制

对于壁画而言，地铁公共空间的基本要素包括尺度、形状、方向、角度、材质、光，以及乘客在空间中的视点等诸多方面。这些因素既成为对壁画的依托，同时也对其构成制约。

（1）地铁空间的尺度、形状与壁画

空间的尺度，指衡量空间大小、长宽的视觉感受，对于地铁空间来说，这一尺度是人的尺度。较低的空间效果，会使人感到压抑；较高的视效，又使人感到疏远和生硬，因此，壁画不仅需要参考地铁的实际物质高度，也需要对乘客的精神视觉距离进行考量。如乘客与站台壁画之间所相隔的距离、长度与高度的比例呼应，壁画方位与动势、与地铁车厢尺寸的联系等等。

（2）地铁空间的方向、角度与壁画

地铁空间有其特定的方向特性，视觉冲击力强、大块面、空间连贯。这对壁画构图的动感因素有所要求，使壁画需要配合流动的意向，使观众在每个站台视点上具有相对独立的视点，同时又有连贯的方向顺序，沿着壁画指引的方向和路线行进，使空间具有导向的节奏感和方向感。各种视觉角度的壁画也会使乘客产生仰视、俯视、平视等不同视点的变化。

（3）地铁空间的材质与壁画

壁画的色彩、材质要与地铁空间达成融合，这包括选择与外空间相近的材质，达成协调一致的效果；也包括选择相异的材质，以差异突显对立与冲突，对外空间的质感不足进行弥补。越是对于地铁这一模式化的空间，壁画的材料表现力越是可以得到充分的发挥。

对于壁画来说，地铁车站对其既存在一种依托关系，又有制约作用，二者相互适应，彼此互为增减，不同的地铁环境对壁画的材质、形制、主题产生不同的影响，而不同的壁画创作又适应着不同地区的地铁站建设，根据具体的特点与功能进行创作，与时代和谐，与大众契合。

（四）壁画设计趋势

随着社会的发展，地铁空间不仅是出行的起点、终点与转承枢纽，而且它已成为融合文化、科技、生态元素的多元综合体。地铁空间的设计不仅要考虑高效便捷的实用性内容，还需要纳入人性化、地域化的考量。

1. 材料的多样性、形式的多元性

多样化的表现手段是其主要的特征与发展趋势。在过去的陶板高温釉之后，又出现了锻铜浮雕贴金、高温釉上彩、彩色琉璃镶嵌、石刻浮雕等多种表现手段。但不可否认的是，在日后的壁画材料和表现手法上均存在较广阔的探索空间，如镶嵌与拼贴的灵活化，铝材、玻璃、珐琅、面砖等其他载体的多元化，还有以计算机、电子信息技术为基础的灯光、多媒体等表现方式的新发展等。

2. 主题式的内容：地域性、时代性与民族特色

除了沿袭传统的主题之外，新的地铁壁画主题内容在新的时代背景下需结合新的时代性、地域性与民族特色。以往的国内地铁壁画更注重历史文化的主题创作，而社会生活、科技文化等更为日常化的内容作为当今时代的主题，有望成为地铁壁画新的发展方向。民族特色在各个地区都是被强调的因素，因为地铁壁画是展示地域性、提升城市文化品位最直接的窗口。

地域性是壁画的特质之一，即对地域文化和人文特征的偏爱。它们通过直接描写当地名胜古迹、民风民俗、风土人情，或者是通过描写建筑所在区域的自然风光街区风景和人文景观来暗示建筑物所在地的特征。

壁画所置于的环境还包括其历史的环境及社会的环境。壁画的艺术性也必须积极地反映时代的面貌，即将艺术性孕育于时代性中。壁画的永久性特点也决定其设计还必须具有前瞻性的时代意识。

地铁壁画不仅代表着国家或地方区域的文化和艺术水平，同时，旅客还可以从壁画上了解到国家或当地的一些历史故事民间传说、风俗人情和风景名胜等，即民族性。其中具有代表性的实例是北京雍和宫站。雍和宫及其周边是中国文化的思想库所在地，具有很强的民族性，是包含文化理念的游览胜地。雍和宫地铁站的壁画设计用金色板面，配以藏传

佛教图案，将车站的宗教特色展现得淋漓尽致，其金碧辉煌的壁画，配以喜庆的中国红立柱，充满了宫廷氛围和宗教气息，与地铁环境融为一体，相得益彰。

3. 标识性与导向性

相对于过去传统的较为单一化的地铁壁画设计，个性化的导向作用可视为地铁壁画新的发展方向，这是由其所在空间功能与受众需求决定的。壁画作为公共空间中的公共艺术，首先要发挥所在空间功能的现实作用，而对于地铁空间来说就是清晰的指向性功能。这都需要壁画创作强调特色、多元展示，将实际功能与文化层面的需求进行良好结合。在形象上，突出其鲜明的个性，从而具有明确的可识别性，具体做法如采用视觉冲击力强、语言简练、大块面构图等表现方式。

4. 壁画与车站环境的融合

壁画所指向的空间已由月台对面的墙壁发展至通道墙壁及天花板等更为广阔的领域，而顶壁、侧墙与站台的各种设施（如电梯、扶梯、通道等）的紧密结合也成为壁画更新的发展方向。

整体环境意识是壁画设计的前提，可尝试打破原有的二维空间，向三维空间发展。

一方面，这需要设计者与施工方的协商协作，包括壁画的绘制组或工艺制作厂家与施工方的通力协调合作，以及壁画安装时与现场方施工队的配合等。另一方面，整体规划意识十分重要，对壁画的设置、效果做全盘的规划设计是达到与环境"共生"的前提条件。

5. 环保与生态型设计

由于地铁空间特殊的空气环境有高度的热度与湿度要求，且含尘量高，因此对于材料的防火防潮有特殊的要求。随着科技的发展，当今壁画在材料的可持续使用上有条件、有必要进行更为深入的探索。此为壁画设计最为重要的前提，否则一切艺术效果都是没有基础，甚至有害的。比如，漆壁画的设置和制作，过去多在木质板材上绘制，所用材料、辅料也多为天然材料，

其防火防潮的性能标准不一。要使壁画制作完全符合地铁这一特殊环境的功能需要，就必须在材料应用和技术应用上有所不同。因此，对于环保型与生态型壁画的设计要求可视为我国地铁壁画的又一发展方向。

（五）壁画设计案例

1. 斯德哥尔摩地铁壁画

瑞典斯德哥尔摩的地铁修建于20世纪40年代，起初人们构思着如何去装饰每个地铁站，后来决定让一百多位艺术家分别用自己的风格和艺术构思来装点一个站台，于是一个世界最长的地铁网变成了一个世界最长的艺术长廊，总长108km，每一站都是精心设计的艺术品。

在一百多个地铁站内人们可以欣赏到自然界人类活动及动植物抽象仿真式样的绘画、壁画、雕塑以及各式各样的艺术表现手法。

斯德哥尔摩地铁的几个站是在岩石中开凿出来的，留有洞穴状的"天花板"。它是古代和未来的结合，洞穴绘画是其点睛之笔。在其一百多个地铁车站中，有一半以上装饰着不同的艺术品，它们表现着不同的主题，给斯德哥尔摩地铁增添了生机勃勃的活力和艺术品质。

没有大理石，也没有花岗岩，更没有钢板一类的现代建筑材料，斯德哥尔摩中央车站利用天然的洞穴结构，开凿出全球最为独特的地铁车站。从宜家到H8.M，瑞典人始终向世界输出着实用的极简主义，地铁车站也不例外。洞穴的岩石随处可见，设计师在保留地质结构的同时，利用大量的彩绘和涂鸦让岩石焕发艺术的生机。时至今日，已有超过150位艺术家在此创建了超过9万件的雕塑、油画、版画、浮雕和装置等艺术装饰。

2. 慕尼黑地铁壁画

慕尼黑地铁壁画装饰以颜色为主题，被誉为"打翻设计的调色板"。尽管没有伦敦地铁百年的悠久历史，但慕尼黑地铁之所以为众人所知，设计的运用功不可没。没有繁复的雕塑与壁画，也没有夺人眼球的多媒体装置艺术，慕尼黑的地下世界用最为简洁的理念粉饰自我，简约却不简单。它运用丰富的色彩让昏暗的地下世界焕发出不一样的光彩，极度艳丽的漆料让其如同地面上的真实世界一般绚烂。没有德国人一贯的严谨，取而代之的则是大胆与前卫，置身其中，移步异景。

慕尼黑地铁的每个车站因其颜色与风格的差异而易于识记。尤其是近年新建的地铁站，其灯光照明的色彩与照射方式各有区别，背景色统一，有时强调冷暖色对比，形制上采用工业结构造型或抽象造型。墙体风格与地板、灯饰的组合自成一体，采用简约概念式设计，强调工业秩序感和整体感效果。

3. 莫斯科地铁壁画

莫斯科地铁一直被公认为世界上最漂亮的地铁，地铁站的建筑造型各异、华丽典雅。每个车站都由国内著名建筑师设计，各有其独特风格，建筑格局也各不相同，多用五颜六色的大理石、花岗岩、陶瓷和五彩玻璃镶嵌出各种浮雕、雕刻和壁画装饰，以彰显革命胜利为主题进行创意设计，车站照明灯具也十分别致，好像富丽堂皇的宫殿，享有"地下的艺术殿堂"之美称。华丽典雅的莫斯科地铁一直是俄罗斯人的骄傲。

共青团地铁站在科尔特瑟瓦雅地铁线以及莫斯科整个地铁系统中最有名气，它也是莫斯科的标志，部分原因是它处于莫斯科最繁忙的交通枢纽共青团广场。这个地铁站是到莫斯科和俄罗斯其他地区的枢纽。它的设计主题是展示爱国史、激发民族的荣誉感，使人们对俄罗斯的未来充满向往。精美的大理石柱面、典雅的吊灯以及站台顶部那些代表着建筑者精湛技艺的马赛克镶嵌画、大量的社会主义绘画让人仿佛回到了苏维埃年代。

4. 北京地铁壁画

地铁1号线，北京第一条地铁，即中国第一条地铁，于1969年10月建成，共设17个地铁车站。沿线地铁站创造了一批反映时代特征的壁画作品，如东四十条站，严尚德的《华夏雄风》、李化吉的《走向世界》；建国门站，严东的《四大发明》、袁运甫的《中国天外史》；西直门站，张仃的《大江东去》和《燕山长城图》。

从内容上看，这几处壁画都体现了与该地区文化或历史特色紧密相连的特点；从材料上看，壁画创作者都选用了陶板高温釉来表现作品；从壁画位置上看，都选在月台的墙面上。其中《中国天文史》与建国门地区著名的古天文观测台相映，暗示着建国门悠久的历史。

第二节 地下综合体环境艺术设计

一、环境艺术设计要点

城市地下综合体是随着地下街和地下交通枢纽的建设而逐步产生与发展的，其初期阶段是以独立功能的地下空间公共建筑而出现的。伴随着社会的高度发展，城市繁华地带拥挤、紧张的局面带来的矛盾日益突出。高层建筑密集，地面空间环境的恶化促进了城市，尤其是城市中心区的立体化再开发活动，原本在地面的一部分交通功能、市政公用设施、商业建筑功能，随着城市的立体化开发被置于城市地下空间中，使得多种类型和多种功能的地下建筑物和构筑物连接到一起，形成功能互补、空间互通的综合地下空间，称为地下城市综合体，简称地下综合体。

城市地上地下一体化整合建设的综合体作为新兴的城市建筑空间，其环境艺术的设计需要综合考虑外部空间和内部空间的人性化设计，既要体现生态景观的功能，又要发挥文化展示的功能。

地下综合体需要通过采光、通风、温控设施等来调节室内环境，这些设施通常有设备空间且需要布置于地面上，包括人行道、绿地、广场等，有时则结合建筑布局。外露地面设施不可避免地会对城市视觉景观产生破坏，设备产生的废气、噪声和热量等也会给人们带来心理和生理上的厌恶情绪，如果布置在人流比较集中的公共区域，还会对城市活动与地面交通造成负面的影响。在设计中，通过整合地下综合体的外露地面设施和城市环境，将地下综合体内部的设施与周边环境共同整合设计，可以最大限度降低其对公共空间景观风貌的影响，甚至可以形成独具特色的地标景观。

（一）设计原则

对地下综合体进行人文环境艺术设计，即是将人文环境艺术的设计理念应用到城市综合体的设计中，提升地下综合体的环境价值和艺术价值。这样的设计不仅会给人们带来快捷和便利，也将带来健康和舒适。为了满足地下综合体人文环境艺术设计的功能需求和价值追求，在创作时必须遵循以下几条基本的原则。

1. 整体性

在地下综合体环境艺术设计中，除了具体的实体元素外，还涉及大量的意识、思想等理念，可以说地下综合体人文环境艺术设计是物质和精神的大融合，必须从整体上进行通盘考虑，要注重周边环境的营造和融入，体现人文环境艺术设计的整体规划思想。在人文环境艺术设计中，要充分运用自然因素和人工因素，让其有机融合。可以说，整体和谐的原则就是要强调局部构成整体，不做局部和局部的简单叠加，而是要在统筹局部的基础上提炼出一个总体和谐的设计理念。从更高层面上讲，环境艺术设计中的整体规划原则，要体现人和环境的共融与共生，使二者相得益彰。

2. 生态美学

地下综合体环境艺术的设计应在景观美学的基础上，更加注重其生态效益，即给予生态美学更多的关注。在进行地下综合环境艺术的设计时，应遵从生态美学的两大原则，即最大绿色原则和健康可持续原则，使设计体现出地下综合体景观的自然性、独特性、愉悦性和可观赏性。

3. 人性化

对地下综合体环境艺术的设计，应认识人与环境的相互关系。环境是相对于人类而言的，人类在从事各类活动时，在被动适应环境的同时会下意识地改造环境为我所用。所以环境的设计要强化和突出人的主体地位，要能够满足人的初级层面需求，将"以人为本"的概念融入对地下综合体环境艺术的设计中去。在设计中做到关心人、尊重人，创造出不同性质、不同功能、各具特色的生态景观，以适应不同年龄、不同阶层、不同职业使用者的多样化需求。

4. 与时俱进

地下综合体环境艺术的设计脱离不了本土化和民族化，故而必须对传统设计有所继承和发扬，尤其对有着几千年文化底蕴的中国而言，如何把中国传统设计中好的元素加以传承，已成为中国环境设计师的必修课程。如传承中国传统设计中追求的雅致、情趣等意境，利用自然景物来表现人的情操。另外，环境设计又必须适应时代的发展和需求，在传承的基础上，集合时代的特征，有所创新和突破，赋予设计以新的内涵，而不是一味地复古。

5. 科学发展模式

在今天人类大肆破坏环境的背景下，科学发展越来越受到人类的高度重视。从本源上讲，我们开发和利用自然是为了更好地改善自己的生存、生活环境，但过度的开发和无节制的滥采，不仅仅造成了自然资源的损失，更使环境遭到严重的破坏。科学发展的原则，是要求环境艺术设计必须真正落实到"绿色设计"和"可持续发展"上。设计过程中，我们一定要有"环境为现代人使用，更要留给子孙后代"的意识。从具体的地域环境设计或室内环境设计看，除了低碳环保元素的要求，还要注重材料本身的健康和使用寿命，要体现环境设计的前瞻性和可预见性，不能因为一时的美观和实用，有损长久的生存和发展。

（二）设计策略

城市地下综合体与城市空间相互渗透、融合、吸纳了更丰富的城市功能，其所具有的开放和公共属性越来越显著。另外，城市地下综合体的建设也带来了城市基面的立体化发展，创造了丰富的城市空间形态，为活动人群提供了体验空间环境的多层次视角，在体现城市环境特色方面体现出了巨大的潜力和优势。因此，城市地下综合体的空间环境已经突破了单纯的室内环境的范畴，而成为城市环境体系中的组成部分。强化地下空间环境的特色化和场所感是提高地下空间环境品质的有效途径，也是实现与城市整体环境互动发展的载体。强化地下城市综合体环境艺术的策略主要体现在三个方面。

1.延续地面城市意象

凯文·林奇提出了城市构成要素：路径、标志、节点、地区和边界。地下空间则可以与城市空间相似的方式来分析，透过模拟各种城市公共空间的情景，来获得地面公共活动的重现和城市意象的延续。

（1）路径

模仿地面行进中两侧景观的变化，在地下空间中产生观察活动。地下综合体中的商业街、走廊、通道和垂直交通等类似于城市的公共通道，它们对于形成连贯整体的空间意象具有重要意义。对于路径的布局有两种形式：一是在驻足停留空间的两旁或单侧布局，使活动空间具有较强的私密性；二是路径穿越不同的活动区域布局，有利于营造开放、热闹的空间氛围。

（2）标识

起到空间标识和流线转换作用。在城市中，一个非常简单的物体、一座房子、一家商店或一座山都是构成城市的标记。而在地下综合体中路标则可以是一个特别的商店、一个雕塑、一种装饰要素或一个中庭这样的空间。

（3）节点

形成活动流线中重要的空间高潮。在地下空间中，中庭广场和重要的流线交叉点即为节点。规模较小的地下综合体，可以围绕最重要的节点空间形成核心式布局；规模较大的地下综合体中，则可以采取以核心公共节点搭配数个次要公共节点的核心节点组合布局模式。

（4）区域

形成地下公共空间的延伸。具有明确的功能或设计特色的区域均可以看作是区域，有时也可以将综合体中的一层看成是一个独立的区域。区域的延伸作用体现在两个方面：一是将其设置于地下空间的端点，使路径得到延伸；二是延伸至周边区域，形成空间的渗透、穿插。

（5）边界

形成对地下公共空间的认知，同时划分各功能空间。在地上与地下的衔接处，边界形成两种空间在高差和景观环境上的过渡。在地下综合体内部，边界作为不同功能区域的交汇处，需化解空间形式的变化和空间意象的转换等方面的矛盾，使整体空间环境连贯和谐。

当然，地下综合体的各意象要素不是孤立存在的，在地下空间中活动也不应该是穿越一系列封闭而单调的功能空间，而是从空间场景的连接和转换中获得连贯的意象感知。正是各意象要素之间相互结合、共同作用，丰富和深化了地下城市综合体的空间形象，加强了整体的特性，从而形成一个可识别的地下空间环境，在人们心理上创造出难忘的总体印象，在脑海中构建出整个地下城市综合体的"认知地图"。

2. 体现公共空间属性，强化整体认知意象

在地下综合体的空间设计中，不但要重视地下空间开发利用的功能形态，更要重视人居环境品质和人们对地下公共空间的认知感受，综合考虑人的心理和生理需求进行人性化设计，达到提高其内在空间品质的目的，从而将更多城市功能及"人"的公共活动引入地下，改变以往人们对于地下空间封闭、方向感差和形式单调等负面印象。

地下综合体中承载公共活动的空间主要包括不同形式、不同性质的地下广场、地下中庭、地下商业街、下沉广场、主入口等。这些空间不仅是地下综合体整合城市要素的媒介，在物质层面完善了地下综合体的内部功能，更是强化地下综合体与整体环境特色的空间纽带，在精神层面构建起地下公共空间的场所特质。因而，根据地下公共空间的不同功能和属性，突显其认知意象是地下综合体设计中彰显城市环境特色和场所感的关键。

（1）强化出入口空间的可识别性

一方面可以突显出入口形态的标志性，通过醒目的建构筑物和独特的环境设计，达到吸引行人注意力、增强识别性的目的；另一方面也可以在出入口空间设计中引入具有地域特色、时尚文化和人文精神的环境元素，创造出入口空间的主题特色，使人形成关联性和象征性的认知感受。当然，上述设计手法都应建立在与城市整体环境协调统一的基础上，在协调的大原则下创造出亮点，这是出入口空间设计的关键。

（2）丰富空间环境的趣味性

和地面商业街类似，地下商业街也承担着联系各功能单元的交通空间和商业空间的双重职能，为了缓解地下空间对人们的负面心理影响，地下商业街设计对空间形态的多样化和街道空间的趣味性往往有更高的要求。可以通过街道剖面的形式和高宽比的变化来塑造多样的空间感受，形成富有动感和收放有序的空间序列。要注重对线性空间段落的划分、高差的变化、趣味小品的加入、地面铺装的转换以及休息座椅的设置等，这些都可以做出对空间的暗示，营造多样化的内部空间形态，给步行者提供丰富的空间感受。

（3）注重生态景观的引入

长期以来，地下空间的开发都是单纯地强调其功能性，忽视了对地下空间生态景观的追求，使得地下空间给人以封闭感，影响了地下空间中人的体验。未来的地下空间开发应充分重视生态景观功能的发挥，以优美的生态景观吸引人的视线，改变地下空间给人的封闭感，从环境心理学的角度改善空间体验。这种开发的理想层次是与未来建设生态型的山

水城市与节能型城市发展趋势相一致的。处于地下综合体内的人们所看到的不应该只是各种僵硬的人造建筑材料和眼花缭乱的商品，而应该引入自然的生态景观作为视觉焦点。在地下空间中加强自然要素的运用，如引入自然采光、设置绿化景观等，不仅可以辅助地下空间节约能耗，而且有助于提高感观上的舒适度。中庭或公共空间中的绿色植物，往往能使本来狭小的空间具有一定的趣味性，不同形式排列的植物还能划分空间，丰富空间层次。

（4）延续城市人文历史特色

城市中心区地下综合体的建造，不仅具有改善城市中心区的环境、提高其综合效益的功能，还承载着提升城市文化形象的任务。因此，不仅需要在一定程度上创造良好的内部环境，使人们在地下综合体中进行各种活动时感到安全、卫生、方便与舒适，同时还应使人们感觉到当地的人文特色、感受到时代与传统的气息。地下综合体内各种功能设施单独来看都具有不同的文化意象，简单的组合可能会给人无主题的感觉，无法形成地下综合体自身的个性。

城市中的地下综合体不应该是千篇一律没有个性的，每一个地下综合体都应该形成自身独特的形象和品格，以增强其可识别性。这需要在解决交通矛盾和商业效益的同时，主动创造以人为本、可持续发展的地下综合体空间环境，通过灯光、壁画、大量富有人情味的景观、体现当地人文历史特色的小品设计来进一步改善城市中心区地下综合体的环境，塑造城市中心区的个性，提升地下综合体的品位。

（5）塑造节点空间的主题意蕴

随着人们参与地下空间的活动越来越频繁，在其环境塑造中，应更加注重人文关怀，引入城市文化和记忆。尤其是地下综合体的节点空间，通常是作为路径的交汇点或者使用者观赏休憩的场所，应通过营造充满文化气息的节点环境、塑造令人印象深刻的主题艺术品，在空间组织开合有度、收放自如的序列结构，通过中心开放空间节点来引导视线的方向性，强化空间的主题意境。

3. 增强文化认同感，塑造场所精神

城市活动、城市文化是城市生活的重要组成部分，也是城市公共空间的另一重要魅力所在。它能够提供给使用者有趣的城市体验，自然而然地产生共鸣，强化对地下城市综合体文化上的认同感。因此，通过引入城市活动、植入城市文化，将城市社会生活融入地下城市综合体中，已成为塑造城市地下综合体场所精神较为常用的设计方式。

舒尔茨认为："场所是由特定的地点、特定的建筑与特定的人群相互积极作用，并以有意义的方式联系在一起的整体。"也就是说，场所不仅是单纯的物质空间，还承载了人们对空间的历史、情感、意义的认知，场所精神是在特定空间中，人在参与的过程中获得的一种有意义的空间感受，它的获得要求建立在满足基本功能的基础上，能反映出场所环境的特征，并创造出容纳人们活动的、具有强烈的人文气氛的建筑空间。因此，要使地下综合体的场所精神得以树立，首先要结合人们在综合体中的活动路径、模式，营造开放的休憩、逗留场所，使人在舒适的空间使用过程中产生对地下公共空间的认同和归属感。进而，在公共空间的设计中通过延续城市传统风貌、引入特殊文化元素、再现城市事件等建筑景观设计方法，使地下空间拥有和地面一样的传统城市活动，让人们在认知意象中形成地上地下活动的关联。同时，在城市活动中获得有趣的感知体验，也能改变人们对于地下空间单调无味、与城市关系薄弱的固有不良印象。

城市地下综合体的场所精神随着时代的演进在不断发展变化，在城市地下综合体设计中应该具有一个可持续的全面的场所文化观，包含对过去的关怀、对当下的包容，以及对未来的展望，反映出场所空间对不断发展变化的生活形态的适应，促成城市场所精神的"现代性"转变。

二、下沉广场环境艺术设计

我们把广场的地坪标高低于地面标高的广场称为下沉广场。在现代城市中，下沉广场在解决地上地下空间的过渡问题、交通矛盾以及不同交通形式的转换上有着明显的优势，因此被广泛应用。

（一）景观特性

1. 步行性

步行是一种市民最普遍的行为方式，也是一种当今社会被人们公认的健康的锻炼方式。

可步行性是城市广场的主要特征，是城市广场的共享性和良好环境形成的必要前提，它为人们在广场上休闲娱乐提供了舒缓的节奏。由于下沉广场地面高差的变化，人们常选择步行的方式进入广场内部，也往往通过步行在广场中休闲娱乐。因此在对下沉广场进行景观设计时要考虑为人们提供在下沉广场中步行的适宜的环境氛围和空间尺度。

2. 休闲性

下沉广场休闲性的一个重要根源来自它独立的形态。由于其竖向发展，下沉广场阴角型城市外部空间形成一种亲切的、令人心理安定的场所。事实上，下沉广场空间跌落下沉的重要界定方式在相当大的程度上隔绝了外部视觉干扰和噪声污染，在喧嚣的都市环境中开辟出一处相对宁静、洁净的天地。扬·盖尔在《交往与空间》中说道："只要改善公共空间中必要性活动和自发性活动的条件，就会间接地促成社会性活动。"因此，下沉广场为城市健康的社会性活动提供了场所，强化了城市的休闲气氛。

（二）设计原则

1. 整体性

下沉广场作为开放空间，在城市中不是孤立存在的，它应该和城市的其他空间形成完整的体系，共同达到城市的空间系统目标和生态环境目标，即居民户外活动均好、历史景观的保护等。把握下沉广场整体设计的原则对城市景观的意义重大。换句话说，就是从城市的整体出发，以城市的空间目标和生态目标为依据，研究商业区、居住区、娱乐区、行政区、风景区的分布和联系，考虑下沉广场应建设在什么位置、建设成多大规模，采取适宜的设计方法，从总体宏观上，发挥下沉广场改善居民生活环境、塑造城市形象、优化城市空间的作用。

城市下沉广场景观设计时对整体性的把握应注意以下几点：

（1）与周围建筑环境的协调

下沉广场多由建筑的底层立面围合而成，围合的建筑是形成下沉广场环境的重要因素。

下沉广场内的整体风格要与周围的建筑风格相一致。在设计中，无论是大的基面、边围还是具体的植物、设施都应该注意在尺度、质感、历史文脉等方面与广场外围的整体建筑环境风格协调一致。

（2）与整体环境在空间比例上的协调

作为城市内的开放空间，下沉广场的空间比例也要与周边环境协调一致。如果局部区域的整体空间比例较开敞，而下沉广场下沉的深度与其大小的比值过大，就会形成"井"的感觉，影响整体城市的意向。

下沉广场空间比例上的整体性还体现在广场的内部，要注意广场中的台阶、踏步、栏杆、座椅等各种设施的尺度与广场的整体空间尺度相协调，既不能小空间放大设施，也不能大空间小设施，以免造成空间的紧张压抑或空旷单调。

（3）考虑广场交通组织

设计中要注重广场内的交通与场外的城市交通合理顺畅地衔接，提高下沉广场的可达性。

下沉广场的选址及出入口的设置都是下沉广场内部交通与场外交通整体性把握的关键。对于交通功能型下沉广场，对其整体交通组织的把握更是关键。设计中不仅要考虑交通枢纽的作用，也要同时考虑行人穿行的便利。

2. 人性化

"人性化"是现代城市设计理论的主流方向，空间的人性化也是近年来讨论最多的问题之一。日本建筑师丹下健三曾说："现代建筑技术将再次恢复人性、发现现代文明与人类融合的途径。以至现代建筑和城市将再次为人类形成场所。"这里的"场所"，也包括下沉广场这个符合时代需要的广场类型。下沉广场同城市广场一样要满足人们社会生活的多方面需要，在解决了复杂的交通组织，和地上地下空间过渡的同时，也要满足人们休闲娱乐、商业服务的需要。下沉广场更要注重下沉空间的尺度给人们带来的心理影响以及所形成的物质空间环境对人们社会性活动的影响。

要想设计出真正人性化的作品，就要综合考虑不同人群的生理需求及心理需求，切忌盲目追求所谓的形式艺术。真正的艺术也应该是为人类服务的，而不应该违背人性关怀的宗旨。

在设计中人性化的设计原则不仅体现在下沉广场功能的丰富性上，更体现在环境设计中对人们行为心理的思考和关注。只有抓住人们内心对广场空间真正的需求，才能提高场所的舒适度，使其具有独特的魅力。

3. 生态性

人类在建设城市活动中的生态思想经历了生态自发—生态失落—生态觉醒—生态自觉四个阶段。生态性原则就是要走可持续发展的道路，要遵循生态规律，包括生态进化规律、生态平衡规律、生态优化规律、生态经济规律，体现"实事求是，因地制宜，合理布局，扬长避短"的原则。近年来，科学家们都在探索人类向自然生态环境复归的问题。下沉广场作为城市开放空间系统的一部分，也应当坚持生态性设计的原则。

4. 情感性

情感是人性的重要组成部分，有了它的存在，空间才会富有生机，正因为如此，研究情感以及空间的情感化是人性化空间环境的有机组成部分。然而人口的聚集以及交通工具的迅速发展，使城市的空间结构日益膨胀和复杂，城市问题也应运而生。城市的迅猛发展使人忽略了自身的情感需求。一味追求功能化、经济化，机械的价值观代替了以往的人本主义价值观，城市中的情感空间日益减少，灰空间、失落空间不断增加。

现代社会追求的情感空间的情景统一比过去具有更广阔的含义和特征。现代人的生活是丰富多样、自由自在的，人们需要的是类似于传统广场、街道带来的人性化感受，同时还需要富有新时代特征的多样化、平等、共享的城市情感空间。因此，在下沉广场景观设计中创造情感空间应当具备以下特征：

（1）宜人的尺度

应当按照人的感性尺度进行设计，空旷的大空间容易使人产生失落感，压抑的小空间使人产生紧张感。在对下沉广场的景观设计时应注重空间尺度，创造变化且多联系的小型化空间。

（2）舒适性

首先是要满足安全性的基本要求，包括为人提供不受干扰的步行环境，不使空间产生视线死角，在夜间增加照明使人产生安全感。此外，还要满足人的私密心理。如此，才能为人们提供一个身心放松、释放情感的环境空间。要考虑人们真正的心理需求，营造让人们感觉亲切舒适的多层次空间环境。

（3）自然性

虽然生活在城市中，但是我们渴望回归自然。一个和谐自然的空间少不了植物和水景的应用。在下沉广场的景观设计中要合理应用植物与水体，创建自然和谐的公共空间。

5. 文脉性

文脉最早源于语言学范畴，它是一个在特定的空间里发展起来的历史范畴，包含着极其广泛的内容，从狭义上解释即"一种文化的脉络"。文脉的构成要素非常多，大到城市布局、景点设置、地形构造，小到一幢房屋、一座桥、一尊雕塑、一块碑等，都是文脉的体现。当游人踏上一块陌生的土地，景观就是他们了解这座城市历史文脉最直观的途径。所以在设计一个下沉广场时，要时刻注意文脉的体现，既不能抛开不管，也不能生搬硬套盲目强求。在文脉设计中，具体要把握好以下原则：

（1）空间的连续性

空间连续性是指下沉广场虽然有相对明确的界限，但是在景观设计上不能脱离周围的文脉特点，要与周边的建筑和谐一致。

（2）历史的延续性

历史延续性原则是在下沉广场的设计中要反映这座城市悠久的历史文化特色。一个例子是哈尔滨市博物馆附近的一个下沉广场，独特的铁艺围栏显现出俄式建筑的风格，与哈尔滨整个城市布满的俄式风情的建筑交相辉映，延续了这个城市的历史文化风采。

（3）人的生存方式与行为方式的绵延

人的生存方式与行为方式的绵延原则也可以理解成以人为本的原则，也就是下沉广场的设计要考虑对人类生存方式与行为方式的支持。设计师必须了解设计项目所在的地区，其原有居民有着怎样的生产和生活方式，这种生产和生活方式有可能延续了数百年，有着丰富的民俗、文化的内涵，在设计的过程中，应当尽可能兼顾和关照到原有的居民生产、生活方式，使其得以保存。

6. 时代性

人生活在特定的社会和特定的时代，审美观念受时代的影响。在下沉广场的景观设计中，除了要传承文脉的特色，也要注意体现时代的审美意识。我们既要借鉴前人的设计美学观念，更要以现代人的视点去研究设计美学，从而建立现代城市公共艺术设计的审美意识，指导下沉广场的景观设计，使广场既能体现当代都市风尚又不失文化传承。

（三）景观设计要点

1. 空间尺度

下沉广场尺度的处理是否得当，是广场空间设计成败的关键因素之一。下沉广场的尺度对人的感情、行为等都有巨大影响，既要有围合感，又不能使人觉得像掉在"井"里，使在其中活动的人摆脱外界干扰，又不感到在地下。

（1）平面尺寸

芦原义信在《外部空间设计》中建议外部空间设计采用两种尺度方式：一是"十分之一"理论，即外部空间采用内部空间尺寸的8~10倍；二是"外部空间模数理论"，即以20~25 m为外部空间模数，它反映了人们"面对面交往"的尺度范围，可以作为交往空间设计的重要参数。

（2）水平面与垂直界面尺度

资料显示，当下沉广场的界面高度约等于人与界面的距离时（1：1），水平视线与界面上沿夹角为45°，大于向前的视野的最大角30°，因此有很好的封闭感。当界面高度等于人与界面距离的二分之一时（1：1.7），和人的视野30°角一致，这时人的注意力开始涣散，达到创造封闭感的底线。当界面高度等于人与界面距离的三分之一时（1：3），水平视线与界面上沿夹角为18°，就没有封闭感。当界面高度为距离的四分之一时

（1：4），水平视线与界面上沿夹角为14°，空间的容积特征便消失，空间周围的界面已如同平面的边缘。

广场的尺度除了具有自身良好的尺度与相对的比例以外，还必须具有人的尺度，如环境小品的布置要以人的尺度为设计依据。

2. 绿化

经过精心的种植规划所创造出的纹理、色彩、密度、声音和芳香效果的多样性和品质，能够极大地促进广场的使用。人们能够被吸引到那些提供丰富多彩的视觉效果、绿树、珍奇的灌木丛以及多变的季节色彩的广场上。它们不仅能吸引行人进入下沉广场，而且能够大大增强进入者的环境感受。对于下沉广场而言，在相对较小的空间内利用不同植物为在那里休憩或穿行的人提供视觉吸引物是很重要的。大多数人喜欢待在广场内是因为其绿洲效应，需要有赏心悦目的东西吸引他们的注意力。下沉广场中应选择羽状叶、半开敞的树木，这样使用者的视线能够穿过它们看到广场的不同部分。这类树木还能使高层建筑产生的强风穿过其中并得到消减。如果在下沉广场内部种植一些树木，它们会很快长得超过步行道高度，这样即使广场除了穿行以外没有其他用途，这些树木的枝叶也能丰富街道体验。

3. 吸引物

提升下沉广场使用率的关键就是要有引人注目的东西能将行人吸引进来，广场的下沉尺度越大、吸引力越大。当然，必须为被吸引下来的人们提供合适的休憩场所，以供人们欣赏周围的环境。下沉广场内可参与的公共活动也是吸引人们进入下沉空间的重要元素。

4. 无障碍设计

由于下沉广场是由高差变化引起的，会在一定程度上造成不便与障碍，因此在出入口、踏步和坡道等处要考虑方便残疾人和老年人的设计措施，对于有着交通联系使用功能的下沉广场更应考虑无障碍设计。出入口处要加大标识图形，加强光照，有效利用反差，强化视觉信息。地面铺装材料要平整、坚固、防滑、不积水、无缝隙或大孔洞。只要有可能，广场的不同高差之间应当除踏步外配置坡道，或者用坡道代替踏步。对于有电梯和自动扶梯的下沉广场，电梯的位置宜靠近出入口，候梯厅的面积应满足要求。自动扶梯的扶手端部外应留有轮椅停留和回转空间，并安装轮椅标志，应努力确保残疾人不会被排除在任何一个空间的使用之外。

第八章 结论与展望

第一节 结论

1. 人群心理舒适性是地下空间环境艺术设计追求之目标

研究认为，人体舒适性包含两个方面，一是行为舒适性，二是知觉舒适性。行为舒适性是指环境行为的舒适程度；知觉舒适性是指环境刺激引起的知觉舒适程度（也称心理舒适度）。

城市地下空间环境的心理舒适性，就是指地下空间环境中人的"视觉、听觉、嗅觉和肤觉"等知觉刺激引起的心理舒适性。地下空间环境自身特点也会引起一些消极的心理反应，如封闭感、压抑感、无安全感、担心自己的健康等，这对开发利用地下空间产生严重的负面影响。人体舒适性，其生理和心理是相互依存的，当生理需求得到满足后会使得心理需求得到满足。因此，地下空间环境中的"空间、形态、光影、色彩、质地、设施、陈设、绿化、标识"等要素既是构成影响人群心理舒适性的关键因素，也是地下空间环境艺术设计的核心内容。追求心理舒适性也就成为地下空间环境艺术设计的价值目标。

2. 与时俱进和高新科技导入是地下空间环境艺术设计创新之本

伴随着经济社会发展与科学技术进步，人们努力去追寻和实现"梦想"。笔者曾特地踏勘了上海地铁3号线汉中路（1号线、12号线、13号线）换乘站，在12号线与13号线换乘过渡空间中设置的"魔法森林"动态壁和柱的有序组合环境艺术长廊中，扑闪扑闪的蝴蝶、成群成列地飞翔在整面墙上，游动在粗大、茂密的树林柱里构成了一幅极其动人的美丽画卷，当人们通过时都会驻足观赏，不少人还会留影，尽管开通时日不长，但已成地铁汉中路车站中的一大特色景观。有达人说，这是模拟"丁达尔效应"（丁达尔效应就是光的散射现象或称乳光现象，柱内的蝴蝶就是这样闪出的）。笔者认为，该地铁车站地下空间环境艺术设计的最大亮点就是以自然生态中的"蝴蝶"为设计因素，运用色、光、电，加上智能控制等现代科技，进行自然生态景观的动态演绎，给人以全新的认知与感受，与绿色、生态、智慧等现代城市发展理念吻合是一种新的发展方向，值得称赞和发扬。

3. 国际视野与民众参与是地下空间环境艺术设计多样化之源

据统计，2015年12月底上海地铁运营里程已超600 km，居全球城市之首；地下空间开发利用总量已超 7 000 万 m²，成为全国城市之首。上海 2040 年规划纲要中确定的未来发展规划目标是建设一座追求卓越的全球城市，其中，2040 年的地铁将超过 1400 km，地下空间开发利用总量将超过 10000 万 m²。可以想象，伴随着越来越开放的全球化，越来越多的国际化人士将集聚上海，如此庞大的地下空间设施将会让更多的人群潜入地下生产和生活。面对未来发展需求，地下空间环境艺术设计必然要融入国际化元素与地域人文特色。笔者认为，地下空间环境艺术设计需要国际化视野，需要吸纳国际设计大师参与，需要市民参与，需要规划、建筑、装饰、景观、艺术、材料、科技等专业技术工作者进行协同创作。只有这样，才有可能实现地下空间环境艺术的多样性和国际化。近年来，我国北京、上海、南京、杭州等城市已经进行了有益的探索，这将会成为我国城市地下空间环境艺术设计与营造的必然趋势，也将成为地下空间环境艺术设计多样化和国际化的源泉。

第二节 展望

城市地下空间环境艺术设计是一项涉及规划、建筑、室内、装饰、环境、人文、景观、材料、设备及地下空间、工程施工、安全防灾、技术经济等众多专业知识、技能及设计工作者的综合性创作工作，需要协同，需要与时俱进，需要国际化视野，需要科学技术的集成应用，这对每一个专业工作者都是全新挑战。作为一个探索者中的长者，热切期望各位年轻工作者不断地学习知识、更新观念、修缮技能、增强合作，勇于创新、协同创造，使中国城市地下空间环境艺术早日成为世界典范。

一、城市地下空间的利用对于现代城市规划的意义及作用

（一）扩大城市空间容量，提高土地价值

由于城市人口的急剧增长带来的土地紧张和交通拥挤等一系列影响城市进一步发展的问题，增加了城市安全平稳发展的不稳定性，给城市发展带来了多方面的不利因素和牵制。另外，开发地下空间，不仅充分扩展了城市空间资源，增加了城市的空间容量能力，通过修建地下交通系统如地铁和把商业文娱项目转入地下，如地下商城等，而且还可以使地面增加绿化面积和能力，促使生态环境的维护向前走快了一步。

（二）提高城市对灾害的应急能力

当灾害到来时，地上城市部分的功能陷于瘫痪和紊乱，但地下空间可以继续部分城市功能，比如，地下综合管廊便于管线的安装维护，遇有灾害时可以有效避免管线遭到严重破坏，从而大大提高了总体管道网的防灾概率和能力。这些对于地上的救灾行动是很有用的，与地上部分相比，地下空间具有较强的抗爆、抗震等防灾抗灾能力与特点，将基础设施转入地下，因为暴露的机会大大减少，所以城市对灾害的应急能力得到了很大的提高。

（三）优化城市交通

带动经济发展地下空间，使得地下交通系统与地上部分可以协调发展，从而保证城市整体交通的运作效率，实现了城市交通及发展的可持续性。尤其能够避免沙尘暴、大雪和暴雨等恶劣天气对城市交通的影响。随着地下商业街的发展，地下空间的开发利用也必将成为很有潜力的经济开发模式。

二、当前城市地下空间规划中存在的问题

（一）规划滞后，导致地下结构物相互影响

城市地下空间在城市发展中的作用没有得到足够的重视，在其城市详细规划中没有地下空间的规划细则。城市在修建市政管网时占据了城市道路地下空间的主要位置，并达到一定深度，可能对未来地下空间的开发产生不利影响。

（二）孤立开发，没有形成有机的整体

地下空间是城市中心区的立体化再开发的主要空间，但有的城市各高层建筑单独建设的地下车库没有预留接口，缺乏彼此间的衔接。由于孤立开发，这些地下设施互相没有连通，也未与邻近的大型商城地下室进行连接，导致地区现有的地下空间难以形成规模效应，可用于开发的地下空间也所剩不多，造成地下空间资源的巨大浪费。

（三）功能单一，尚未形成系统性开发

城市地下空间开发缺乏系统性，不仅体现在形态布局上彼此独立、互不相连，而且体现在利用形式的单一。目前许多城市已经开发利用的地下空间多是功能单一的地下建筑，如车库、商场等。将地下商业街、停车场、地铁站点等结合在一起的多功能的地下建筑的开发严重滞后，无法形成地下空间的网络系统。人们在地下建筑内完成活动后，不得不再次回到地面，地下空间开发的综合效益不能得到真正体现。

结　语

随着社会经济发展水平的提高，城市化逐渐加剧，为了解决城市发展中存在的交通运输、生活环境恶化及水资源不足等各种问题和顺应城市发展要求，应当大力鼓励地下空间的开发利用，以适应当今城市发展的需求。

地下空间是国家重要的自然资源，它的开发利用与设计是可持续和社会和谐发展的一项必备的措施，它可以缓解土地供给的紧张状况，改善环境，提高生活水平。要大力宣传，争取把地下空间开发与设计作为一项基本的国策。城市地下空间相当复杂，地下空间的规划布局、地下空间开发中的岩土工程勘察技术、地下空间的设计技术和地下空间施工技术，决定着地下空间建筑物的水平。所以务必要加强地下空间相关技术的研究，培养人才队伍，扩大国内外学术交流等。

目前中国经济高速发展，但生态环境却在不断恶化，原因很多，但重要原因之一是在工程方案和技术途径中没有把生态效益纳入经济核算，导致保护环境的工程不受支持，破坏环境的工程也没能被抑制。显然，在考虑工程的社会和环境效益方面，地下空间具有无可替代的优势。

城市地下空间规划是对城市地下空间资源做出科学合理的开发利用安排，使之为城市服务。向高空要空间、向地下要空间，已成为增强城市功能、改善城市环境的必要手段。近年来，我国的大城市及特大城市已经逐步认识到开发利用城市地下空间资源的重要性，开始考虑通过大规模开发利用地下空间以缓解城市发展中出现的各种矛盾，目前我国除北京、上海、广州、天津、深圳、南京已经建成地铁以外，还有重庆、青岛、武汉、沈阳、杭州、哈尔滨、西安、成都等20多个城市正在修建或拟建地铁，同时也正在编制城市地下空间总体规划，使地下空间开发利用走上法制化的轨道，成为实现城市可持续发展的重要途径。

综上所述，在现代化的城市建设发展过程中，其地下空间的设计规划设计是非常重要的组成部分，直接关系着城市的发展方向和趋势。参与规划设计的工作人员及规划设计师必须树立清醒的思想认识，立足于城市发展的实际条件为未来的需求，加强学习和思考，不断提升设计规划专业能力，更新专业理念，这样才能为设计规划出优秀的地下空间作品打下良好的基础，用实际行动为现代城市实现可持续发展做出努力和贡献。

参考文献

[1] 韩岗,冷嘉伟.城市地下空间发展演变及规划设计思路研究 [J].建筑与文化,2021(04):156-158.

[2] 韩岗,冷嘉伟.城市新区地上地下空间一体化设计策略研究：以杭州城西科创新城核心区为例 [J].建筑与文化,2021(02):173-175.

[3] 周赵玉.城市地下空间规划设计与理念 [J].工程建设与设计,2020(13):11-13.

[4] 王玮琳.城市地下空间规划与设计浅析 [J].住宅与房地产,2020(03):65.

[5] 袁红.商业中心区地下空间规划管理及业态开发 [M].南京：东南大学出版社,2019（05）.135.

[6] 袁红.商业中心区地下空间属性及城市设计方法 [M].南京：东南大学出版社,2019（05）.224.

[7]. 广州市城市规划勘测设计研究院完成广州市首例地下空间三维确权试点工作 [J].城市勘测,2019(01):133.

[8] 冯彦韬.城市高铁站区域地下空间规划设计研究 [J].建材与装饰,2018(44):74-75.

[9] 邵继中,罗靖,郗皎如.城市地下空间规划设计专业人才培养模式和路径初探 [J].建筑与文化,2018(09):69-70.

[10] 欧阳一星,王健.城市新区建设中地下空间的规划设计 [J].北京规划建设,2018(05):111-115.

[11] 杨玛垚.G+3P 模式下城市地下空间规划设计研究 [D].西南科技大学,2018.

[12] 路广英,王恺,王文平.基于城市地下空间开发理念的市政综合管廊规划设计：以吕梁市区地下综合管廊系统为例 [J].居业,2017(12):16-17.

[13] 唐菲.城市规划中地下空间规划设计的相关要素分析 [J].住宅与房地产,2017(24):85.

[14] 兰杰,陈建凯,李思齐.城市轨道交通车站周边地下空间规划整合设计 [A].中国城市规划学会城市交通规划学术委员会.2017 年中国城市交通规划年会论文集 [C].中国城市规划学会城市交通规划学术委员会.中国城市规划设计研究院城市交通专业研究院,2017:9.

[15] 张旗.谈轨道交通上盖城市地下空间规划设计：以惠州市荔浦风清公园地下停车场设计为例 [J].工程建设与设计,2017(03):23-26.

[16] 宗言 . 城市中心区地下空间规划设计分析 [J]. 城市地理 ,2016(22):30-31.

[17] 刘立早 . 营造便捷舒适的城市地下空间:《北京市地下空间规划设计技术指南》的探索 [A]. 中国城市规划学会、沈阳市人民政府 . 规划 60 年：成就与挑战：2016 中国城市规划年会论文集（02 城市工程规划）[C]. 中国城市规划学会、沈阳市人民政府 : 中国城市规划学会 ,2016:13.

[18] 邵继中 . 城市地下空间设计 [M]. 南京东南大学出版社 :201609.231.

[19] 梅峥嵘 . 城市地下空间规划设计阐述 [J]. 智能城市 ,2016,2(05):259.

[20] 林俊琦 . 城市中心区地下空间规划与设计研究 [J]. 城市地理 ,2016(06):7.

[21] 陈志龙 , 刘宏 . 城市地下空间规划控制与引导 [M]. 南京：东南大学出版社 , 2015（09）.132.

[22] 孙波 , 胡敏智 , 魏怀 , 罗达邦 , 许贝儿 . 城市地下空间开发规划与设计：亚洲稠密城市经验研究 [J]. 隧道建设 ,2015,35(08):810-814.

[23] 齐振峰 . "新城市主义"理念在大型地下空间控制性规划设计中的应用：以珠海市唐家湾滨海科技新城科创海岸工程为例 [J]. 中外建筑 ,2015(04):107-109.

[24] 杨康永 . 城市地下空间的规划设计研究：以厦门海沧 CBD 地下空间规划为例 [J]. 江西建材 ,2014(23):15-16.

[25] 赵景伟 , 张晓玮 . 城市地下空间规划与设计人才培养的思考 [J]. 高等建筑教育 ,2014,23(05):35-40.

[26] 崔龙 , 陈楚 . 天津城市规划中地下空间规划设计要素研究 [J]. 科技资讯 ,2014,12(06):46-47.

[27] 顾新 , 于文悫 . 城市地下空间利用规划编制与管理 [M]. 南京：东南大学出版社 , 2014（01）.239.

[28] 芦鑫 . 城市地下空间的规划设计研究 [D]. 河北农业大学 ,2013.

[29] 付玲玲 . 城市中心区地下空间规划与设计研究 [D]. 东南大学 ,2005.

[30] 刘志强 , 洪亘伟 . 城市绿地与地下空间复合开发的整合规划设计策略 [J]. 规划师 ,2012,28(07):72-76.

[31] 金英红 , 刘皆谊 , 路姗 , 倪强平 , 束昱 . 大城市中心区地下空间规划设计实践探索：以蚌埠市、盐城市为例 [J]. 价值工程 ,2010,29(34):88-90.

[32] 魏记承 . 城市地下空间规划与设计 [J]. 科协论坛（下半月),2010(07):95.

[33] 孔键 . 城市地下空间内部防灾问题的设计对策：介绍浙江杭州钱江世纪城核心区规划的地下防灾设计 [J]. 上海城市规划 ,2009(02):42-46.

[34] 张春霞 . 城市中心区域地下空间规划与地下建筑设计 [J]. 河南科学 ,2009,27(01):95-97.

[35] 唐孟雄 , 广东省标准《城市地下空间开发利用规划与设计技术规程》. 广东省广州市建筑科学研究院有限公司 ,2008-11-18.

[36] 李鹏 . 面向生态城市的地下空间规划与设计研究及实践 [D]. 同济大学 ,2008.

[37] 王秀文 . 为城市活力与未来而设计：城市地下公共空间规划与设计理论思考 [J]. 地下空间与工程学报 ,2007(04):597-599+608.

[38] 黄石生 . 城市地下公共空间规划与设计 [J]. 广东科技 ,2007(04):78-79.

[39] 干磊 .《成都市南部新区起步区核心区地卜空间综合规划》实例研究：结合城市设计方案 [J]. 规划师 ,2006(11):39-42.

[40] 杨佩英 , 段旺 . 以商业为主导的城市商务中心区地下空间综合规划设计探析 [A]. 中国岩石力学与工程学会 . 国际地下空间学术大会会议论文集（一）[C]. 中国岩石力学与工程学会 : 中国岩石力学与工程学会 ,2006:19.